从零开始学造价

——市政工程

踪万振　于艳春
甘　远　仲蓉蓉　编著

东南大学出版社
SOUTHEAST UNIVERSITY PRESS
·南京·

内容提要

本书根据《建设工程工程量清单计价规范》(GB 50500—2013)、《市政工程工程量计算规范》(GB 50857—2013)和地方最新基础定额、综合预算定额等编写，系统地介绍了市政工程工程量清单计价及定额计价的基本知识和方法。主要内容包括绪论、市政工程制图基本知识、市政工程识图与构造、市政工程定额、市政工程造价构成、市政工程定额工程量计量与计价、工程量清单计价概述、市政工程清单工程量计量与计价、工程工程量清单编制实例等内容。

本书具有依据明确、内容翔实、通俗易懂、实例具体、技巧灵活、可操作性强等特点。

本书可作为普通高等院校市政工程类专业工程造价类课程教材，也可作为成教、高职、电大、职大、函大、自考及培训班教学用书，同时也可供相关从业考试人员参考之用。

图书在版编目(CIP)数据

从零开始学造价.市政工程/踪万振等编著.—南京：东南大学出版社，2021.10

ISBN 978-7-5641-9729-2

Ⅰ.①从… Ⅱ.①踪… Ⅲ.①市政工程—工程造价 Ⅳ.①TU723.3

中国版本图书馆 CIP 数据核字(2021)第 209201 号

从零开始学造价——市政工程

CONG LING KAISHI XUE ZAOJIA——SHIZHENG GONGCHENG

编　　著：踪万振　于艳春　甘　远　仲蓉蓉
出版发行：东南大学出版社
社　　址：南京市四牌楼 2 号(邮编：210096)
网　　址：http://www.seupress.com
责任编辑：张　莺
经　　销：全国各地新华书店
印　　刷：丹阳兴华印务有限公司
开　　本：787mm×1092 mm　1/16
印　　张：17.5
字　　数：405 千字
版　　次：2021 年 10 月第 1 版
印　　次：2021 年 10 月第 1 次印刷
书　　号：ISBN 978-7-5641-9729-2
定　　价：50.00 元

本社图书若有印装质量问题，请直接与营销部联系。电话(传真)：025-83791830

前　言

建筑工程造价是建设工程造价的组成部分之一。随着我国建设工程造价计价模式改革的不断深化，国家对事关公共利益的建设工程造价专业人员实行了准入制度——持执业资格证上岗。

本书以国家标准《建设工程工程量清单计价规范》(GB 50500—2013)、《江苏省市政工程计价定额》(2004 版)，以及地方最新基础定额和综合预算定额、最新"江苏地区预算价格"及国家颁布的有关工程造价的最新规章和政策文件等为依据编写，可供建筑工程造价专业教学使用，也可作为有关工作者自学工程造价基础知识和实际操作时的参考资料。

与同类书籍相比较，本书具有以下几方面特点：

(1) 理论性与知识性相结合，以使读者达到知晓"是什么"和"为什么"的目的。

(2) 依据明确，内容新颖，本书的内容和论点都符合国家现行工程造价有关管理制度的规定。

(3) 深入浅出，通俗易懂，本书叙述语言大众化，以满足初中以上文化程度读者和农民工培训、自学的需要。

(4) 技巧灵活，可操作性强，本书以透彻的理论方式，介绍了工程造价确定的依据、步骤、方法和程序，并列有计算例题，以使读者达到"知其然"和"知其所以然"的目的。

(5) 图文并茂，示例多样，为使读者加深对某些内容的理解，结合有关内容绘制了示意性图样，以达到以图代言的目的。同时，书中从不同方面列举了多个计算示例，以帮助初学者掌握有关问题的计算方法。

本书在编写过程中参考了大量的文献资料，在此向原作者表示衷心的感谢。同时也特别感谢顾荣华、季林飞两位副教授对本书提出的宝贵意见和建议。由于编者水平有限，书中存在的不足之处，敬请各位同行和广大读者批评指正。

编　者

2020 年 7 月

目　录

1 绪论

1.1 市政工程概述

1.1.1 市政工程概念

市政工程是在城市(城、镇)为基点的范围内,为满足政治、经济、文化以及生产和人民生活的需要并为其服务的公共基础设施的建设工程。市政工程是一个相对概念,它与建筑工程、安装工程、装饰工程等一样,都是以工程实体对象为标准来互相区分的,都从属于建设工程的范畴。

1.1.2 市政工程建设的特点

1. 单项工程投资大,一般工程在千万元左右,较大工程要在亿元以上。

2. 产品具有固定性,工程建成后不能移动。

3. 工程类型多,工程量大。如道路、桥涵、隧道、水厂、泵站等工程,工程量很大;又如城市快速路、大型多层立交桥、跨径超千米桥梁逐渐增多,土石方数量也很大。

4. 点、线、片型工程都有,如桥涵、泵站是点型工程,道路、管道是线型工程,水厂、污水处理厂是片型工程。

5. 结构复杂而且单一。每个工程的结构不尽相同,特别是桥涵、污水处理厂等工程更是复杂。

6. 干、支线配合,系统性强。如道路、管网等工程的干线不但要解决支线流量问题,而且要成为系统,否则互相堵截,造成排水不畅。

1.1.3 市政工程在基本建设中的地位

市政工程是国家的基本建设,是组成城市的重要部分。市政工程包括:城市的道路、桥涵、隧道、给排水、路灯、燃气、集中供热及绿化等工程,这些工程都是国家投资(包括地方政府投资)兴建的,是城市的基础设施,是供城市生产和人民生活的公用工程,故又称城市公用设施工程。

市政工程有着建设先行性、服务性和开放性等特点。在国家经济建设中起重要的作用,它不但解决城市交通运输、给排水问题,促进工农业生产,而且大大改善了城市环境卫生,提高了城市的文明建设。有的国家称市政工程为支柱工程、骨干工程。我们认为市政工程是血管工程,它既输送着经济建设中的养料,又排除废物,便于城乡物质交流,对于促进工农业生产以及科学技术的发展,改善城市面貌,对国家经济建设和人民物质文化生活的提高，有着极为重要的作用。

改革开放以来，各级政府大量投资兴建市政工程，不仅使城市林荫大道成网，给排水管道成为系统，绿地成片，水源丰富，电源充足，堤防巩固，而且逐步兴建燃气、暖气管道，集中供气、供热，使市政工程起到了为工农业生产服务，为人民生活服务，为交通运输服务，为城市文明建设服务的作用，有效地促进了工农业生产的发展，改善了城市环境，美化了市容，使城市面貌焕然一新，经济效益、环境效益和社会效益不断提高。

1.2 造价工程师概述

1.2.1 基本概念

造价工程师是指由国家授予资格并准予注册后执业，专门接受某个部门或某个单位的指定、委托或聘请，负责并协助其进行工程造价的计价、定价及管理业务，以维护其合法权益的工程经济专业人员。国家在工程造价领域实施造价工程师执业资格制度。凡从事工程建设活动的建设、设计、施工、工程造价咨询、工程造价管理等单位和部门，必须在计价、评估、审查(核)、控制及管理等岗位配套有造价工程师执业资格的专业技术人员。

1996 年，依据《人事部、建设部关于印发〈造价工程师执业资格制度暂行规定〉的通知》(人发〔1996〕77 号)，国家开始实施造价工程师执业资格制度。1998 年 1 月，人事部、建设部下发了《人事部、建设部关于实施造价工程师执业资格考试有关问题的通知》(人发〔1998〕8 号)，并于当年在全国首次实施了造价工程师执业资格考试。考试工作由人事部、建设部共同负责，日常工作由建设部标准定额司承担，具体考务工作委托人事部人事考试中心组织实施。

1.2.2 造价工程师的发展前景

造价工程师覆盖面非常广。几乎所有的工程，包括从开始的投资估算、设计概算需要造价知识，再到工程的招投标，然后涉及的建设单位、施工单位都需要有造价工程师来把握造价的内容；直到最后的竣工结算，也需要造价工程师来做。所以说总体来看市场的需求量非常大，而且市场对于造价工程师的认可程度也比较高。

同时，国家也有明文规定，一个造价工程师只能接受一个单位的聘请，只能在一个单位中为本单位或委托方提供工程造价专业服务。这也就成了造价工程师极度缺乏的一个重要因素。

国家有政策，招标代理必须要有造价工程师，从政策上来说，从事建设活动的单位有没有在册的造价工程师是能否从事相关业务的关键。今后国家还会不断出政策来规范企业资质的审核，可能需要一些单位，要有什么样的资格，要有几个造价工程师这样的一些要求。所以说从现在和将来一段时间来看，造价工程师的市场需求量将是十分庞大的。我国造价工程师目前处于紧缺状态，由于考试要求严格，资质审查细密，迄今已取得住房和城乡建设部颁发的注册造价工程师资格证者，全国只有 15 万人左右，而全国预计需求则在 100 万人以上。

由于注册造价工程师等专业技术人员难以寻觅，房地产、建筑行业对人才需求量很大，注册造价工程师成为最抢手的“香饽饽”，被建筑行业誉为“精英人才”。众多从事建设工程领域中介服务公司，争相以高薪酬、高福利争夺“注册造价工程师”这一高级人才，不少建筑工程施工等企业也被迫选择猎头公司。在众多企业追捧下，造价工程师的身价一路攀升，2018年已有众多企业开出年薪25万的高价寻求造价人才，资深造价工程师年薪甚至达到百万。

1.2.3 造价工程师享有的权利和义务

1. 注册造价工程师享有的权利

(1) 使用注册造价工程师名称；

(2) 依法独立执行工程造价业务；

(3) 在本人执业活动中形成的工程造价成果文件上签字并加盖执业印章；

(4) 发起设立工程造价咨询企业；

(5) 保管和使用本人的注册证书和执业印章；

(6) 参加继续教育。

2. 注册造价工程师应当履行下列义务

(1) 遵守法律、法规、有关管理规定，恪守职业道德；

(2) 保证执业活动成果的质量；

(3) 接受继续教育，提高执业水平；

(4) 执行工程造价计价标准和计价方法；

(5) 与当事人有利害关系的，应当主动回避；

(6) 保守在执业中知悉的国家秘密和他人的商业、技术秘密。

1.2.4 造价工程师业务范围

根据人事部、建设部1996年下发的《关于建立造价工程师执业资格制度暂行规定》及建设部令第75号《造价工程师注册管理办法》第二十、二十一条规定，归纳如下：

国家在工程造价领域实施造价工程师执业资格制度。凡是从事工程建设活动的建设、设计、施工、工程造价咨询等单位，必须在计价、评估、审核、审查、控制及管理等岗位配备有造价工程师执业资格的专业人员；造价工程师执业范围包括：建设项目投资估算的编制、审核及项目经济评价；工程概算、预算、结（决）算、标底价、投标投价的编审；工程变更及合同价款的调整和索赔费用的计算；建设项目各阶段工程造价控制；工程经济纠纷的鉴定；工程造价计价依据的编审；与工程造价业务有关的其他事项。

(1) 必须熟悉并严格执行国家有关工程造价的法律法规和规定。

(2) 恪守职业道德和行为规范，遵纪守法、秉公办事。对经办的工程造价文件质量负有经济的和法律的责任。

(3) 及时掌握国内外新技术、新材料、新工艺的发展应用，为工程造价管理部门制定、修订工程定额提供依据。

(4) 自觉接受继续教育，更新知识。积极参加职业培训，不断提高业务技术水平。

(5) 不得参与与经办工程有关的其他单位事关本项工程的经营活动。

(6) 严格保守执业中得知的技术和经济秘密。

1.3 造价工程师职业资格考试简介

1.3.1 一级造价工程师报考条件

根据住房和城乡建设部、交通运输部、水利部以及人力资源和社会保障部《关于印发〈造价工程师职业资格制度规定〉〈造价工程师职业资格考试实施办法〉的通知》(建人〔2018〕67号)要求和《关于造价工程师职业资格考试有关工作的说明》,凡符合文件规定报考条件的人员,均可报名参加一级造价工程师职业资格考试。

(一)新报考人员条件:

凡遵守中华人民共和国宪法、法律、法规,具有良好的业务素质和道德品行,具备下列条件之一者,均可报名参加考试。

1. 具有工程造价专业大学专科(或高等职业教育)学历,从事工程造价业务工作满5年;具有土木建筑、水利、装备制造、交通运输、电子信息、财经商贸大类大学专科(或高等职业教育)学历,从事工程造价业务工作满6年。

2. 具有工程造价专业、通过工程教育专业评估(认证)的工程管理、工程造价专业大学本科学历或学位,从事工程造价业务工作满4年;具有工学、管理学、经济学门类大学本科学历或学位,从事工程造价业务工作满5年。

3. 具有工学、管理学、经济学门类硕士学位或者第二学士学位,从事工程造价业务工作满3年。

4. 具有工学、管理学、经济学门类博士学位,从事工程造价业务工作满1年。

5. 具有其他专业相应学历或者学位的人员,从事工程造价业务工作年限相应增加1年。

(二)已取得一级造价工程师一种专业职业资格证书的人员,报名参加其他专业科目考试的(报考级别为“增报专业”),可免考基础科目。

(三)具备下列条件之一者可免考一级造价工程师基础科目(报考级别为“免二科”):

1. 已取得公路工程造价人员资格证书(甲级)。

2. 已取得水运工程造价工程师资格证书。

3. 已取得水利工程造价工程师资格证书。

(四)香港、澳门、台湾居民报名参加考试的,按国家有关文件规定执行。

(五)有关从事工程造价业务时间的要求是指报考人员取得学历前后从事本专业工作时间的总和,其截止日期为该年度的12月31日。

1.3.2 科目设置及管理模式

一级造价工程师职业资格考试设《建设工程造价管理》《建设工程计价》《建设工程技术与计量》和《建设工程造价案例分析》4个科目。其中《建设工程造价管理》和《建设工程计价》为基础科目,《建设工程技术与计量》和《建设工程造价案例分析》为专业科目,分为“土木建筑工程”“交通运输工程”“水利工程”与“安装工程”4个专业类别，报考人员可根据实际工作需要选报其一。已取得一级造价工程师一种专业职业资格证书的人员，报名参加其他专业科目考试的(级别为“增报专业”)，可免考基础科目。

一级造价工程师职业资格考试成绩实行4年为一个周期的滚动管理。参加4个科目考试(级别为“考全科”)的人员须在连续4个考试年度内通过应试科目，参加2个科目考试(级别为“免二科”)的符合免试基础科目人员须在2个考试年度内通过应试科目，方可获得资格证书。已获得资格证书，报名参加其他专业科目考试(级别为“增报专业”)的，只需参加专业科目且在2个考试年度内通过的，方可获得相应专业考试合格证明。

1.3.3 江苏省二级造价工程师报考条件

根据住房和城乡建设部、交通运输部、水利部以及人力资源和社会保障部《关于印发〈造价工程师职业资格制度规定〉〈造价工程师职业资格考试实施办法〉的通知》(建人〔2018〕67号)及省住房和城乡建设厅、省交通运输厅、省水利厅以及省人力资源和社会保障厅《江苏省二级造价工程师职业资格考试实施办法(试行)》(苏建规字〔2019〕3号)精神，凡符合文件规定报考条件的人员，均可报名参加二级造价工程师职业资格考试。

(一) 凡遵守中华人民共和国宪法、法律、法规，具有良好的业务素质和道德品行，具备下列条件之一者，可以申请参加二级造价工程师职业资格考试(报考级别为“考全科”)：

1. 具有工程造价专业大学专科(或高等职业教育)学历，从事工程造价业务工作满2年；具有土木建筑、水利、装备制造、交通运输、电子信息、财经商贸大类大学专科(或高等职业教育)学历，从事工程造价业务工作满3年。

2. 具有工程管理、工程造价专业大学本科及以上学历或学位，从事工程造价业务工作满1年；具有工学、管理学、经济学门类大学本科及以上学历或学位，从事工程造价业务工作满2年。

3. 具有其他专业相应学历或学位的人员，从事工程造价业务工作年限相应增加1年。

(二) 符合第(一)款报考条件且具有以下条件之一者，申请参加二级造价工程师考试可免考基础科目(报考级别为“免一科”)：

1. 已取得全国建设工程造价员资格证书。

2. 已取得公路工程造价人员资格证书(乙级)。

3. 具有工程造价、经专业教育评估(认证)的工程管理专业学士学位的大学本科毕业生。

(三) 已取得二级造价工程师一种专业职业资格证书的人员，报名参加其他专业科目考试的，可免考基础科目(报考级别为“增报专业”)。考试合格后，核发相应专业合格证明，该证明作为注册时增加执业专业类别的依据。

(四) 申请免考基础科目的人员在报名时应提供相应材料。

(五) 香港、澳门、台湾居民报名参加考试的，请按国家有关文件规定执行。

(六) 有关从事工程造价业务时间的要求是指报考人员取得学历前后从事本专业工作

时间的总和，按满周年计算，其截止日期为该年度的 12 月 31 日。

1.3.4 科目设置及管理模式

考试设《建设工程造价管理基础知识》和《建设工程计量与计价实务》2 个科目，分 2 个半天进行。其中，《建设工程造价管理基础知识》为基础科目，考试时间为 2.5 小时；《建设工程计量与计价实务》为专业科目，考试时间为 3 小时。专业科目分土木建筑工程、交通运输工程、水利工程和安装工程 4 个专业类别，报考人员可根据实际工作需要选择其一。

基础科目试题为客观题，专业科目试题由客观题和主观题组成，均采用 2B 铅笔在答题卡上作答的方式。2 个科目考试均为闭卷考试。

二级造价工程师职业资格考试成绩实行 2 年为一个周期的滚动管理办法。参加全部 2 个科目考试的人员必须在连续 2 个考试年度内通过全部科目，方可取得二级造价工程师职业资格证书。符合免试条件或者报考增报专业只需参加 1 个科目考试的报考人员，考试合格后取得职业资格证书或相应专业合格证明。

1.4 课程的任务及学习要求

本课程主要从建筑识图与房屋构造的一些基础理论知识入手，从了解房屋的基本组成构件，到建筑施工图、结构施工图的识读，进而掌握建筑工程工程量的计算，最后能够运用计价表套用价格，做出一整套的工程预算书。这也是土建类各专业的必修课程，是一门技术性、专业性、实践性、综合性和政策性很强的应用学科，不仅涉及土木工程技术、施工工艺、施工手段及方法，还与社会性质、国家的方针政策、分配制度有着密切的关系。在研究的对象中，既有生产力方面的课题，又有生产关系方面的课题，既有实际问题，又有方针政策问题，其任务是研究建筑产品生产成果与生产消耗之间的定量关系，从完成一定量建筑产品消耗数量的规律着手，正确地确定单位建筑产品的消耗数量标准和计划价格，力求用最少的人力、物力和财力消耗，生产出更好、更多的建筑产品，要求掌握建筑工程定额与工程量清单计价的基本概念与基本理论，具有编制单位工程工程量清单的初步能力。

2 市政工程制图基本知识

2.1 制图标准的基本规定

2.1.1 图纸幅面

1. 图纸幅面及图框尺寸,应符合如表 2.1 所示的规定及如图 2.1～图 2.3 所示的格式。

表 2.1 图纸幅面及图框尺寸 单位:mm

尺寸代号	幅面代号				
	A0	A1	A2	A3	A4
$b\times l$	841×1 189	594×841	420×594	297×420	210×297
c	10			5	
a	25				

2. 需要微缩复制的图纸,其一个边上应附有一段准确米制尺度,4 个边上均附有对中标志,米制尺度的总长应为 100 mm,分格应为 10 mm。对中标志应画在图纸各边长的中点处,线宽应为 0.35 mm,伸入框内应为 5 mm。

3. 图纸的短边一般不应加长,长边可加长但应符合如表 2.2 所示的规定。

4. 图纸以短边作为垂直边称为横式,以短边作为水平边称为立式。一般 A0～A3 图纸宜横式使用,必要时,也可立式使用。

5. 一个工程设计中,每个专业所使用的图纸,一般不宜多于两种幅面,不含目录及表格所采用的 A4 幅面。

表 2.2 图纸长边加长尺寸 单位:mm

幅面代号	长边尺寸	长边加长后的尺寸
A0	1 189	1 486(A0＋1/4l)　1 783(A0＋1/2l)　2 080(A0＋3/4l)　2 378(A0＋l)
A1	841	1 051(A1＋1/4l)　1 261(A1＋1/2l)　1 471(A1＋3/4l)　1 682(A1＋l) 1 892(A1＋5/4l)　2 102(A1＋3/2l)

（续表）

幅面代号	长边尺寸	长边加长后的尺寸			
A2	594	743（A2＋1/4l）	891（A2＋1/2l）	1 041（A2＋3/4l）	1 189（A2＋l）
		1 338（A2＋5/4l）	1 486（A2＋3/2l）	1 635（A2＋7/4l）	1 783（A2＋2l）
		1 932（A2＋9/4l）	2 080（A2＋5/2l）		
A3	420	630（A3＋1/2l）	841（A3＋l）	1 051（A3＋3/2l）	1 261（A3＋2l）
		1 471（A3＋5/2l）	1 682（A3＋3l）	1 892（A3＋7/2l）	

注：有特殊需要的图纸，可采用 $b \times l$ 为 841 mm×891 mm 与 1 189 mm×1 261 mm 的幅面

2.1.2 标题栏

1. 图纸的标题栏、会签栏及装订边的位置，应符合下列规定：

（1）横式使用的图纸，应按如图 2.1 所示的形式布置。

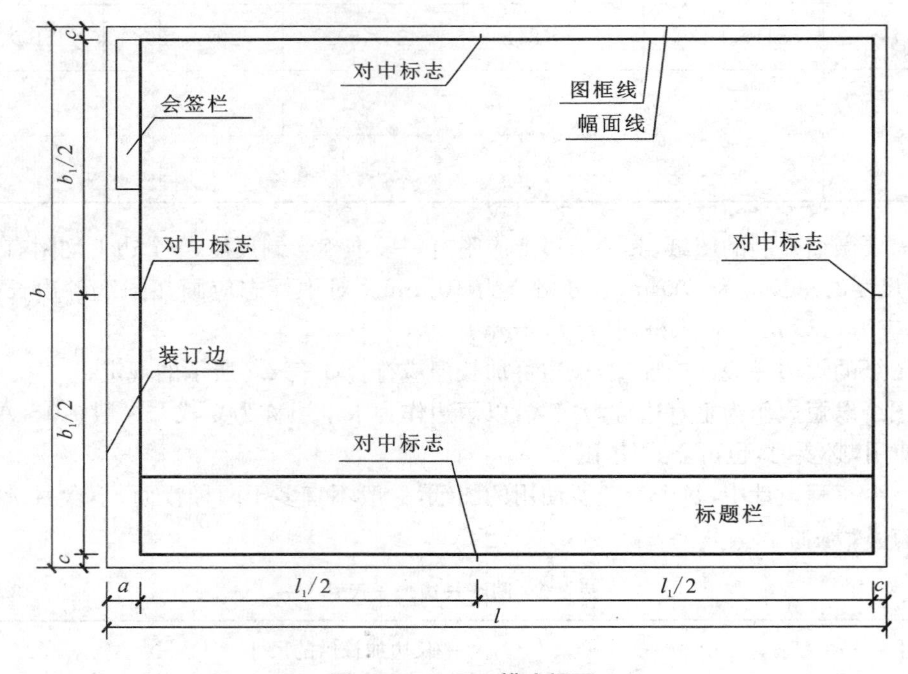

图 2.1　A0～A3 横式幅面

（2）立式使用的图纸，应按如图 2.2 所示的形式布置。

2. 标题栏的绘制应符合《房屋建筑制图统一标准》（GB/T 50001—2017）的规定。如图 2.3 所示，根据工程需要选择确定其尺寸、格式及分区。签字栏应包括实名列和签名列。

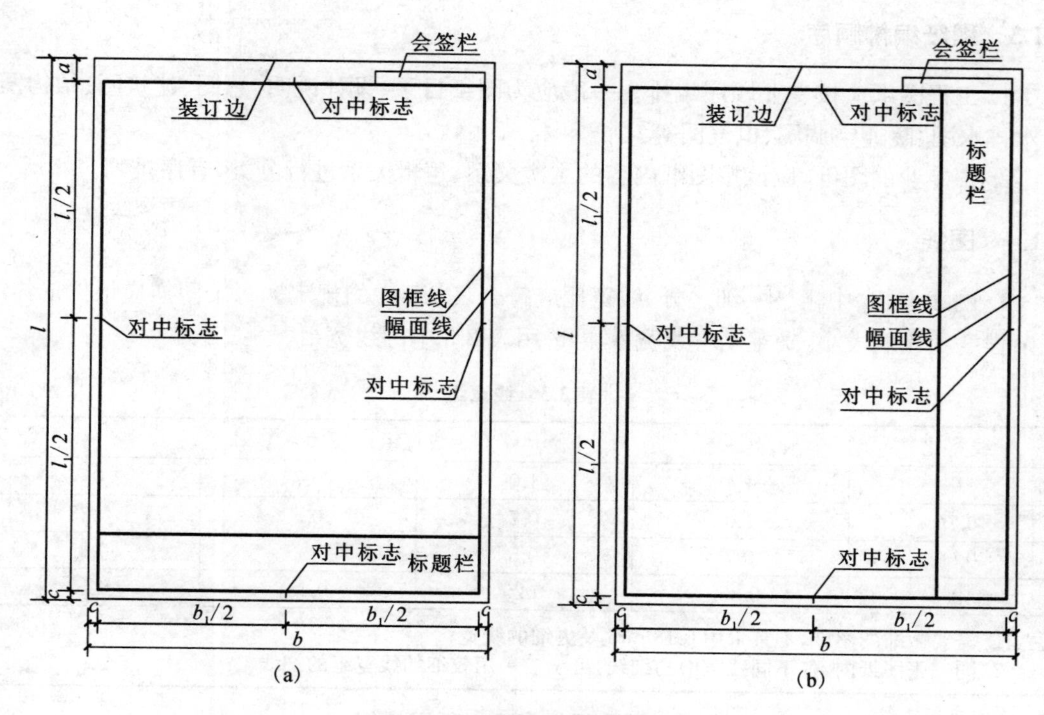

图 2.2　A0～A4 立式幅面

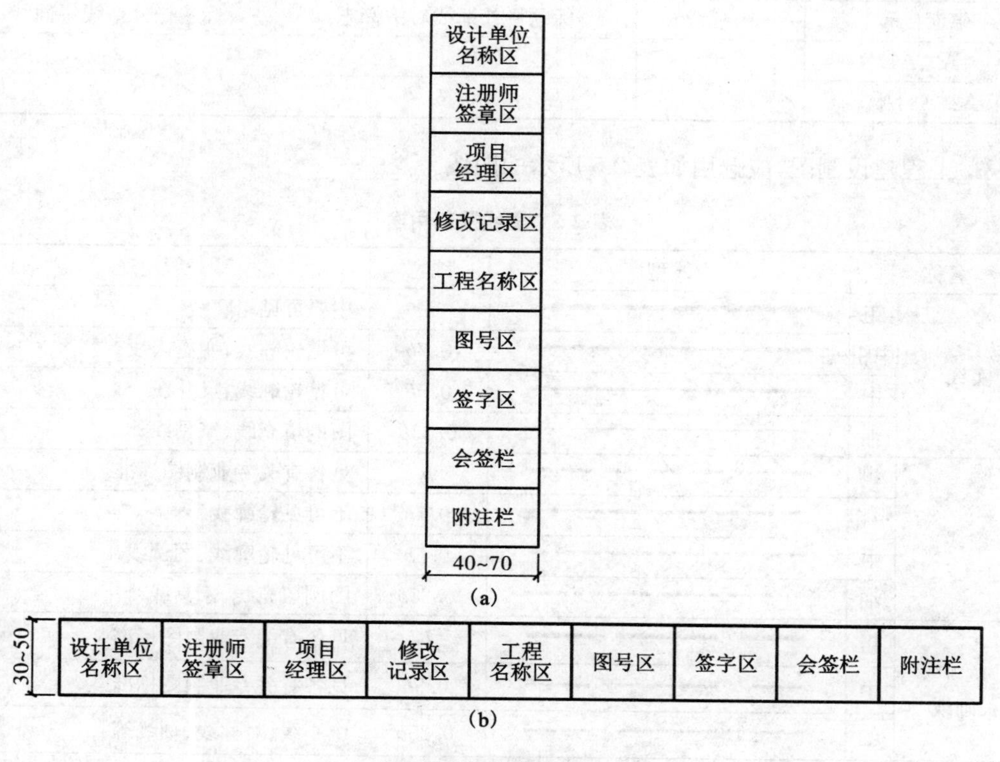

图 2.3　标题栏

2.1.3 图纸编排顺序

1. 工程图纸应按专业顺序编排。一般应为图纸目录、设计说明、总图、建筑图、结构图、给水排水图、暖通空调图、电气图等。

2. 各专业的图纸，应该按图纸内容的主次关系、逻辑关系进行分类，有序排列。

2.1.4 图线

1. 图线有粗、中粗、中、细之分，线宽比应符合表2.3中的规定。每个图样应根据形体的复杂程度和比例大小，确定基本线宽b，再选用表2.3中的线宽组。

表2.3 线宽组

单位：mm

线宽比	线宽组			
b	1.4	1.0	0.7	0.5
$0.7b$	1.0	0.7	0.5	0.35
$0.5b$	0.7	0.5	0.35	0.25
$0.25b$	0.35	0.25	0.18	0.13

注：1. 需要微缩的图纸，不宜采用0.18 mm及更细的线宽；
2. 同一张图纸内，各不同线宽中的细线，可统一采用较细的线宽组的细线

2. 图纸的图框线和标题栏线，可采用如表2.4所示的线宽。

表2.4 图框线、标题栏线的宽度

单位：mm

幅面代号	图框线	标题栏外框线对中标志	标题栏分格线幅面线
A0、A1	b	$0.5b$	$0.25b$
A2、A3、A4	b	$0.7b$	$0.35b$

3. 工程建设制图，应选用如表2.5所示的图线。

表2.5 图线及其用途

名称		线型	线宽	一般用途
实线	粗	————————	b	主要可见轮廓线
	中粗	————————	$0.7b$	可见轮廓线、变更云线
	中	————————	$0.5b$	可见轮廓线、尺寸线
	细	————————	$0.25b$	图例填充线、家具线
虚线	粗	— — — — — — —	b	见各有关专业制图标准
	中粗	- - - - - - - - -	$0.7b$	不可见轮廓线
	中	- - - - - - - - -	$0.5b$	不可见轮廓线、图例线
	细	- - - - - - - - -	$0.25b$	图例填充线、家具线
单点长画线	粗	——·——·——	b	见各有关专业制图标准
	中	——·——·——	$0.5b$	见各有关专业制图标准
	细	——·——·——	$0.25b$	中心线、对称线、轴线等

（续表）

名称		线型	线宽	一般用途
双点长画线	粗	━━ ·· ━━ ·· ━━	b	见各有关专业制图标准
	中	── ·· ── ·· ──	$0.5b$	见各有关专业制图标准
	细	— ·· — ·· —	$0.25b$	假想轮廓线、成型前原始轮廓线
折断线		─╲╱─	$0.25b$	断开界线
波浪线		～～～	$0.25b$	断开界线

4. 同一张图纸内，相同比例的各图样，应选用相同的线宽组，如图 2.4 所示。

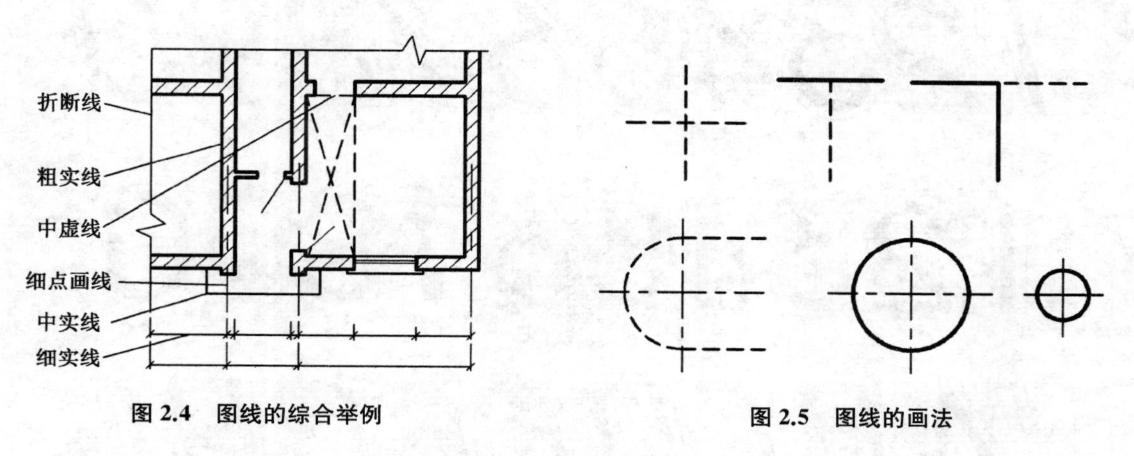

图 2.4　图线的综合举例

图 2.5　图线的画法

5. 相互平行的图线，其间隙不宜小于其中的粗线宽度，且不宜小于 0.7 mm。

6. 虚线、单点长画线或双点长画线的线段长度和间隔，宜各自相等。

7. 单点长画线或双点长画线，当在较小图形中绘制有困难时，可用实线代替。

8. 单点长画线或双点长画线的两端，不应是点。点画线与点画线交接或点画线与其他图线交接时，应是线段交接。

9. 虚线与虚线交接或虚线与其他图线交接时，应是线段交接。虚线为实线段的延长线时，不得与实线连接，如图 2.5 所示。

10. 图线不得与文字、数字或符号重叠、混淆，不可避免时，应首先保证文字、数字或符号等的清晰。

2.1.5　字体

1. 图纸上所需书写的文字、数字或符号等，均应笔画清晰、字体端正、排列整齐；标点符号应清楚正确。

2. 文字的字高，应从如下系列中选用：3.5、5、7、10、14、20 mm。若需书写更大的字，其高度应按 $\sqrt{2}$ 的比值递增。

3. 图样及说明中的汉字，宜采用长仿宋体，宽度与高度的关系应符合表 2.6 所示的规定。大标题、图册封面、地形图等的汉字，也可书写成其他字体，但应易于辨认。

表 2.6　长仿宋体字高宽关系　　单位：mm

字高	20	14	10	7	5	3.5
字宽	14	10	7	5	3.5	2.5

4. 汉字的简化字书写应符合国家有关汉字简化方案的规定。

5. 拉丁字母、阿拉伯数字与罗马数字的书写与排列，应符合规定。

6. 拉丁字母、阿拉伯数字与罗马数字，若需写成斜体字，其斜度应从字的底线逆时针向上倾斜 75°。斜体字的高度与宽度应与相应的直体字相等，如图 2.6 所示。

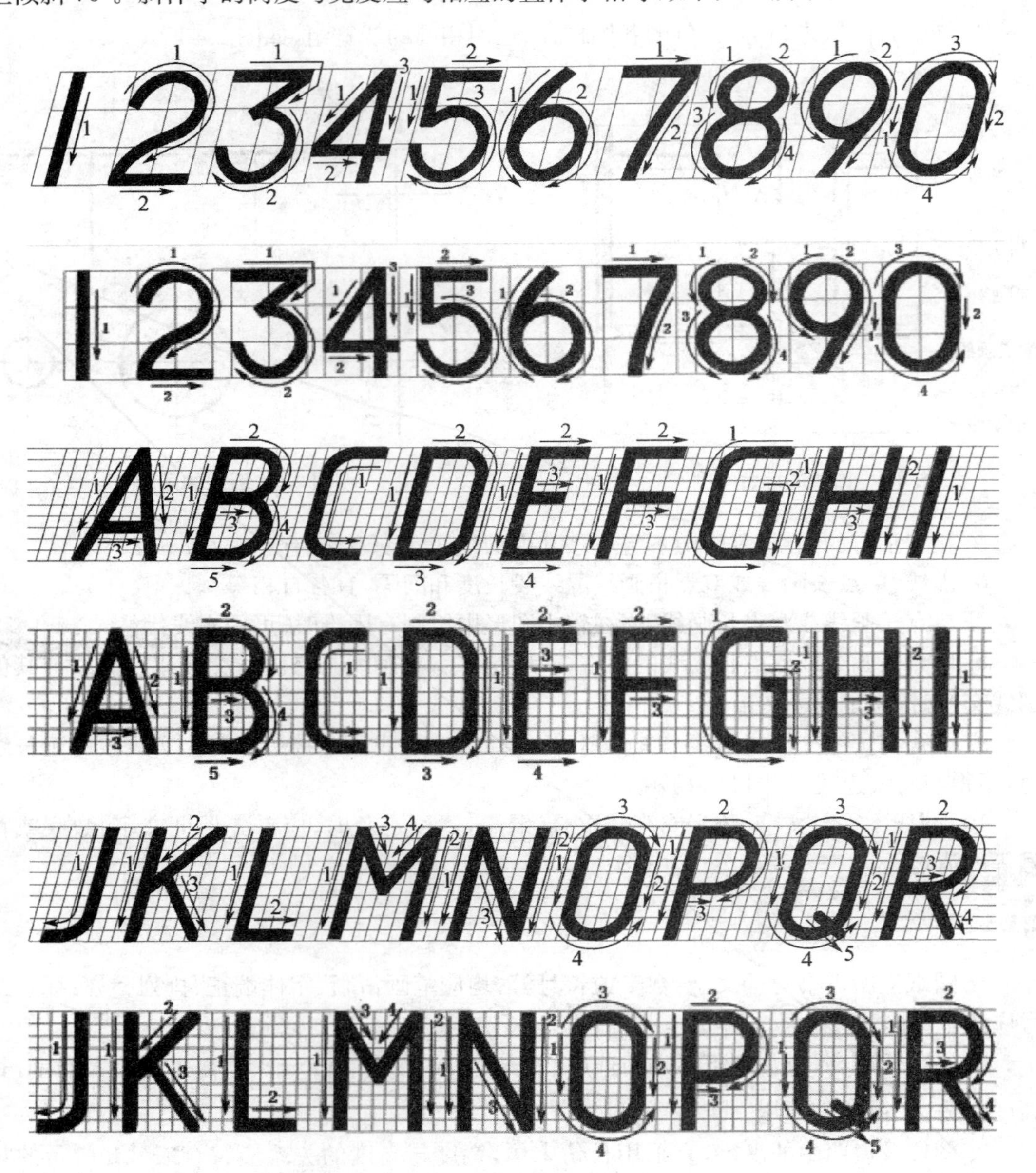

图 2.6　数字和字母的写法

7. 拉丁字母、阿拉伯数字与罗马数字的字高，应不小于 2.5 mm。

8. 数量的数值注写，应采用正体阿拉伯数字。各种计量单位凡前面有量值的，均应采用国家颁布的单位符号注写。单位符号应采用正体字母。

9. 分数、百分数和比例数的注写，应采用阿拉伯数字和数学符号，例如：四分之三、百分之二十五和一比二十应分别写成 3/4、25%和 1∶20。

10. 当注写的数字小于 1 时，必须写出个位的“0”，小数点应采用圆点，齐基准线书写，例如：0.01。

11. 长仿宋汉字、拉丁字母、阿拉伯数字与罗马数字示例见《技术制图　字体》(GB/T 14691)。

2.1.6　比例

1. 图样的比例，应为图形与实物相对应的线性尺寸之比。比例的大小，是指其比值的大小，如 1∶50 大于 1∶100。

2. 比例的符号为“∶”，比例应以阿拉伯数字表示，如 1∶1、1∶2、1∶100 等。

3. 比例宜注写在图名的右侧，字的基准线应取平；比例的字高宜比图名的字高小一号或小二号，如图 2.7 所示。

平面图 1∶100　　　　⑤ 1∶20

图 2.7　比例的注写

4. 绘图所用的比例应根据图样的用途与被绘对象的复杂程度从表 2.7 中选用，并优先选用表中常用比例。

表 2.7　绘图所用的比例

常用比例	1∶1、1∶2、1∶5、1∶10、1∶20、1∶30、1∶50、1∶100、1∶150、1∶200、1∶500、1∶1 000、1∶2 000
可用比例	1∶3、1∶4、1∶6、1∶15、1∶25、1∶40、1∶60、1∶80、1∶250、1∶300、1∶400、1∶600、1∶5 000、1∶10 000、1∶20 000、1∶50 000、1∶100 000、1∶200 000

5. 一般情况下，一个图样应选用一种比例。根据专业制图需要，同一图样可选用两种比例。

6. 特殊情况下也可自选比例，这时除应注出绘图比例外，还必须在适当位置绘制出相应的比例尺。

2.1.7　尺寸标注

1. 尺寸界线、尺寸线及尺寸起止符号

(1) 图样上一个完整的尺寸组成，包括尺寸界线、尺寸线、尺寸起止符号和尺寸数字，如

图 2.8 所示。

(2) 尺寸界线应用细实线绘制，一般应与被注长度垂直，其一端应离开图样轮廓线不小于 2 mm，另一端宜超出尺寸线 2～3 mm。图样轮廓线可用作尺寸界线，如图 2.9 所示。

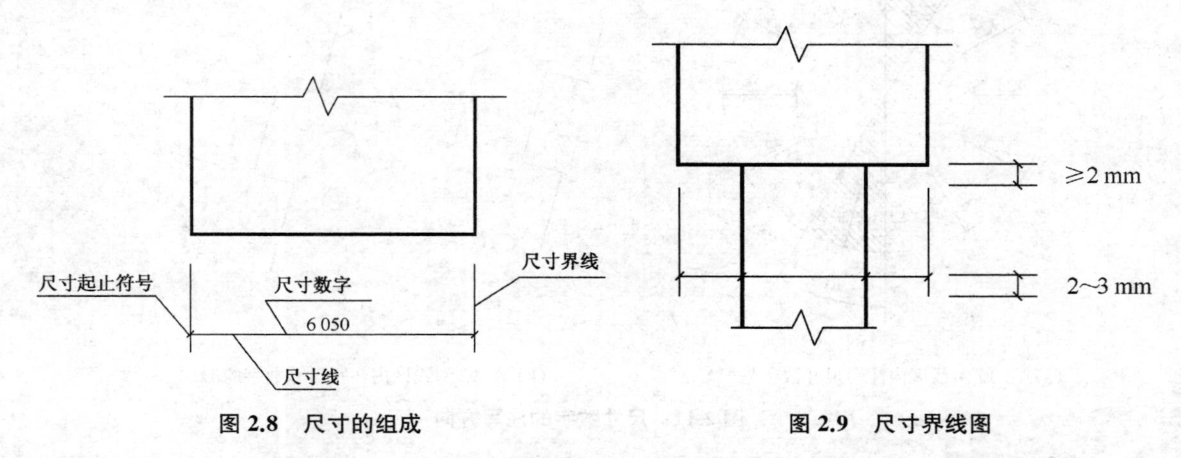

图 2.8　尺寸的组成　　　图 2.9　尺寸界线图

(3) 尺寸线应用细实线绘制，应与被注长度平行。图样本身的任何图线均不得用作尺寸线。

(4) 尺寸起止符号一般用中粗斜短线绘制，其倾斜方向应与尺寸界线成顺时针 45°角，长宜为 2～3 mm。半径、直径、角度与弧长的尺寸起止符号，宜用箭头表示，如图 2.10 所示。

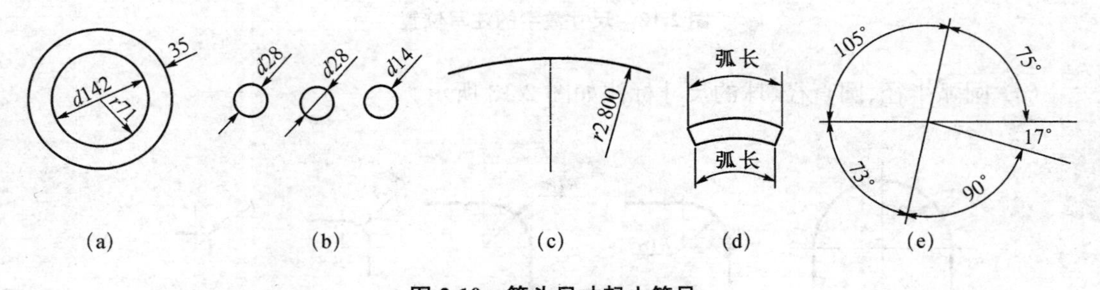

图 2.10　箭头尺寸起止符号

2. 尺寸数字

(1) 图样上的尺寸，应以尺寸数字为准，不得从图上直接量取。

(2) 图样上的尺寸单位，除标高及总平面以 m(米)为单位外，其他必须以mm(毫米)为单位。

(3) 尺寸数字的方向，应按如图 2.11(a)所示的规定注写。若尺寸数字在 30°斜线区内，宜按如图 2.11(b)所示的形式注写。

(4) 尺寸数字一般应依据其方向注写在靠近尺寸线的上方中部。若没有足够的注写位置，最外边的尺寸数字可注写在尺寸界线的外侧，中间相邻的尺寸数字可上下错开注写，如图2.12 所示。

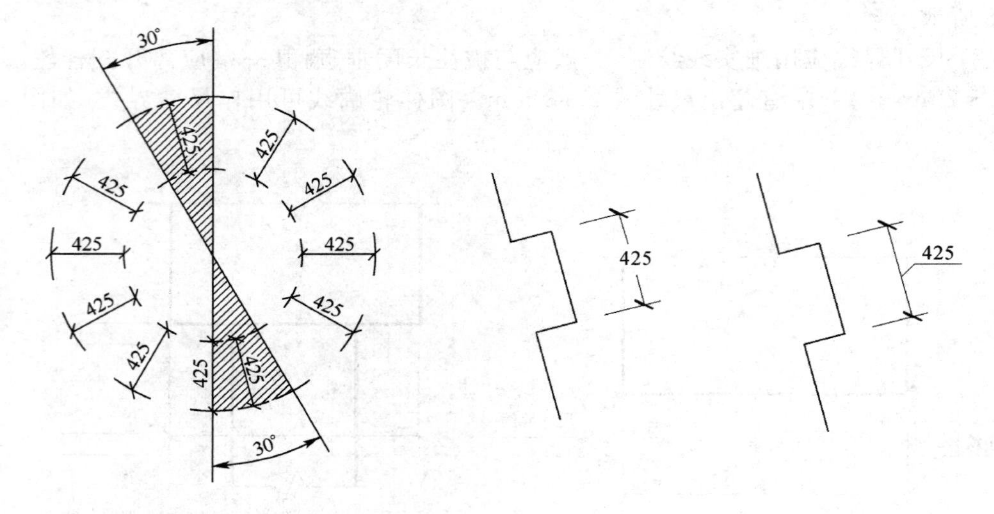

(a) 在 30°斜线区内注写尺寸数字是严禁的　　(b) 在 30°斜线区内注写尺寸数字的形式

图 2.11　尺寸数字的注写方向

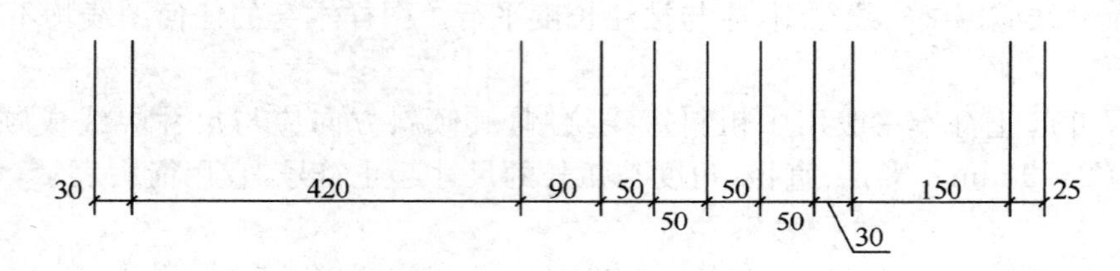

图 2.12　尺寸数字的注写位置

(5) 圆弧半径、圆直径、球的尺寸标注如图 2.13 所示。

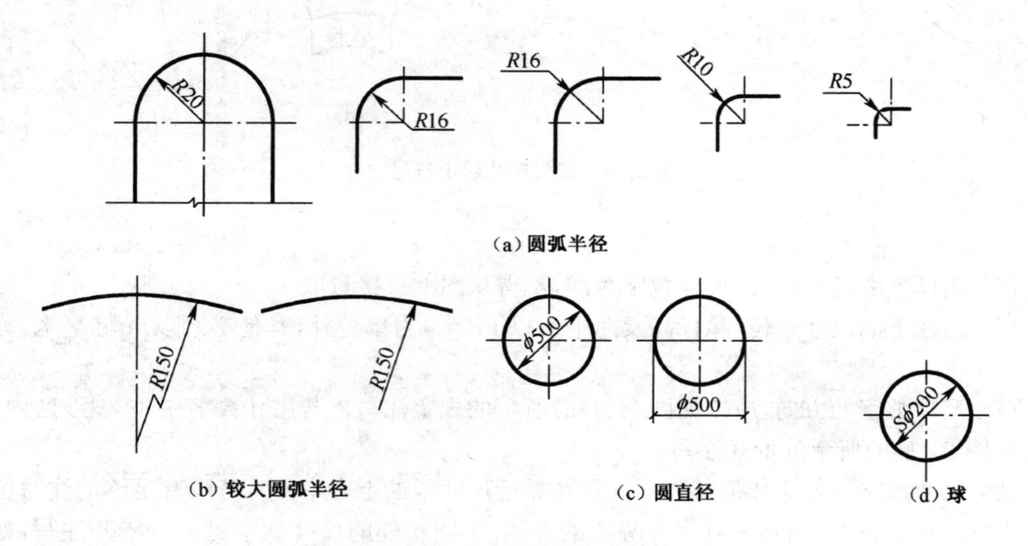

(b) 较大圆弧半径　　(c) 圆直径　　(d) 球

图 2.13　圆弧半径、圆直径、球的尺寸标注图

2.2　施工图的识读

2.2.1　识读施工图的方法

一般识读施工图的方法步骤是：

(1) 看图纸目录和设计技术说明。通过图纸目录看各专业施工图纸有多少张，图纸是否齐全；看设计技术说明，对工程在设计和施工要求方面有一定的了解。

(2) 依照图纸顺序通读一遍。对整套图纸按先后顺序通读一遍，对整个工程在头脑中形成概念，如工程的建设地点和关键部位情况，做到心中有数。

(3) 分专业对照阅读，按专业次序、深入仔细地阅读。首先读基本图，再读详图。读图时，要把有关图纸联系起来对照着读，从中了解它们之间的关系，建立起完整准确的工程概念；再把各专业图纸联系在一起对照着读，看它们在图形上和尺寸上是否衔接、构造要求是否一致。发现问题要做好读图记录，以便会同设计单位提出修改意见。

读图是工程技术人员深入了解施工项目的过程，也是检查复核图纸的过程，所以读图时必须认真、细致，不可粗心大意。

2.2.2　施工图中常用的符号

市政工程中常用一些统一规定的符号和记号来表示，熟悉和掌握对识图很重要。

1. 定位轴线与编号

(1) 定位轴线用细单点长画线绘制。

(2) 定位轴线一般应编号，编号应注写在轴线端部的圆内。圆应用细实线绘制，直径为8～10 mm。定位轴线圆的圆心，应在定位轴线的延长线上或延长线的折线上。

(3) 平面图上定位轴线的编号，宜标注在图样的下方与左侧。横向编号应用阿拉伯数字，从左至右顺序编写，竖向编号应用大写拉丁字母，从下至上顺序编写，如图 2.14 所示。

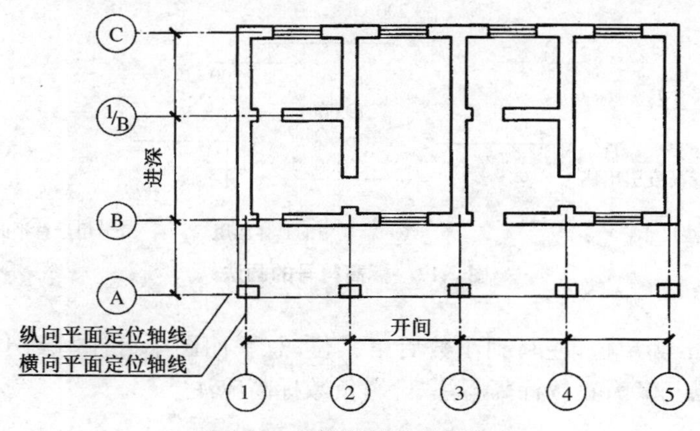

图 2.14　定位轴线的编号顺序

(4) 拉丁字母的 I、O、Z 不得用作轴线编号，以免与数字 1、0、2 混淆。如字母数量不够使用，可增用双字母或单字母加数字注脚，如 AA、BA、……或 A1、B1、……、Y1。

(5) 组合较复杂的平面图中定位轴线也可采用分区编号。

(6) 附加定位轴线的编号,应以分数形式表示。

① 两根轴线间的附加轴线,应以分母表示前一轴线的编号,分子表示附加轴线的编号,分子宜用阿拉伯数字顺序编号,如图 2.15(a)所示。

② 1 号轴线或 A 号轴线之前的附加轴线的分母以 01 或 0A 表示,如图 2.15(b)所示。

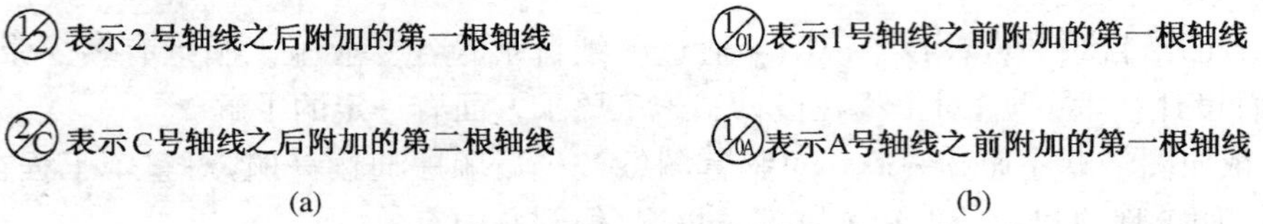

1/2 表示2号轴线之后附加的第一根轴线

2/C 表示C号轴线之后附加的第二根轴线

(a)

1/01 表示1号轴线之前附加的第一根轴线

1/0A 表示A号轴线之前附加的第一根轴线

(b)

图 2.15　附加轴线

(7) 一个详图适用于几根轴线时,可同时注明各有关轴线的编号,如图 2.16 所示为通用轴线。通常详图中的定位轴线,只画边轴线圈,不注轴线编号。

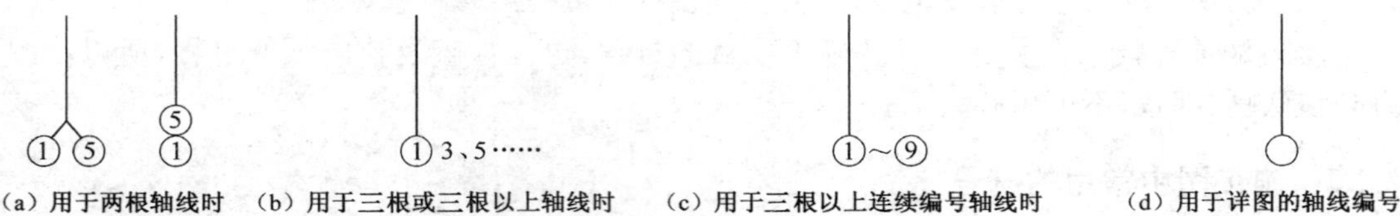

(a) 用于两根轴线时　(b) 用于三根或三根以上轴线时　(c) 用于三根以上连续编号轴线时　(d) 用于详图的轴线编号

图 2.16　通用轴线

2. 标高及标高符号

(1) 标高符号

标高符号是用等腰直角三角形表示,按照图 2.17(a)所示的画出。

标高符号的尖端要指至被标注高度的位置,尖端一般可向下,也可向上,如图 2.17(b)所示。

总平面图室外地坪标高符号,用涂黑的三角形表示,如图 2.17(c)所示。

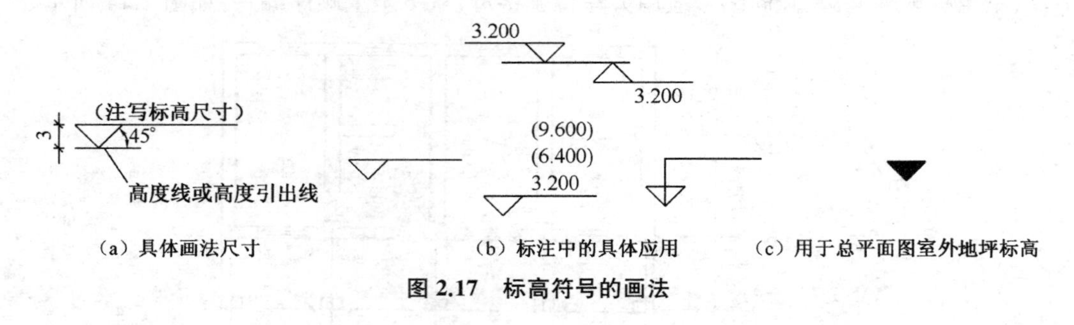

(a) 具体画法尺寸　(b) 标注中的具体应用　(c) 用于总平面图室外地坪标高

图 2.17　标高符号的画法

标高数字以 m 为单位,注写到小数后第三位,总平面图中可注写到小数点后第二位。零点标高注写成±0.000;正数标高不注"+",负数标高应注"−"。

(2) 标高

标高是指以某点为基准的相对高度。建筑物各部分的高度用标高表示时有以下两种:

① 绝对标高:根据规定,凡标高的基准面是以我国山东省青岛市的黄海平均海平面为标高零点,由此而引出的标高均称为绝对标高。

② 相对标高：凡标高的基准面是根据工程需要而自行选定的，这类标高称为相对标高。在图纸中除总平面图外一般都用相对标高。

3. 剖切符号

剖切符号由剖切位置线及剖视方向线组成。剖切线有两种画法：一种是用两根粗实线画在视图中需要剖切的部位，并用阿拉伯数字(但也有用罗马字)编号，按顺序由左至右、由上至下连续编排，注写在剖视方向线的端部，如图 2.18(a)所示。采用这种标注方法，剖切后画出来的图样，称作剖面图。另一种画法是用两根剖切位置线(粗实线)并采用阿拉伯数字编号注写在粗线的一侧，编号所在的一侧应为该断面的剖视方向，如图 2.18(b)所示。采用这种剖注方法绘制出来的图样，称作断面图或剖面图。

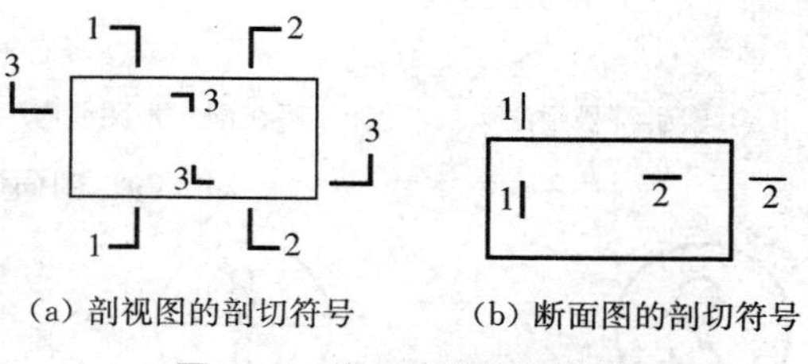

(a) 剖视图的剖切符号　(b) 断面图的剖切符号

图 2.18　施工图的剖切符号

4. 索引符号与详图符号

(1) 索引符号

图样中的某一局部或构件，如需另见详图，应以索引符号索引，如图 2.19(a)所示。索引符号是由直径为 10 mm 的圆和水平直径组成，圆及水平直径均应以细实线绘制。索引符号应按下列规定编写：

① 索引出的详图，如与被索引的图样同在一张图纸内，应在索引符号的上半圆中用阿拉伯数字注明该详图的编号，并在下半圆中间画一段水平细实线，如图 2.19(b)所示。

② 索引出的详图，如与被索引的图样不在同一张图纸内，应在索引符号的上半圆中用阿拉伯数字注明该详图的编号，在索引符号的下半圆中用阿拉伯数字注明该详图所在图纸的编号如图 2.19(c)所示。数字较多时，可加文字标注。

③ 索引出的详图，如采用标准图，应在索引符号水平直径的延长线上加注该标准图册的编号，如图 2.19(d)所示。

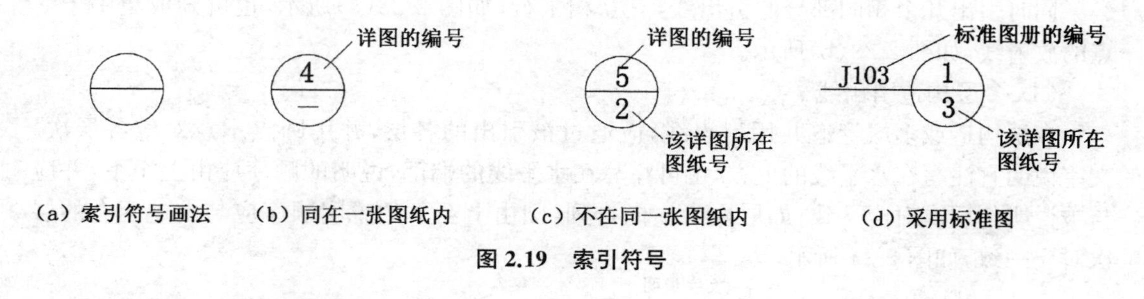

(a) 索引符号画法　(b) 同在一张图纸内　(c) 不在同一张图纸内　(d) 采用标准图

图 2.19　索引符号

(2) 剖面详图的索引符号

索引符号如用于索引剖面详图，应在被剖切的部位绘制剖切位置线，并以引出线引出索引符号，引出线所在的一侧应为投射方向，如图 2.20 所示。

(3) 详图符号

详图的位置和编号，应以详图符号表示。详图符号的圆应以直径为 14 mm 粗实线绘制。

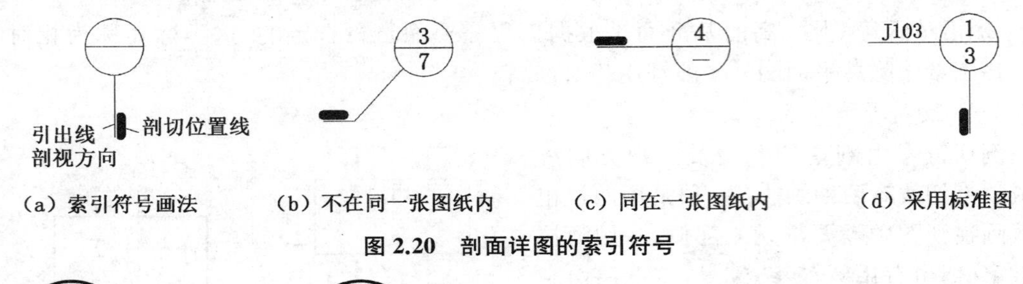

图 2.20 剖面详图的索引符号

图 2.21 详图符号

详图应按下列规定编号：① 详图与被索引的图样同在一张图纸内时，应在详图符号内用阿拉伯数字注明详图的编号，如图 2.21(a)所示。

② 详图与被索引的图样不在同一张图纸内，应用细实线在详图符号内画一水平直径，在上半圆中注明详图编号，在下半圆中注明被索引的图纸的编号如图 2.21(b)所示。

5. 引出线

(1) 引出线的画法

引出线应以细实线绘制，宜采用水平方向的直线，与水平方向成 30°、45°、60°、90°的直线，或经上述角度再折为水平线。文字说明宜注写在水平线的上方，如图 2.22(a)所示，也可注写在水平线的端部，如图 2.22(b)所示。索引详图的引出线应与水平直径线相连接，如图 2.22(c)所示。

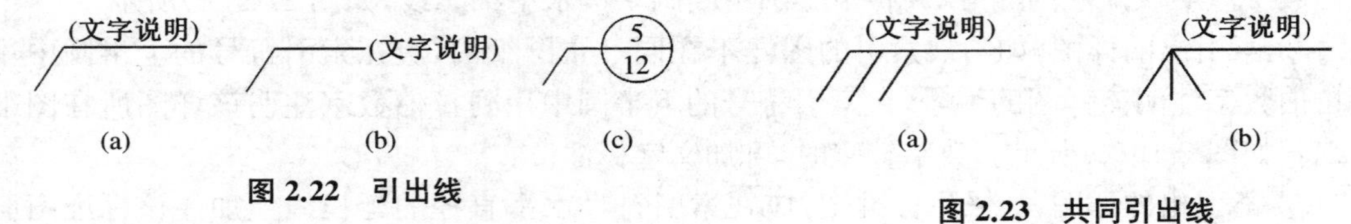

图 2.22 引出线

图 2.23 共同引出线

(2) 共同引出线

同时引出几个相同部分的引出线，宜互相平行，如图 2.23(a)所示，也可画成集中于一点的放射线，如图 2.23(b)所示。

(3) 多层构造引出线

多层构造或多层管道共用引出线，应通过被引出的各层，并用圆点示意对应各层次。文字说明宜注写在水平线的上方，也可注写在水平线的端部，说明的顺序应由上至下，并应与被说明的层次对应一致；如层次为横向排列，则由上至下的说明顺序应与由左至右的层次对应一致，如图 2.24 所示。

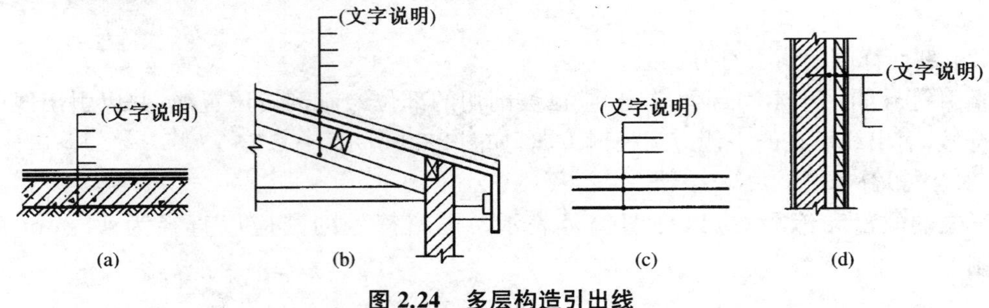

图 2.24 多层构造引出线

6. 其他符号

(1) 对称符号。对称符号由对称线和两端的两对平行线组成。对称线用细单点长画线绘制；平行线用细实线绘制，其长度宜为 6～10 mm，每对平行线的间距宜为 2～3 mm；对称线垂直平分于两对平行线，两端超出平行线宜为 2～3 mm，如图 2.25(a)所示。

(2) 连接符号。连接符号应以折断线表示需要连接的部位。两部位相距过远时，折断线两端靠图样一侧应标注大写拉丁字母表示连接编号。两个被连接的图样必须用相同的字母编号，如图 2.25(b)所示。

(3) 风玫瑰图，"N"表示"北"，如图 2.25(c)所示。

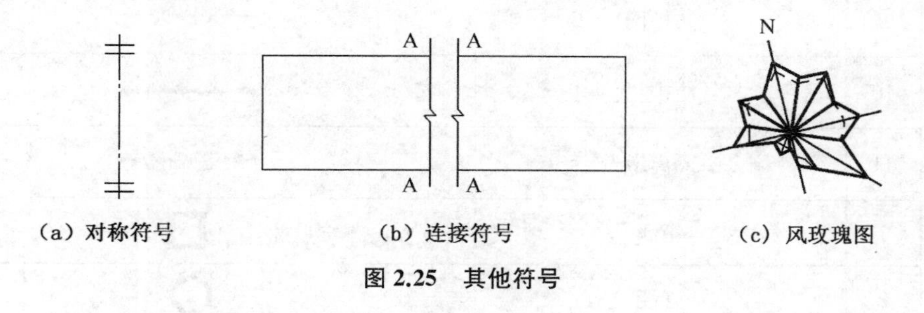

(a) 对称符号　　(b) 连接符号　　(c) 风玫瑰图

图 2.25　其他符号

2.3　市政工程常用图例

市政工程识图见表 2.8～表 2.18。

表 2.8　道路工程常用图例

项目	序号	名　称		图　例
平面	1	涵洞		
	2	通道		
	3	分离式立交	A. 主线上跨	
			B. 主线下穿	
	4	桥梁(大、中桥按实际长度绘)		
	5	互通式立交(按采用形式绘)		
	6	隧道(按实际长度绘)		

（续表）

项目	序号	名称		图例
平面	7	养护机构		
	8	管理机构		
	9	防护网		
	10	防护栏		
	11	隔离墩		
纵断面	1	箱涵		
	2	管涵		
	3	盖板涵		
	4	拱涵		
	5	箱型通道		
	6	桥梁		
	7	分离式立交	A. 主线上跨	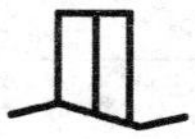
			B. 主线下穿	
	8	互通式立交	A. 主线上跨	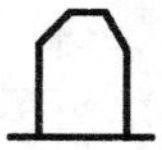
			B. 主线下穿	
材料	1	细粒式沥青混凝土		
	2	中粒式沥青混凝土		
	3	粗粒式沥青混凝土		

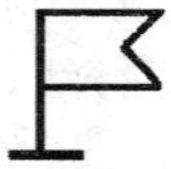

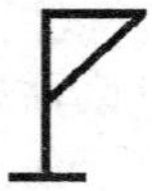

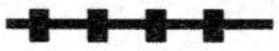

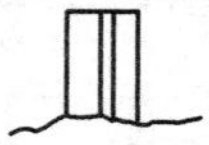

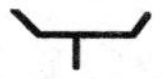

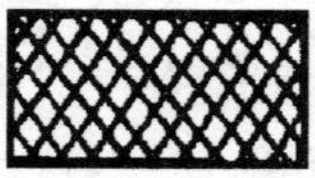

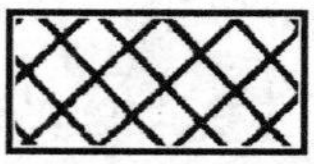

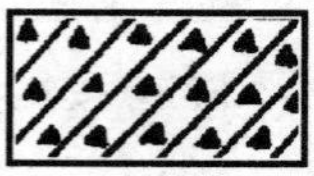

（续表）

项目	序号	名 称	图 例
材料	4	沥青碎石	
	5	沥青贯入碎砾石	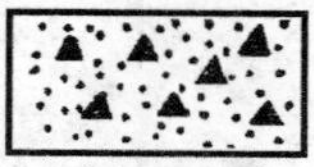
	6	沥青表面处治	
	7	水泥混凝土	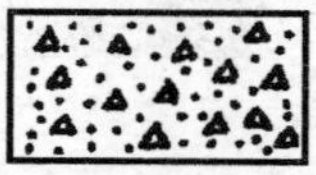
	8	钢筋混凝土	
	9	水泥稳定土	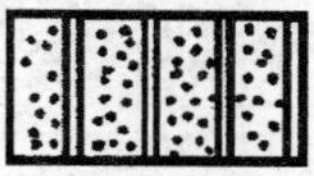
	10	水泥稳定砂砾	
	11	水泥稳定碎砾石	
	12	石灰土	
	13	石灰粉煤灰	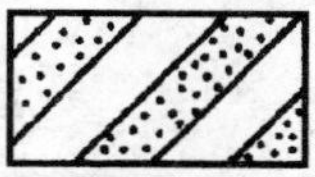
	14	石灰粉煤灰土	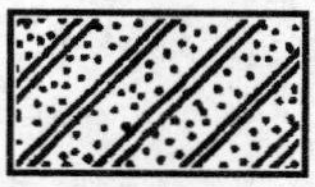
	15	石灰粉煤灰砂砾	
	16	石灰粉煤灰碎砾石	
	17	泥结碎砾石	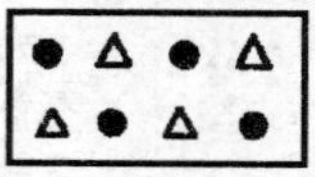

（续表）

项目	序号	名 称		图 例
材料	18	泥灰结碎砾石		
	19	填隙碎石		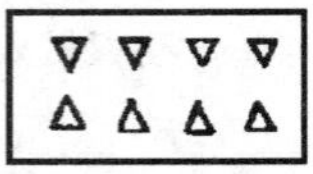
	20	级配碎砾石		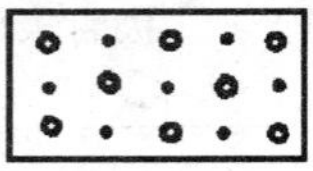
	21	天然砂砾		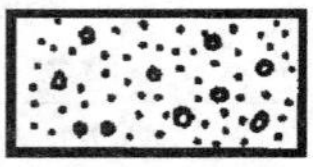
	22	干砌片石		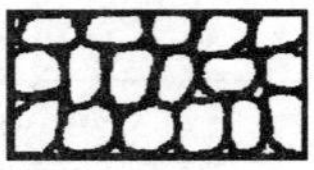
	23	浆砌片石		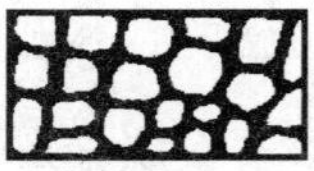
	24	浆砌块石		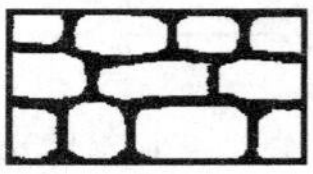
	25	木材	横	
			纵	
	26	金属		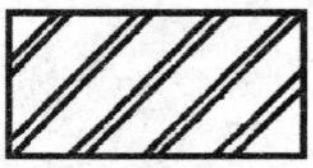
	27	橡胶		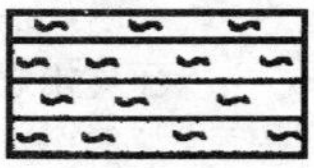
	28	自然土		
	29	夯实土		

表 2.9 道路工程平面设计图图例

<table>
<tr><th>图例</th><th colspan="2">名称</th></tr>
<tr><td>3 6 n×3 2</td><td colspan="2">平箅式雨水口(单、双、多箅)</td></tr>
<tr><td></td><td colspan="2">偏沟式雨水口(单、双、多箅)</td></tr>
<tr><td></td><td colspan="2">联合式雨水口(单、双、多箅)</td></tr>
<tr><td>φ××cm L=××m</td><td colspan="2">雨水支管</td></tr>
<tr><td>4 1 4 1 1</td><td colspan="2">标注</td></tr>
<tr><td>1 10 10 1</td><td colspan="2">护栏</td></tr>
<tr><td>3</td><td colspan="2">护坡,边坡加固</td></tr>
<tr><td>6 2</td><td colspan="2">边沟过道(长度超过规定时按实际长度绘)</td></tr>
<tr><td>实际长度 实际宽度</td><td colspan="2">大、中小桥(大比例尺时绘双线)</td></tr>
<tr><td>2</td><td>涵洞(一字洞口)</td><td rowspan="2">(需绘洞口具体做法及采取导流措施时宽度按实际宽度绘制)</td></tr>
<tr><td>2</td><td>涵洞(八字洞口)</td></tr>
<tr><td>4 实际长度 4 2</td><td colspan="2">倒虹吸</td></tr>
<tr><td>实际长度 实际宽度 ≥4</td><td colspan="2">台阶、礓礤、坡道</td></tr>
<tr><td>1.5</td><td colspan="2">盲沟</td></tr>
<tr><td>实际长度 4 按管道图例</td><td colspan="2">管道加固</td></tr>
</table>

（续表）

图例	名称
实际长度 1.5	水簸箕、跌水
1.5	挡土墙、挡水墙
	铁路立交（长、宽角按实际绘）
	边沟、排水沟及地区排水方向
	干浆砌片石（大面积）
	拆房（拆除其他建筑物及刨除旧路面相同）
实际长度 实际净跨 实际宽度	过水路面、混合式过水路面
实际宽度 1.5 1.5	铁路道口
实际长度 2 5 5	渡槽
2 起止桩号	隧道
实际长度 2 起止桩号	明洞

（续表）

图例	名称
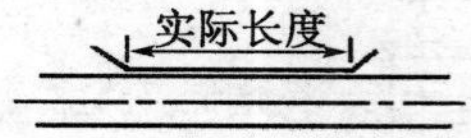 实际长度	栈桥（大比例尺时绘双线）
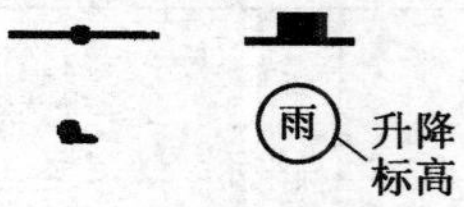 雨 升降标高	迁杆、伐树、迁移、升降雨水口、探井等
	迁坟、收井等（加粗）
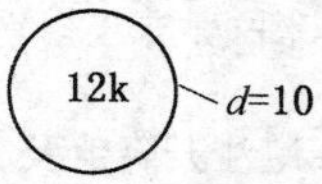 12k d=10	整公里桩号
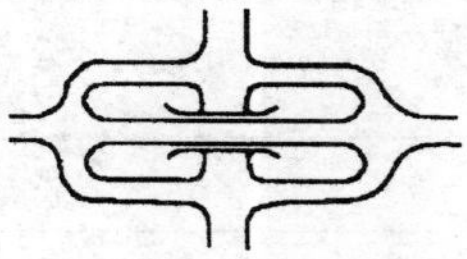	街道及公路立交按设计实际形状（绘制各部组成）参用有关图例

表 2.10　道路工程文字注释图例

图例	名称	图例	名称
桩号 名称、型式 长度=(m) l_0(净跨)=(m)	大中桥（需表系起讫桩号时另注）	桩号 类别 D或$B\times H$(孔径)=(m) l(长度)=(m) 管底高　进口=出口	倒虹吸（另列表时不注长度及底高）
桩号~桩号 名称 长度(m)	隧道、明洞、半山洞、栈桥、过水路面等	类别 h(长度)=(m) m(斜率)=1:x	水簸箕跌水
桩号 类别 l_0或D=(m) L或A(长度)=(m) 底高进口=出口	水桥涵（山区路不注长度及进出口高）	桩号~桩号 （路口不注） 类别 长度(m) 类别 长度(m) 桩　桩 号　号	挡土墙、挡水墙、护挡、标柱、护坡等
桩号 类别 l_0或D=(m) 荷载级别	边沟过道	修整大车道 B(宽坡)=(m) i(纵坡)=(%) l(长度)=(m)	修整大车道其他简单附属工程拆迁项目同此

（续表）

图例	名称	图例	名称
高程 高程 d≤5	高程符号（图形为较大平面面积）	30 12 X= Y=	坐标
桩号=桩号 应增(减)(m) 12 40	断链	9 5 至×× 2 5 或 至××	路标

注：1. 道路设计图的绘制，目前国家尚无统一规定，一般根据道路设计内容、特点及绘制习惯编制设计图例。

2. 说明：

(1) 构造物及工程项目图例号用于1∶500及1∶100平面图，1∶2 000平面图可参考使用。大比例尺图纸及构造物较大可按实际尺寸绘制时，均按实际绘制；

(2) 图例符号与文字注释结合使用，升降各种探井、闸门、雨水口、杆线应注升降值及高程；

(3) 需表明构造物布置情况及相互关系时，按平面设计图纸内容规定绘注

表 2.11　道路工程线形图例

图例	名称	图例	名称
5 40 规划 设计施工	（较细线）道路中心线（最细线）	用红铅笔或红墨水绘	规划红线（粗线）
	路基边线（粗线）平道牙	长度视图面大小定	坡面线（最细线）
15 2 15	路面边线平道牙（较细线）		填挖方（较细线）坡脚线
25 2 25	收地线（较细线）	1 2 1 2	道口道牙（粗线）

注：用针管笔绘线时笔号选择：最细线0.3 mm，较细线0.6 mm，粗线0.9 mm

表 2.12　路面结构材料断面图例

图例	结构材料	图例	结构材料	图例	结构材料
	单层式沥青表面处理		水泥混凝土		石灰土
	双层式沥青表面处理		加筋水泥混凝土		石灰焦渣土

（续表）

图例	结构材料	图例	结构材料	图例	结构材料
	沥青砂黑色石屑（封面）		级配砾石		矿渣
	黑色石屑、碎石		碎石、破碎砾石		级配砂石
	沥青碎石		粗砂		水泥稳定土或其他加固土
	沥青混凝土		焦渣		浆砌块石

表 2.13　管道图例

序号	名称	图例	备注
1	生活给水管	—— J ——	
2	热水给水管	—— RJ ——	
3	热水回水管	—— RH ——	
4	中水给水管	—— ZJ ——	
5	循环给水管	—— XJ ——	
6	循环回水管	—— XH ——	
7	热媒给水管	—— RM ——	
8	热媒回水管	—— RMH ——	
9	蒸汽管	—— Z ——	
10	凝结水管	—— N ——	
11	废水管	—— F ——	可与中水源水管合用
12	压力废水管	—— YF ——	
13	通气管	—— T ——	
14	污水管	—— W ——	
15	压力污水管	—— YW ——	
16	雨水管	—— Y ——	
17	压力雨水管	—— YY ——	
18	膨胀管	—— PZ ——	
19	保温管		

（续表）

序号	名称	图例	备注
20	多孔管		
21	地沟管	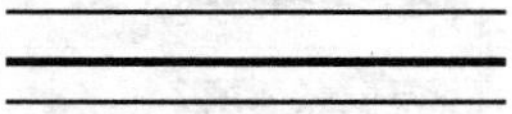	
22	防护套管		
23	管道立管	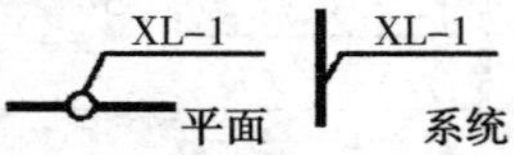 XL-1 平面 XL-1 系统	X：管道类别 L：立管 1：编号
24	伴热管		
25	空调凝结水管	 KN	
26	排水明沟	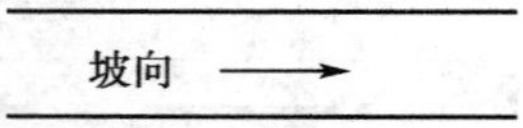 坡向	
27	排水暗沟	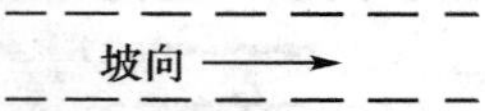 坡向	

注：分区管道用加注角标方式表示，如 J_1、J_2、RJ_1、RJ_2 等

表 2.14　管道附件图例

序号	名称	图例	备注
1	套管伸缩器		
2	方形伸缩器		
3	刚性防水套管	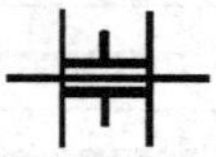	
4	柔性防水套管	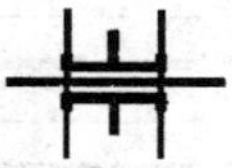	
5	波纹管		
6	可曲挠橡胶接头		
7	管道固定支架		
8	管道滑动支架		
9	立管检查口		
10	清扫口	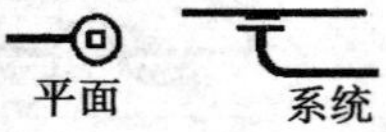 平面 系统	

（续表）

序号	名称	图例	备注
11	通气帽	 成品　铅丝球	
12	雨水斗	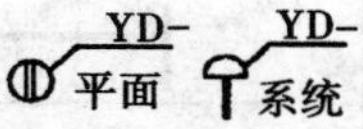 YD- 平面　YD- 系统	
13	圆形地漏		通用。如为无水封，地漏应加存水弯
14	方形地漏		左为平面图，右为系统
15	自动冲洗水箱	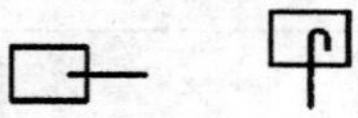	左为平面图，右为系统
16	挡墩		
17	减压孔板	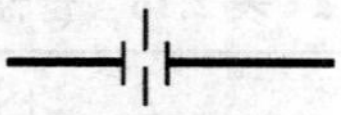	
18	Y形除污器		
19	毛发聚集器	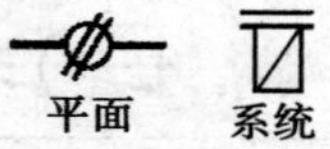 平面　系统	
20	防回流污染止回阀		
21	吸气阀		

表 2.15　管道连接图例

序号	名称	图例	备注
1	法兰连接	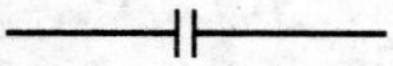	
2	承插连接		
3	活接头	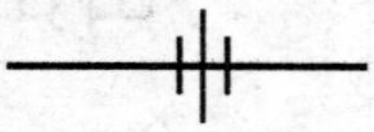	
4	管堵	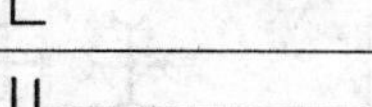	
5	法兰堵盖		
6	弯折管		表示管道向后及向下弯转 90°
7	三通连接		

（续表）

序号	名称	图例	备注
8	四通连接	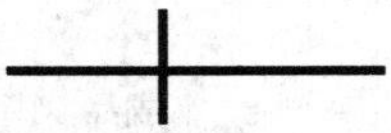	
9	盲板		
10	管道丁字上接	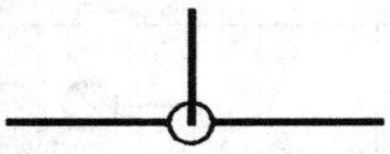	
11	管道丁字下接	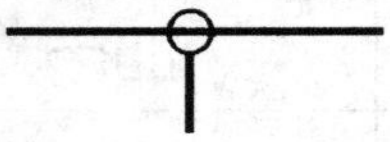	
12	管道交叉	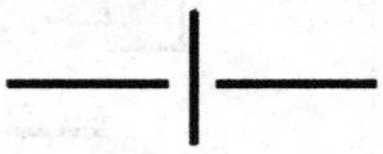	在下方和后面的管道应断开

表 2.16　管件图例

序号	名称	图例	备注
1	偏心异径管		
2	异径管		
3	乙字管		
4	喇叭口		
5	转动接头		
6	短管		
7	存水弯	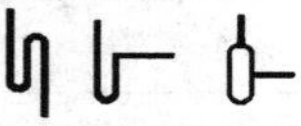	
8	弯头		
9	正三通		
10	斜三通		
11	正四通		
12	斜四通	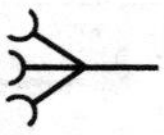	
13	浴盆排水件	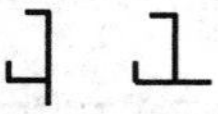	

表 2.17 阀门图例

序号	名称	图例	备注
1	闸阀		
2	角阀		
3	三通阀		
4	四通阀		
5	截止阀	$DN \geqslant 50$ $DN < 50$	
6	电动阀		
7	液动阀		
8	气动阀		
9	减压阀		左侧为高压端
10	旋塞阀	平面 系统	
11	底阀		
12	球阀		
13	隔膜阀		
14	气开隔膜阀		
15	气闭隔膜阀		
16	温度调节阀		
17	压力调节阀		
18	电磁阀	M	
19	止回阀		
20	消声止回阀		

（续表）

序号	名称	图例	备注
21	蝶阀		
22	弹簧安全阀	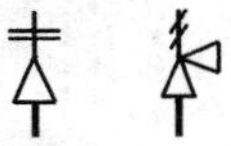	左为通用
23	平衡锤安全阀	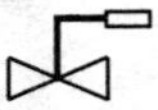	
24	自动排气阀	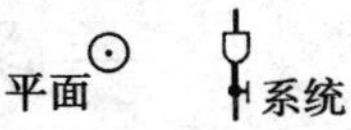 平面 系统	
25	浮球阀	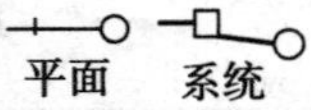 平面 系统	
26	延时自闭冲洗阀		
27	吸水喇叭口	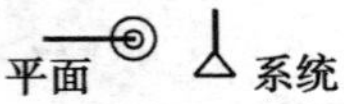 平面 系统	
28	疏水器		

表 2.18　铸铁管件详图

管件名称	管件形式	图示
三承丁字管	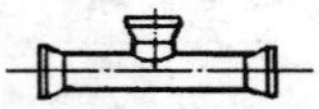	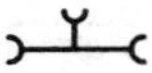
三盘丁字管	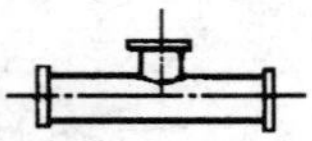	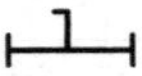
双承一插丁字管		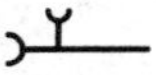
双盘一插丁字管	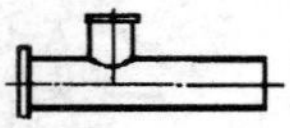	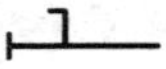
双承一盘丁字管	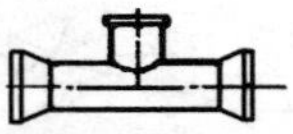	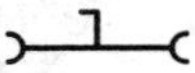
双盘一承丁字管	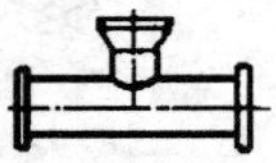	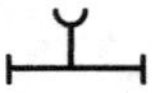
承插弯管	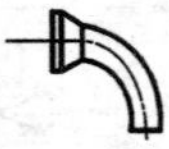	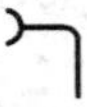
盘插弯管	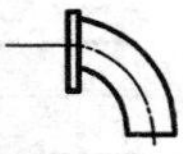	

（续表）

管件名称	管件形式	图示
双盘弯管	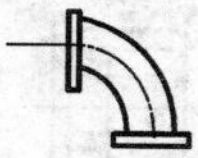	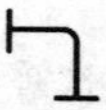
双承弯管		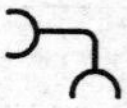
带座双盘弯管		
承插渐缩管		
插承渐缩管		
双承渐缩管		
双插渐缩管		
双承套管	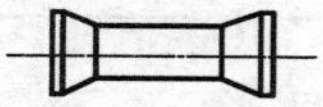	
承插乙字管		
承盘短管	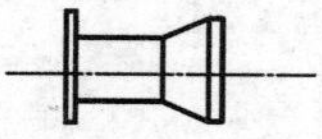	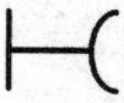
插盘短管	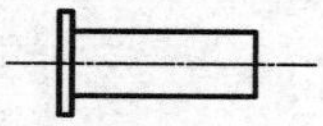	
承盘渐缩短管	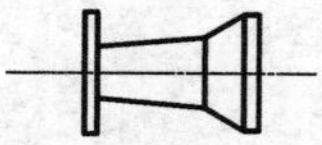	
插盘渐缩短管	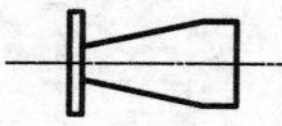	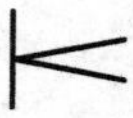
双承一插泄水管	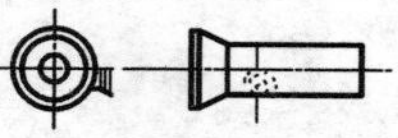	
三承泄水管	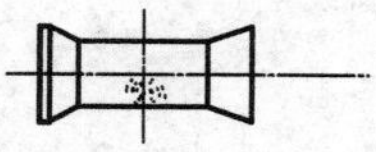	
带人孔承插存渣管	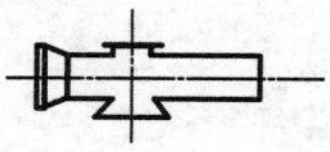	
不带人孔双平存渣管		

(续表)

管件名称	管件形式	图示
承堵(塞头)	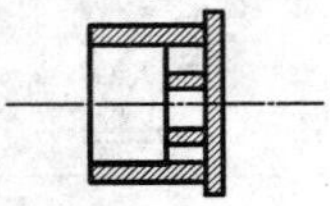	
插堵(帽头)	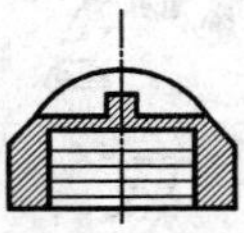	
带盘管鞍	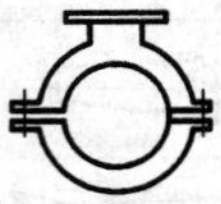	
带内螺纹管鞍	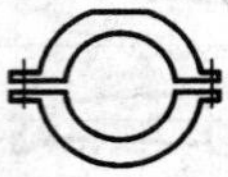	
三承套管三通	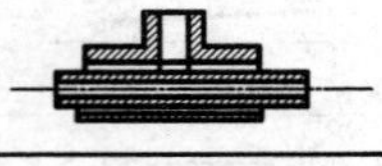	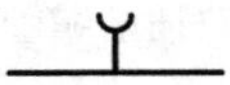

3 市政工程识图与构造

3.1 土石方工程

土壤是地壳岩石经过长期的物理和化学作用而形成的颗粒和空气、水组成的混合物。土颗粒之间有许多孔隙，孔隙中有气体（一般是空气），也有液体（一般是水），三部分之间的比例随着周围的条件变化而变化。例如，当土层中地下水上升时，原地下水位以上的土中水的含量就要增加，土中的颗粒、空气和水的比例有了变化，造成土质的密实或松软、干土或湿土、黏土或淤泥、含水率高低等的相应变化。这三部分之间的比例关系以及体积、重量等的相互变化决定了土的物理性质，以此确定土的分类，从而可以较准确地选用工程计价定额。

3.1.1 土石方工程相关概念

一、施工工艺相关概念

1. 土方开挖方法

根据具体情况可采用横挖法、纵挖法和混合开挖法。

(1) 横挖法：指从路堑的一端或两端按横断面全宽沿路线纵向向前开挖，适用于短而深的路堑，掘进时逐段成形向前推进，运土由相反方向送出。这种方法可以获得较高的挖坡面，但工作面较窄。当路堑过深时，可分成台阶同时掘进，这样可以增加工作面、加快施工进度。但每一台阶均应有单独的运土出路和排水沟渠，以免相互干扰、影响工效、造成事故。

(2) 纵挖法：指沿路堑纵向将高度分成几个不大的层次依次开挖，适用于较长的路堑。若路堑的宽度及深度都不大，可以按横断面全宽纵向逐层挖掘，称为分层纵挖法，挖掘的地表应向外倾斜，以利排水。此法适用于铲运机（为较长较宽的路堑时）和推土机（为短路堑及大坡度时）施工。若路堑的宽度及深度都比较大，可先在路堑纵向挖出一条通道，然后向两侧开挖，称为通道纵挖法。此法可采用人工或挖土机进行挖掘，通道可作为机械通行或出口路线，适用于长而深的路堑。若路堑很长，可在适当位置选择一个（或几个）地方，将较薄一侧路堑横向挖穿堑壁（俗称马口），将长路堑在纵向上按桩号分成两段或数段，各段再采用上述方法纵向开挖，称为分段纵挖法。此法适用于傍山长路堑，一侧堑壁不厚不深，同时还应满足其中间段有经批准的弃土场、土方调配计划有多余的挖方废弃的条件。

(3) 混合开挖法：将横挖法、通道纵挖法混合使用，适用于特别长而深的路堑。此法先沿路堑纵向挖出一条通道，以增加开挖坡面，但要注意每一开挖面应能容纳一个作业组或一台机械。

在开挖半路堑而横向弃土时，还可采用分层或分块的挖掘方案。

2. 支撑

支撑是防止沟槽或基坑土壁坍塌的挡土结构，一般采用木材或钢材制作，有疏撑和密撑两种。

(1) 疏撑：也称断续式水平支撑，是用 3～5 块撑板紧贴槽壁，纵梁靠在撑板上，撑杠撑在纵梁上的一种支撑结构，适用于黏性土、无地下水、挖深较大、地面上建筑物靠近沟槽的情况，可分为横板疏撑和竖板疏撑，如图 3.1 所示。

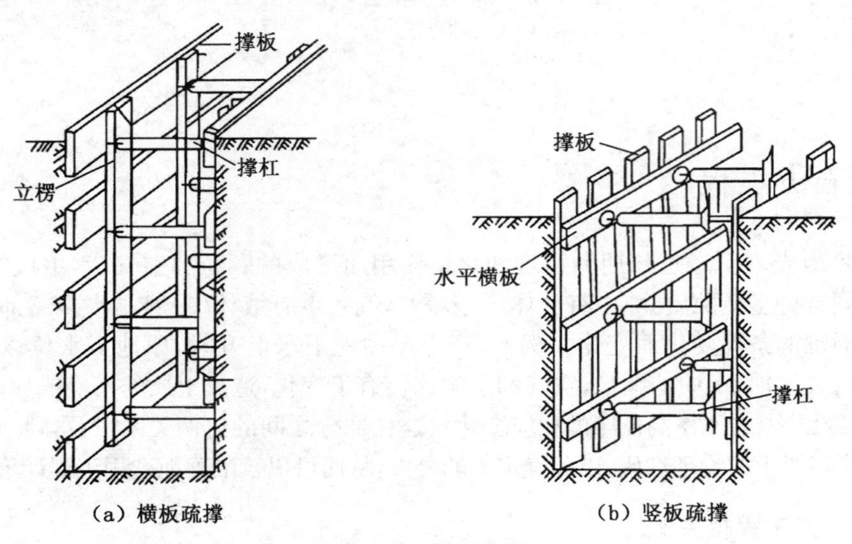

(a) 横板疏撑　　(b) 竖板疏撑

图 3.1　疏撑示意图

(2) 横板密撑：也称连续式水平支撑，其支撑方法与横板疏撑基本相同，但撑板水平排列紧密，如图 3.2 所示，适用于土质有轻度流沙现象及挖掘深度为 3～5 m 的沟槽。横板支撑的特点是支撑和拆撑都比较方便。

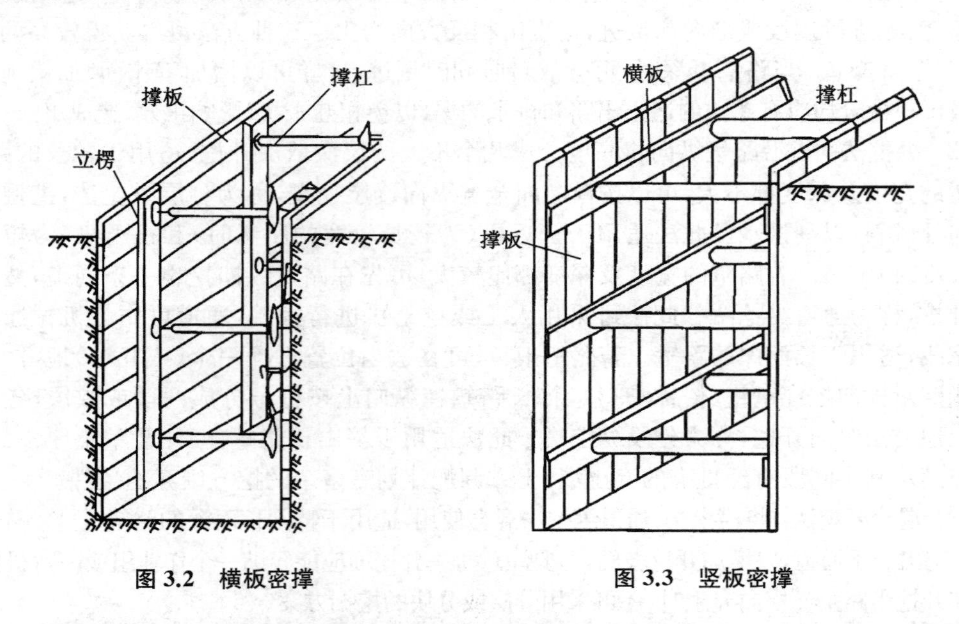

图 3.2　横板密撑　　**图 3.3　竖板密撑**

(3) 竖板密撑：也称垂直支撑，如图 3.3 所示，适用于土质较差、有地下水或有流沙及挖土深度较大的沟槽或基坑。

3. 暗挖土方

浅埋暗挖法是参考新奥法的基本原理，开挖中采用多种辅助施工措施加固围岩，充分调动围岩的自承能力，开挖后即时支护、封闭成环，使其与围岩共同作用形成联合支护体系，是有效抑制围岩过大变形的一种综合施工技术。

4. 暗挖石方

暗挖也称洞库开挖，可分平洞全断面掘进，导坑掘进，正井、反井掘进，光面爆破，沟槽开挖等项目，按设计断面尺寸，另加允许超挖量，以立方米为单位计算。

5. 山坡切土

室外设计地坪标高以上的挖土以及虽属于平整场地范围以内但超过室外设计地坪标高 30 cm 以上部分的挖土，均应按山坡切土以立方米为单位进行计算。

6. 增加工作面

当所挖地槽或地坑深而狭窄，基础施工的操作人员无法施展手脚，或某些施工机具在下面工作受阻，或基础需支模板时，就需要增加施工区域空间，这种为施工需要而增加的面积叫增加工作面。

7. 流沙现象

流沙是指土粒失去自重，处于悬浮状态，土的抗剪强度等于零，土粒能随着渗流的水一起流动的现象。

8. 井点降水

井点降水是指在基坑内采用井点管方法，利用抽水机将基坑内的地下水位降低，保证深坑基础的施工，其布置如图 3.4 所示。

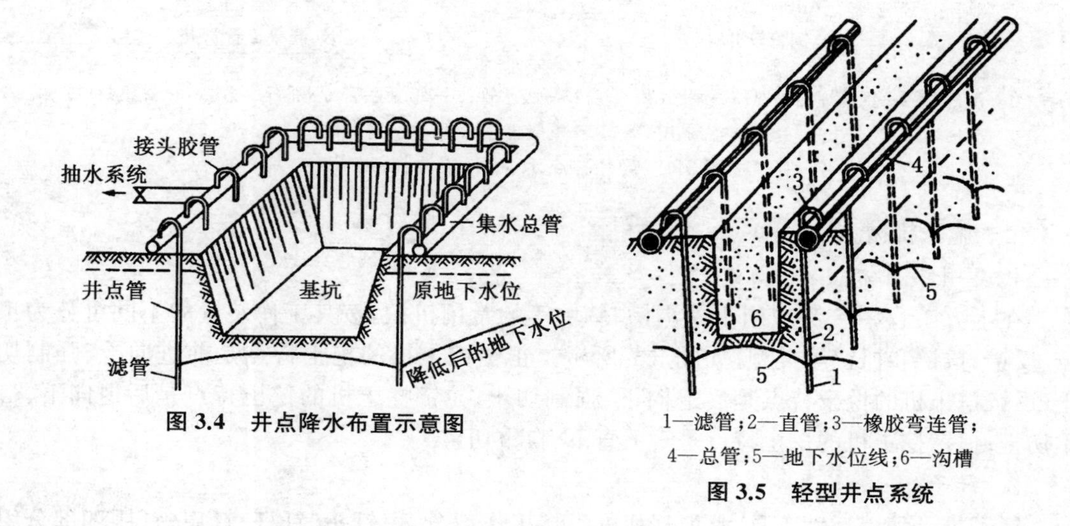

图 3.4　井点降水布置示意图

1—滤管；2—直管；3—橡胶弯连管；4—总管；5—地下水位线；6—沟槽

图 3.5　轻型井点系统

9. 轻型井点

轻型井点由井点管、总管和抽水设备组成，井点管用直径 38～55 mm 的钢管，长 5～7 m，管下端配有滤管和管尖；总管常用直径 100～127 mm 的钢管分节连接，每节长 4 m，一般每隔 0.8～1.6 m 设一个连接井点管的接头；抽水设备通常由真空泵、离心泵和水气分离器组成，如图 3.5 所示。

10. 管井井点

管井井点也称深井井点，由深井井管和水泵组成，如图 3.6 所示。深井井管由滤水管、吸水管和沉砂管三部分组成，用钢管、塑料管或混凝土管制成，管径一般为 300～357 mm，内径宜大于水泵外径；滤水管部分在管口开孔或抽条，管壁上焊＋6 mm 钢筋，外部螺栓缠绕 12 号铁丝，间距 1 mm，用锡焊点焊牢，或外包 10 孔/cm^{2}镀锌铁丝网两层和 41 孔/cm^{2}镀锌铁丝网两层；吸水管或沉砂管均为实管。

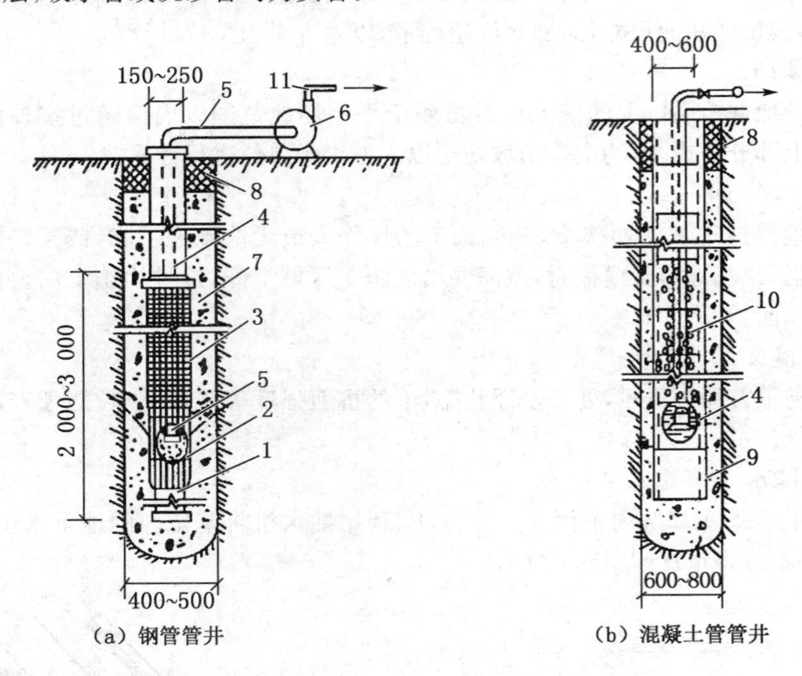

1—沉砂管；2—钢筋焊接骨架；3—滤网；4—管身；5—吸水管；6—离心泵；7—小砾石过滤层；8—黏土封口；9—混凝土实管；10—混凝土过滤管；11—出水管

图 3.6　管井井点示意图(单位：mm)

二、施工机械

1. 单斗挖土机

在土方工程中广泛应用于挖沟槽、基坑等的常用机械，按其工作装置的不同可分为正铲、反铲、拉铲和抓铲等类型，如图 3.7 所示。正铲挖土机的挖土特点是前进向上、强制切土；反铲挖土机的挖土特点是后退向下、强制切土；拉铲挖土机的挖土特点是后退向下、自重切土；抓铲挖土机的挖土特点是直上直下、自重切土。

2. 钎子

钎子是一种消耗性工具，是凿岩机的直接工作部分，由钎头、钎杆、钎肩、钎尾四部分组成，有可卸(活动)钎子和不可卸(整体)钎子两种，其示意图如图 3.8 所示。

3. 风动凿岩机

风动凿岩机利用压缩空气作为动力，交替地进入凿岩机汽缸的两端，使汽缸中的活塞往复运动，冲击钢钎而进行凿岩，如图 3.9 所示。由于它质量小、结构简单、工作可靠，在公路工程中使用很广泛。

4. 电动凿岩机

电动凿岩机利用电能使电动机旋转，再通过齿轮传动使一根带有偏心块的曲轴旋转，偏心块在旋转中所产生的离心力迫使曲轴铰接的冲击锤做直线往复运动，从而冲击钢钎钻凿岩层，如图 3.10 所示。

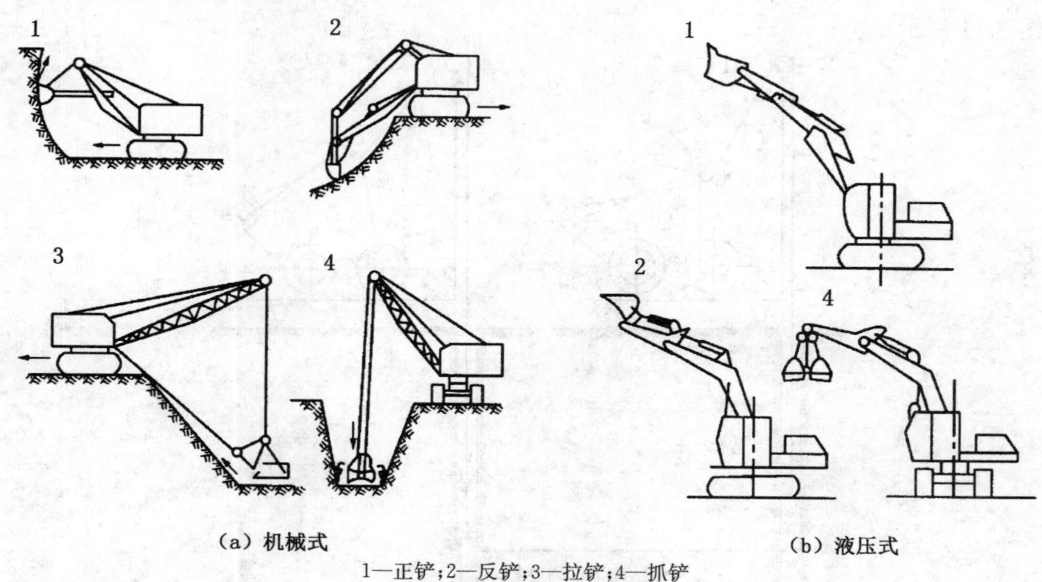

（a）机械式　　（b）液压式

1—正铲；2—反铲；3—拉铲；4—抓铲

图 3.7　单斗挖土机示意图

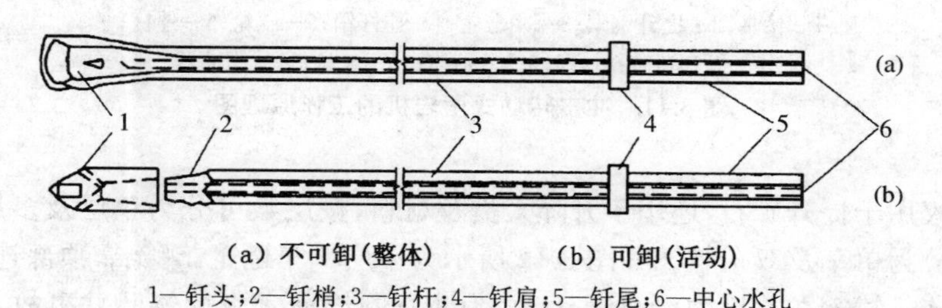

（a）不可卸(整体)　　（b）可卸(活动)

1—钎头；2—钎梢；3—钎杆；4—钎肩；5—钎尾；6—中心水孔

图 3.8　钎子示意图

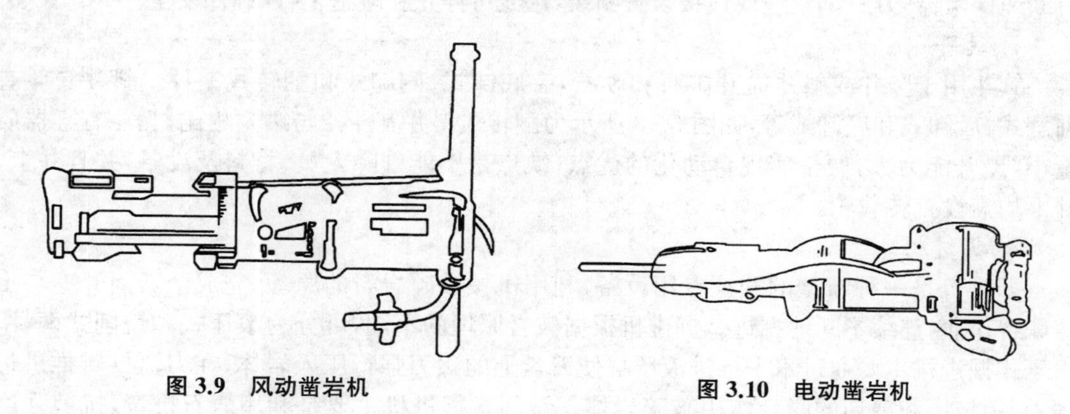

图 3.9　风动凿岩机　　图 3.10　电动凿岩机

5. 冲击转动式凿岩机

钎子在轴向冲击力的作用下，钻刃部分凿碎岩石，在工作断面形成一道破碎槽，随后在钎子回提时，钎杆转动一定的角度，再进行第二次冲击，在断面上形成第二道破碎槽，同时两道破碎槽中间扇形区已被剪切破碎，这样连续地冲击使岩石形成一个炮眼，其工作原理如图 3.11 所示。

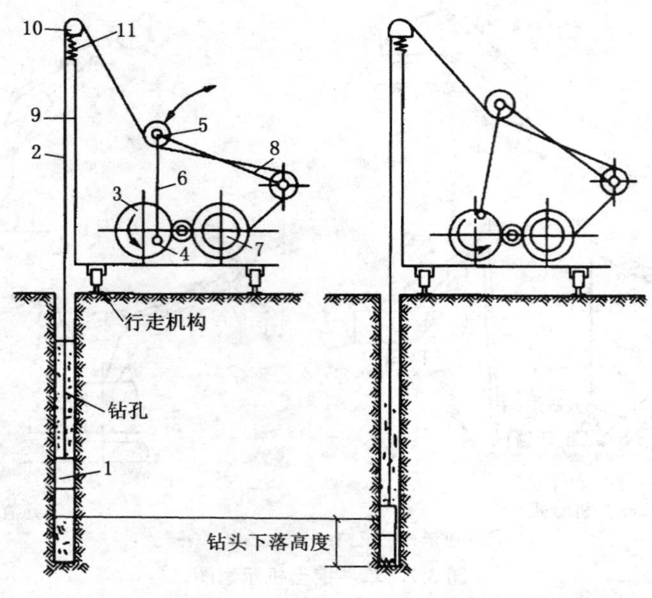

(a) 提升钻具　　(b) 钻具下落冲击岩石

1—钻具；2—提升钢索；3—冲击轮；4—连杆销；5—压轮；6—连杆；7—提升卷筒；8—摇杆；9—钻桅；10—天轮；11—缓冲器

图 3.11　冲击转动式凿岩机的工作原理图

6. 罐笼

罐笼不仅用于提升矿石，还用于升降人员及材料，按层数可分为单层及多层，按内部容纳沙车数可分为单车及双车等。如图 3.12 所示为单层单车罐笼，罐笼靠顶部连接装置与提升钢丝绳相连。罐笼在井筒内沿罐道运动，为防止断绳而发生罐笼坠井事故，在罐笼上装有断绳保险器，万一钢丝绳或连接装置断裂，罐笼可停止在罐道上，以确保安全。

7. 箕斗

箕斗用于竖井或斜井提升矿石和废石，有底卸式、侧卸式和翻转式三种。斜井箕斗有前翻式、后卸式和底卸式等，如图 3.13 所示为翻转式斜井箕斗。与罐笼相比，箕斗有容器质量小，提升能力大，便于实现自动化的优点；缺点是不能升降人员、材料及设备，并且井上、井下均需设置转载轮。

8. 掘进机

掘进机是一种新型的开挖专用设备，利用机械破碎岩石的原理，完成全断面开挖与出渣联合作业，连续不断地掘进。掘进机根据破岩原理的不同，可分为滚压式和铣削式两种。滚压式掘进机主要通过水平推进液压缸使刀盘上的滚刀强行压入岩体，在刀盘旋转推进过程中，用挤压和剪切的联合作用破碎岩体。铣削式掘进机主要是利用岩石抗弯、抗剪强度低的特点，靠铣剪(剪切)加弯断破碎岩体。

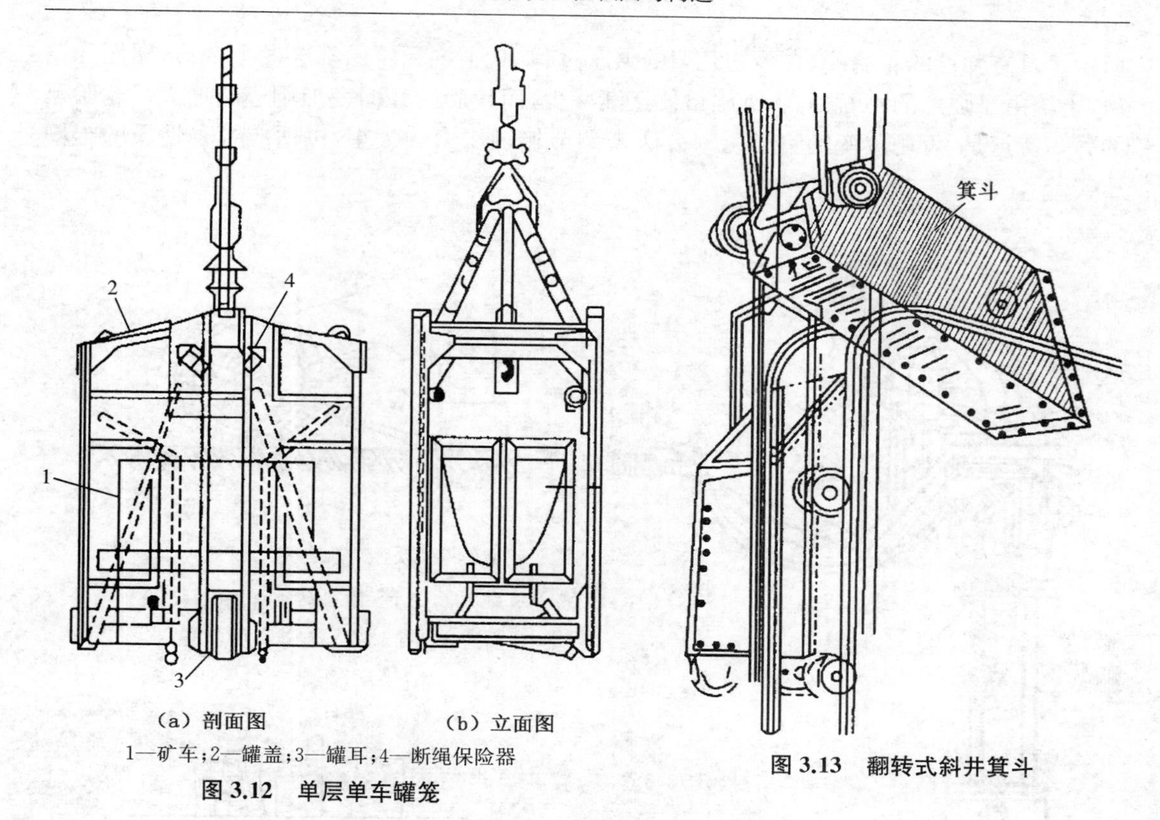

（a）剖面图　　（b）立面图

1—矿车；2—罐盖；3—罐耳；4—断绳保险器

图 3.12　单层单车罐笼

图 3.13　翻转式斜井箕斗

9. 蛙式打夯机

蛙式打夯机工作时，由于偏心块旋转所产生的离心力，使夯锤升起又落下，而且可边夯边前进，像青蛙行走一样，故得此名，如图 3.14 所示。

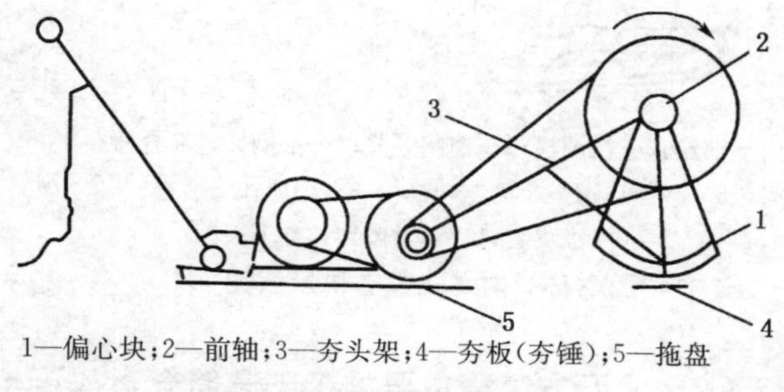

1—偏心块；2—前轴；3—夯头架；4—夯板（夯锤）；5—拖盘

图 3.14　蛙式打夯机示意图

10. 内燃式打夯机

内燃式打夯机是一种以内燃机为动力的夯实机械。虽然它的冲击频率很高，且有振动作用，但它对土壤的主要作用仍是冲击。其弹簧易疲劳断裂，操作时劳动强度大，以夯实狭窄的基坑、柱角、屋角、墙边的效果最佳。其构造及组成如图3.15所示。

11. 羊脚碾

在光面钢滚筒上，焊上若干个羊脚状的凸爪，光面碾即变成羊脚碾。羊脚的长度和滚轮直径之比一般为 1∶8～1∶5，土层被压实的厚度可达到 25～80 cm。用羊脚碾来碾压铺填的土层时，钢滚筒的全部重量通过一排着地的羊脚作用在下层土料上，由于羊脚端面面积小、压强大，直接处于羊脚下的土料受到最大正压力，羊脚四周同时向外传递侧压力，故羊脚碾的压实效果比光面碾要好，其构造如图 3.16 所示。

12. 轮胎碾

轮胎碾是通过充气轮胎，利用碾的自重碾压土壤的一种静压式机械，其构造如图 3.17

所示。具有弹性的轮胎碾，在最初几遍的碾压过程中，土壤和轮胎都会发生变形，碾压几遍后，土壤由于强度的不断提高，沉陷量便逐渐减少，而轮胎的径向变形则逐渐增大。轮胎碾的另一特点是，可用改变轮胎气压的方法来调节接触压力的大小，以适应各种性质的土壤压实。

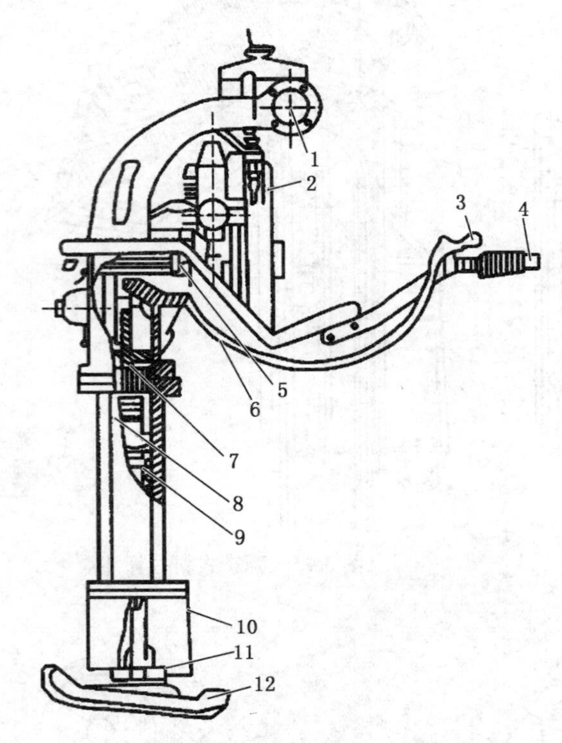

1—油箱；2—汽油机；3—控制开关；4—手柄；5—离合器；6—减速箱；7—曲柄连杆机构；8—圆筒；9—活塞；10—橡皮套；11—压杆；12—夯土板

图 3.15　内燃式打夯机示意图

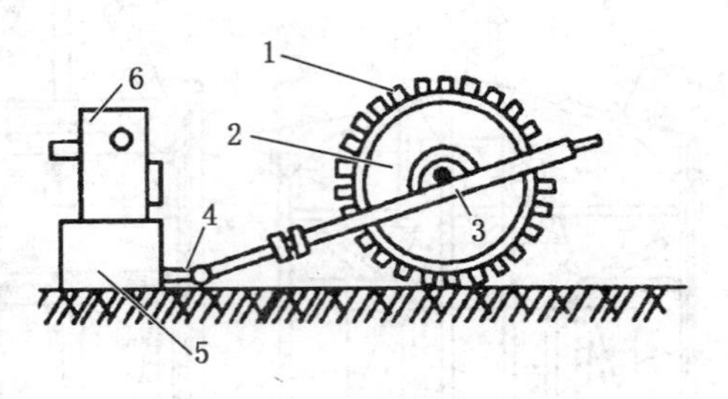

1—羊脚式钢棒；2—钢滚筒；3—拖架；4—充水口；5—辕杆；6—拖拉机(部分)

图 3.16　羊脚碾示意图

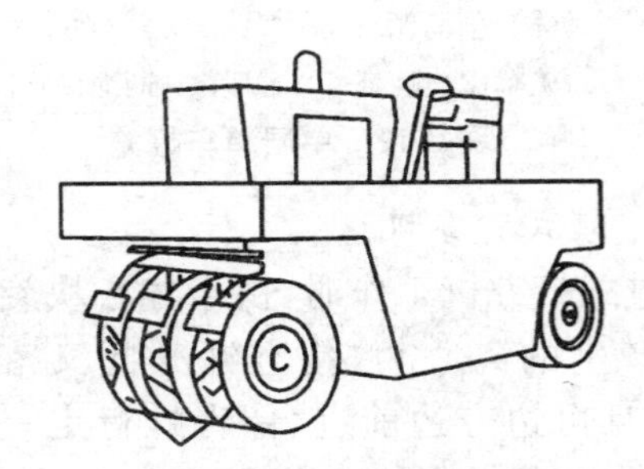

图 3.17　轮胎碾示意图

3.1.2　土石方工程主要施工工艺简介

市政工程中，常见的土石方工程有场地平整、基坑(槽)与管沟开挖、路基开挖、填土、路基填筑以及基坑回填等。土石方工程施工方法有人工施工和机械施工两种。人工施工比较简单，劳动强度较大。大型土石方工程采用机械施工较多。

一、人工土石方工程施工工艺

1. 工艺流程

确定开挖的顺序和坡度→沿灰线切出槽边轮廓线→分层开挖→修整边坡→清底

2. 施工要点

(1) 挖方工程应在定位放线后，方可施工。

(2) 土方开挖前，施工现场内的地上地下障碍物(建筑物、构筑物、道路、沟渠、管线、坟墓、树木等)应清除和处理，表面要清理平整，做好排水坡向，一般不小于2%的坡度。在施工范围内应挖临时性排水沟。

(3) 土方开挖时,应防止附近的建筑物或构筑物、道路、管线等发生下沉和变形。

(4) 挖方的边坡坡度,应根据土的种类、物理力学性质(质量密度、含水量、内摩擦角及内聚力等)、工程地质情况、边坡高度及使用期确定,在土质具有天然湿度、构造均匀、水文地质良好且无地下水时,深度在 5 m 以内的基坑边坡可按表 3.1 确定(机械挖土边坡坡度按表 3.2 确定)。

表 3.1　深度在 5 m 以内的基坑边坡的最大坡度(一)

土名称	人工挖土土抛坑边	土名称	人工挖土土抛坑边
砂土	1∶1.0	黏土	1∶0.33
砂质粉土	1∶0.67	干黄土	1∶0.25
粉质黏土	1∶0.50		

表 3.2　深度在 5 m 以内的基坑边坡的最大坡度(二)

土名称	机械在坑底挖土	机械在坑上边挖土
砂土	1∶0.75	1∶1.0
砂质粉土	1∶0.50	1∶0.75
粉质黏土	1∶0.33	1∶0.75
黏土	1∶0.25	1∶0.67
干黄土	1∶0.10	1∶0.33

(5) 当地质条件良好,土质均匀且地下水位低于基坑(槽)时,在规范允许挖土深度内可以不放坡,也可以不加支撑。

(6) 挖掘土方有地下水时,应先用人工降低地下水位,防止建筑物基坑(槽)底土壤扰动,然后再进行挖掘。

(7) 开挖基坑(槽)时,应首先沿灰线直边切出槽边的轮廓线。土方开挖宜自上而下分层、分段开挖,随时做成一定的坡势,以利泄水,并不得在影响边坡稳定的范围内积水,开挖端部逆向倒退按踏步型挖掘。坚土、砂砾土先用镐翻松,向下挖掘,每层深度视翻松度而定,每层应清底出土,然后逐层挖掘。所挖土方皆两侧出土,当土质良好时,抛于槽边的土方距槽边 0.8 m 以外,高度不宜超过 1.5 m。在挖到距槽底设计标高 500 mm 以内时,测量放线人员应配合定出距槽底 500 mm 的水平线。自每条槽端部 200 mm 处每隔 2～3 m,在槽帮上定水平标高小木橛。在挖至接近槽底标高时,用尺或事先量好的 500 mm 标准尺杆,以小木橛为准水平校核槽底标高。槽底不得挖深,如已挖深,不得用虚土回填。由两端轴线引桩拉通线,以轴线至槽边距离检查槽宽,修整槽壁,最后清除槽底土方,修底铲平。

(8) 开挖放坡的坑(槽)和管沟时,应先按施工方案规定的坡度,粗略垂直开挖,每挖至约 1 m 深时,再分层按坡度要求做出坡度线,每隔 3 m 做一条,以此线为准进行铲坡。深管沟挖土时,应在基坑侧壁中间留出宽度为 800 mm 左右的倒土台。

(9) 开挖大面积浅基坑时,沿基坑三面同时开挖,挖出的土方由未开挖的一面运至弃土地点,坑边存放一部分好土作为回填土用。

(10) 基槽挖至槽底后,应对土质进行检查,如遇松软土层、坟坑、枯井、树根等深于设计标高时,应予加深处理。加深部分应以踏步方式自槽底逐步挖至加深部位的底部,每个踏步的高度为 500 mm，长度为 1 m。

二、机械土石方工程施工工艺

1. 工艺流程

确定开挖的顺序和坡度→分层开挖→修边和清底

2. 施工要点

(1) 机械开挖应根据工程规范、地下水位高低、施工机械条件、进度要求等合理地选用施工机械，以充分提高机械效率，节省机械费用，加快工程进度。一般深度 2 m 以内的大面积基坑开挖，宜采用推土机或装载机推土和装车；对长度和宽度均较大的大面积土方一次开挖，可用铲运机铲土；对面积大且深的基础基坑，多采用 0.5 m^3、1.0 m^3 斗容量的液压正铲挖土机开挖；如操作面较狭窄，且有地下水，土的湿度大，可采用液压反铲挖土机在停机面一次开挖；深 5 m 以上，宜分层开挖或开沟道用正铲挖土机下入基坑分层开挖；对面积很大很深的设备基础基坑或高层建筑地下室深基坑，可采用多层接力开挖方法，土方用翻斗汽车运出；在地下水中挖土可用拉铲或抓铲挖土机，效率较高。

(2) 土方开挖应绘制土方开挖图，如图 3.18 所示。确定开挖路线、顺序、范围、基底标高、边坡坡度、排水沟、集水井位置以及挖出的土方堆放地点等。绘制土方开挖图，应尽可能使机械多挖，减少机械超挖和人工挖方。

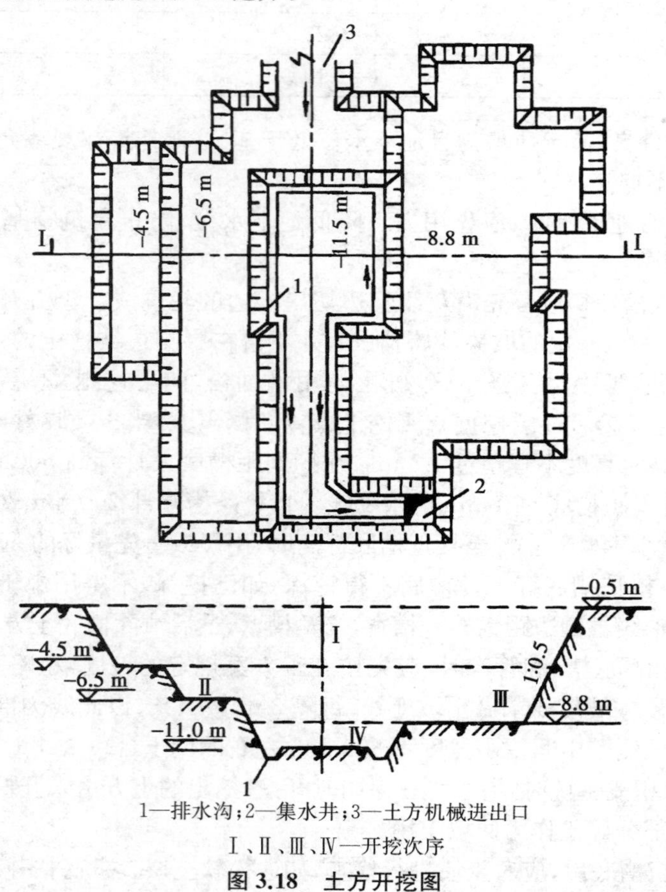

1—排水沟；2—集水井；3—土方机械进出口

Ⅰ、Ⅱ、Ⅲ、Ⅳ—开挖次序

图 3.18 土方开挖图

(3) 大面积基础群基坑底标高不一,机械开挖次序一般采取先整片挖至一平均标高,然后再挖个别较深部位。当一次开挖深度超过挖土机最大挖掘高度(5 m 以上)时,宜分二至三层开挖,并修筑坡度为10%～15%的坡道,以便挖土及运输车辆进出。挖出的土方运至弃土场堆放,最后将斜坡道挖掉,坑边应留部分土作基坑回填之用,以减少土方二次搬运。

(4) 基坑边角部位等机械开挖不到之处,应用少量人工配合清坡,将松土清至机械作业半径范围内,再用机械运走。人工清土所占比例一般为1.5%～4%,挖土方量越大,则人工清土比例越小,修坡以厘米作限制误差。大基坑宜另配一台推土机清土、送土、运土。

(5) 挖土机、运土汽车进出基坑的运输道路,应尽量利用基础一侧或两侧相邻的基础以后需开挖的部位,使它互相贯通作为车道,如图3.19所示,或利用提前挖除土方后的地下设施部位作为相邻的几个基坑开挖地下运输通道,以减少挖土量。

(6) 对面积和深度均较大的基坑,通常采用分层挖土施工法,使用大型土方机械,在坑下作业。如为软土地基或在雨期施工,进入基坑行走需铺垫钢板或铺路基箱垫道。

(7) 对大型软土基坑,为减少分层挖运土方的复杂性,可采用"接力挖土法",它是利用两台或三台挖土机分别在基坑的不同标高处同时挖土。一台在地表,另一台或两台在基坑不同标高的台阶上,边挖土边向上传递到上层由地表挖土机装车,用自卸汽车运至弃土地点。上部可用大型挖土机,中、下层可用液压中、小型挖土机,以便挖土、装车均衡作业,机械开挖不到之处,再配以人工开挖修坡、找平。在基坑纵向两端设有道路出入口,上部汽车开行单向行驶。用本法开挖基坑,可一次挖到设计标高,一次完成,一般两层挖土可挖到−10 m,三层挖土可挖到−15 m左右,可避免将载重汽车开进基坑装土、运土作业,工作条件好,效率高,并可降低成本。

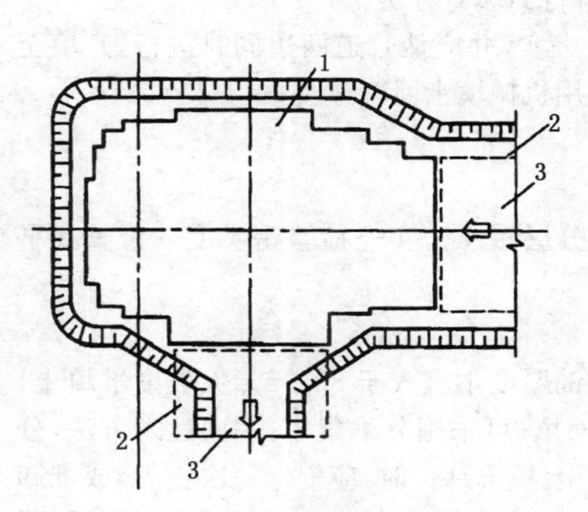

1—先开挖设备基础部位;2—后开挖设备基础或地下室、沟道部位;3—挖掘机、运土汽车进出运输道路

图3.19　利用后开挖基础部位作车道

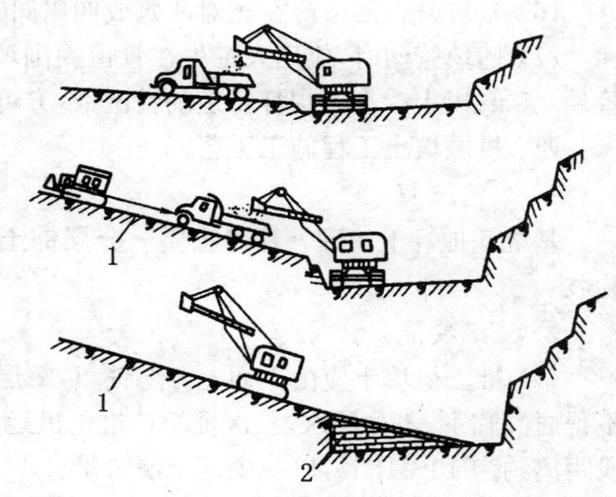

1—坡道;2—搭枕木垛

图3.20　深基坑机械开挖

(8) 对某些面积不大、深度较大的基坑,一般亦尽量利用挖土机开挖,不开或少开坡道,采用机械接力挖运土方法和人工与机械合理地配合挖土,最后用搭枕木垛的方法,使挖土机开出基坑,如图3.20所示。

(9) 机械开挖应由深而浅,基底及边坡应预留一层300～500 mm厚土层用人工清底、修坡、找平，以保证基底标高和边坡坡度正确，从而避免超挖和土层遭受扰动。

三、人工填土工程施工工艺

1. 工艺流程

基坑(槽)底地坪上清理→检验土质→分层铺土耙平→夯打密实→检验密实度→修整找平验收

2. 施工要点

(1) 用手推车送土，以人工用铁锹、耙、锄等工具进行回填土。填土应从场地最低部分开始，由一端向另一端自下而上分层铺填。每层虚铺厚度，用人工木夯夯实时不大于20 cm，用打夯机械夯实时不大于25 cm。

(2) 深浅坑(槽)相连时，应先填深坑(槽)，相平后与浅坑全面分层填夯。如采取分段填筑，交接处应填成阶梯形。墙基及管道回填应在两侧用细土同时均匀回填、夯实，防止墙基及管道中心线位移。

(3) 人工夯填土用60～80 kg的木夯或铁、石夯，由4～8人拉绳，2人扶夯，举高不小于0.5 m，一夯压半夯，按次序进行。较大面积人工回填用打夯机夯实。两机平行时其间距不得小于3 m，在同一夯打路线上，前后间距不得小于10 m。

(4) 人力打夯前应将填土初步整平，打夯要按一定方向进行，一夯压半夯，夯夯相接，行行相连，两遍纵横交叉，分层夯打。夯实基槽及地坪时，行夯路线应由四边开始，然后再夯向中间。

(5) 用柴油打夯机等小型机具夯实时，一般填土厚度不宜大于25 cm，打夯之前对填土应初步平整，打夯机依次夯打，均匀分布，不留间隙。

(6) 基坑(槽)回填应在相对两侧或四周同时进行回填与夯实。

(7) 回填管沟时，应用人工先在管道周围填土夯实，并应从管道两边同时进行，直填至管顶0.5 m以上。在不损坏管道的情况下，方可采用机械填土回填夯实。

四、机械填土工程施工工艺

1. 工艺流程

基坑底地坪上清理→检验土质→分层铺土→分层碾压密实→检验密实度→修整找平验收

2. 施工要点

(1) 推土机填土应由下而上分层铺填，每层虚铺厚度不宜大于30 cm。大坡度堆填土，不得居高临下，不分层次，一次堆填。推土机运土回填，可采用分堆集中，一次运送方法，分段距离约为10～15 m，以减少运土漏失量。土方推至填方部位时，应提起一次铲刀，成堆卸土，并向前行驶0.5～1.0 m，利用推土机后退时将土刮平。用推土机来回行驶进行碾压，履带应重叠宽度的一半。填土程序宜采用纵向铺填顺序，从挖土区段至填土区段，以40～60 m距离为宜。

(2) 铲运机填土，铺填土区段长度不宜小于20 m，宽度不宜小于8 m。铺土应分层进行，每次铺土厚度视所用压实机械的要求而定，一般不大于50 cm。每层铺土后，利用空车返回时将地表面刮平。填土程序一般尽量采取横向或纵向分层卸土，以利于行驶时初步压实。

(3) 汽车填土须配以推土机推土、摊平。每层的铺土厚度随选用压实机具而定，一般不大于50 cm。填土可利用汽车行驶做部分压实工作，行车路线须均匀分布于填土层上。汽车不能在虚土上行驶，卸土推平和压实工作须采取分段交叉进行。

(4) 为保证填土压实的均匀性及密实度，避免碾轮下陷，提高碾压效率，在碾压机械碾压之前，宜先用轻型推土机、拖拉机推平，低速预压4～5遍，使表面平实；采用振动平碾压实爆破石渣或碎石类土，应先静压，而后振压。

(5) 碾压机械压实填方时，应控制行驶速度，一般平碾、振动碾不超过2 km/h，羊脚碾不超过3 km/h，并要控制压实遍数。碾压机械与基础或管道应保持一定的距离，防止将基础或管道压坏或使其位移。

(6) 用压路机进行填方压实，应采用"薄填、慢驶、多次"的方法，填土厚度不应超过30 cm；碾压方向应从填土区的两边逐渐压向中间，碾轮每次重叠宽度约15～25 cm，避免漏压。运行中碾轮边距填方边缘应大于500 mm，以防发生溜坡倾倒。边角、边坡、边缘压实不到之处，应辅以人工夯或小型夯实机具夯实。压实密实度，除另有规定外，应压至轮子下沉量不超过2 cm为宜。

(7) 平碾碾压一层后，应用人工或推土机将表面拉毛。土层表面太干时，应洒水润湿后，继续回填，以保证上、下层接合良好。

(8) 用铲运机及运土工具进行压实，铲运机及运土工具的移动须均匀分布于填筑层的表面，逐次卸土碾压。

3.2 市政道路工程

道路是一种供车辆行驶和行人步行的带状构筑物。根据道路的不同组成和功能特点，可分为公路和城市道路两种。位于城市郊区和城市以外的道路称为公路，位于城市范围内的道路称为城市道路。

3.2.1 道路工程相关概念

1. 路基(又称路槽、路床、路胎、道胎)

路基是指按照路线位置和一定技术要求修筑的作为路面基础的带状构筑物。

2. 路床整形

路床整形是按设计要求和规定标高，将边沟、边坡、路基起高垫低、夯实、碾压成形。整形路床的平均厚度一般在10 cm以内。

3. 路基盲沟

盲沟是指为路基设置的充填碎石、砾石等粗粒材料并辅以倒滤层(有的其中埋设透水管)的排水、截水暗沟。

4. 柔性路面

柔性路面主要是指除水泥混凝土以外的各类基层和各类沥青面层、碎石面层等所形成的路面，如沥青混凝土路面。柔性路面的主要力学特点：在行车荷载作用下弯沉变形较大，路面结构本身在重复荷载作用下产生累积残余变形。路面的破坏取决于荷载作用下所产生的极限垂直变形和弯拉应力。

5. 刚性路面

刚性路面主要是指用水泥混凝土作为面层或基层的路面，如水泥混凝土路面。刚性路面的主要力学特点：在行车荷载作用下产生板体作用，其抗弯拉强度和弹性模量较其他各种路面材料要大得多，故呈现出较大的刚性，路面在荷载作用下所产生的弯沉变形极小。路面的破坏取决于荷载作用下所产生的疲劳弯拉应力。

6. 半刚性路面

半刚性路面主要是指用水泥、石灰等无机结合料处治的土或碎（砾）石及含有水硬性结合料的工业废渣修筑的基层，在前期具有柔性路面的力学性质，后期的强度和刚度均有较大幅度的增长，但是最终的强度和刚度仍远小于水泥混凝土。由于这种材料的刚性处于柔性路面与刚性路面之间，因此，把这种基层和铺筑在它上面的沥青面层统称为半刚性路面。

7. 基层

基层又称基础、垫层、过滤层、隔离层、扎根层、主料层，指设在面层以下的结构层，主要承受由面层传递的车辆荷载，并将荷载分布到垫层或路基上。当基层为多层时，最下面的一层为底基层。基层可分为白灰土基层、石灰炉渣土基层、石灰粉煤灰土基层、石灰粉煤灰砂砾基层、石灰粉煤灰碎石基层、石灰土碎石基层以及以粉煤灰为主要材料的多种混合料基层。底基层可分为砂砾石（天然级配）底基层、卵石底基层、碎石底基层、块石底基层、混石底基层、矿渣底基层、山皮石底基层以及沥青稳定碎石底基层等。

8. 石灰土基层

石灰土是由石灰和土按一定比例拌和而成的一种筑路材料的简称。定额中是厂拌石灰土按石灰含量为10%编制的。

9. 二灰稳定碎石基层

二灰稳定碎石是由粉煤灰、石灰和碎石按照一定比例拌和而成的一种筑路材料的简称。定额中选用的材料为厂拌二灰（石灰与粉煤灰的质量比＝20∶80）和道砟（粒径50～70 mm）。

10. 水泥稳定碎石基层

水泥稳定碎石是由水泥和碎石级配料经拌和、摊铺、振捣、压实、养护后形成的一种新型路基材料，特别在地下水位以下部位，其强度能持续增加，从而延长道路的使用寿命。水泥稳定碎石基层的施工工序为：放样、拌制、摊铺、振捣、碾压、养护、清理。水泥稳定碎石基层一般每层的铺筑厚度不宜超过15 cm，超过15 cm时应分层施工。

11. 二灰土基层

二灰土是由粉煤灰、石灰和土按照一定比例拌和而成的一种筑路材料的简称。上海市目前仅将其用作底基层、垫层或代替石灰处理土之用。定额中选用的是厂拌二灰土（石灰、粉煤灰和土的体积比＝1∶2∶2）。二灰土压实成形后能在常温和一定湿度条件下起水硬作用，逐渐形成板体。它的强度在较长时间内将随着龄期而增加，但不耐磨，因其初期承载能力小，在未铺筑地基、面层以前，不宜开放交通。二灰土的压实厚度以10～20 cm为宜。

12. 粉煤灰三渣基层

粉煤灰三渣是由熟石灰、粉煤灰和碎石拌和而成的一种具有水硬性和缓凝性特征的路面结构层材料。在一定的温度、湿度条件下碾压成形后，其强度逐步增加形成板体，有一定的抗弯能力和良好的水稳性。

13. 纵缝

纵缝是沿行车方向两块混凝土板之间的接缝，通常为假缝，并应设置拉杆，如图3.21(a)所示。

14. 缩缝

缩缝是在混凝土浇筑以后用切缝机进行切缝的接缝，通常为无传力杆的假缝，如图3.21(b)所示。

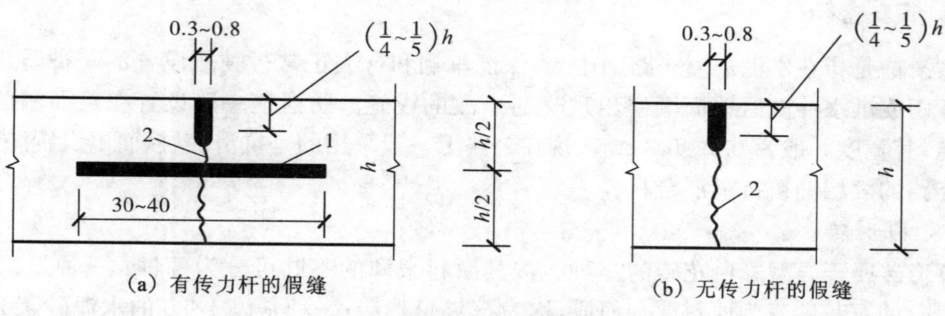

1—传力杆；2—自行断裂缝

图 3.21　假缝的构造形式(单位：cm)

15. 伸缝

伸缝下部应设预制填缝板，中部穿传力杆，上部填封缝料，根据构造形式不同，分为传力杆式、枕垫式、基层枕垫式三种形式。传力杆在浇筑前必须固定，使之平行于板面及路中心线。若伸缝两侧分两次浇筑，传力杆可用“顶头模板固定法”或“钢支板两侧固定法”来固定，先浇筑传力杆固定的一侧，拆模后校正活动一侧传力杆的顺直度，再浇筑另一侧混凝土；若伸缝两侧需同时浇筑，则宜采用“钢支板两侧固定法”，如图 3.22 所示。

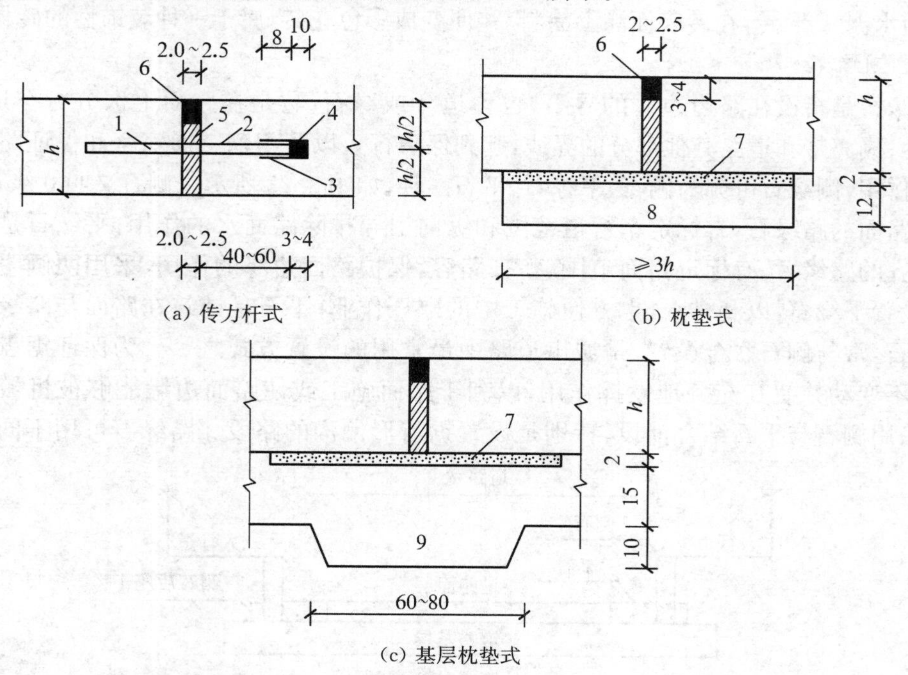

1—传力杆固定端；2—传力杆活动端；3—金属套筒；4—弹性材料；5—软木板；

6—沥青填缝料；7—沥青砂；8—100 号水泥混凝土预制块；9—炉渣石灰石

图 3.22　伸缝的构造形式(单位：cm)

16. 施工缝

每日施工结束或浇筑混凝土过程中因故中断时，必须设置横向施工缝，其位置宜设置在缩缝或伸缝处。伸缝处的施工缝同伸缝施工，缩缝处的施工缝必须安放传力杆。

17. 防滑槽

防滑槽是指在水泥混凝土路面中，为保证车辆和行人正常行驶所设置的一种防止路面由于下雨或洪水冲洗后地面潮湿出现交通事故的设施。防滑槽一般设置在路面两侧的人行道上，其宽度一般为 0.3～0.8 cm。现在公路上一般采用的是抗滑表层，而不设置防滑槽，直接在路的表层铺筑抗滑混合料。

18. D 形砖

D 形砖属于异型彩色花砖的一种。按其原料来源的不同可分为两种：一种是以 1∶3（体积比）的石灰砂浆为原料混合而成，称为石灰 D 形砖；一种是以 1∶3 的水泥砂浆为原料混合而成，称为水泥 D 形砖。然后利用半圆形模板模制而成，是一种常用装饰性的砖材料。

19. S 形砖

S 形砖属于异型彩色花砖的一种。按其原料来源的不同可分为两种：一种是以 1∶3 的石灰砂浆为原料拌和模压而成，称为石灰 S 形砖；一种是以 1∶3 的水泥砂浆为原料拌和模制而成，称为水泥 S 形砖，涂上涂料，即变成了一种装饰性的花砖。

20. T 形砖

T 形砖属于异型彩色花砖的一种。按其原料来源的不同可分为两种：一种是以 1∶3 的石灰砂浆为原料模制而成，称为石灰 T 形砖；一种是以 1∶3 的水泥砂浆为原料模制而成，称为水泥 T 形砖，在砖表面涂上涂料后，便变成彩色花砖，属于一种装饰性的砖材料。

21. 侧缘石

侧缘石是指设在路边边缘的界石，也称道牙或缘石，它是在路面上区分行车道、人行道、绿地、隔离带和道路其他部分的界线，起到保障行人以及车辆交通安全和保证路面边缘整齐的作用，侧缘石可分为侧石、平缘石、平石三种，如图 3.23 所示。侧石又叫立缘石，是顶面高出路面的路缘石，有标定车行道范围和纵向引导排除路面水的作用；平缘石是顶面与路面平齐的路缘石，有标定路面范围、整齐路容、保护路面边缘的作用，采用两侧明沟排水时，常设置平缘石，以利排水，也方便施工中的碾压作业；平石是铺筑在路面与路缘石之间的平缘石，常与侧石联合设置，是城市道路中最常用的设置方式之一。为保证锯齿形偏沟的坡度不变动并使其充分地发挥作用，以利于路面施工或使路面边缘能够被机械充分压实，应采用侧石与平石结合铺设，特别是设置锯齿形偏沟的路段。路缘石可用不同的材料

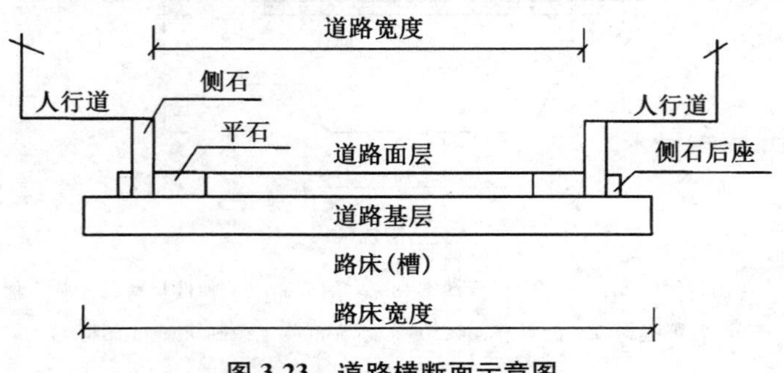

图 3.23 道路横断面示意图

制作，有水泥混凝土、条石、块石等，缘石外形有直线形、弯弧形和曲线形，应根据要求和条件使用，路缘石应有足够的强度、抗风化和耐磨耗的能力。

22. 单层立砖

单层立砖是墙砌体中的一种，按其材料来源的不同可分为两种，一种是以1∶3(体积比)的水泥砂浆为原料，一种是以M5的混合砂浆为原料，因其铺砌方式是立砖式的，故称立砖，按单层砌筑称为单层立砖砌筑。

3.2.2　道路工程施工图识读

一、道路工程平面图

道路工程平面图是根据城市道路的使用任务、性质和交通量以及所经地区的地形、地质等自然条件来决定城市道路在空间的位置、线形与尺寸，并按一定比例所绘制的带状路线图。一般城市道路平面图所反映的内容有：指北针、房屋、桥梁、河流、已建道路、街坊里巷、洪道河堤、林带植树、高低压电力线、通信线和地面所见的各种固定物体，还有地下的各种隐蔽的设施，如上下水、雨水、污水、煤气、热力管道和地下电缆、地铁及地下防空设施等。道路平面布置应按不同等级合理设置交叉路口、沿线建筑物出入口、分隔带断口及公共交通停车站等。

1. 道路工程平面图的内容

(1) 地形部分

① 比例。为了清晰地表示图样，根据地形起伏情况的不同，地形图采用不同的比例。一般在山岭区采用1∶2 000，丘陵区和平原区采用1∶5 000。

② 坐标网与指北针。在路线平面图上应画出坐标网或指北针，作为指出公路所在地区的方位与走向，同时坐标或指北针又可作为拼接图线时校对之用。

③ 等高线。地形情况一般采用等高线或地形点表示。由于城市道路一般比较平坦，因此多采用大量的地形点来表示地形高程。等高线越密，表示地势越陡，等高线越稀，表示地势越平坦。

(2) 路线部分

① 路线表示。道路规划红线是道路的用地界限，常用双点画线表示。道路规划红线范围内为道路用地，一切不符合设计要求的建筑物、构筑物、各种管线等需拆除。

城市道路中心线一般采用细点画线表示。由于路线平面图所采用的绘图比例较小，公路的宽度无法按实际尺寸画出，因此，在路线平面图中，路线用粗实线沿着路线中心线表示。

② 里程桩号。里程桩号反映了道路各段长度及总长，一般在道路中心线上。从起点到终点，沿前进方向注写里程桩，通常用 表示；也可向垂直道路中心线方向引一细直线，再在图样边上注写里程桩号。如K120＋500，即距路线起点为120 500 m。如里程桩号直接注写在道路中心线上，则“＋”号位置即为桩的位置。

③ 平面线形。路线的平面线形有直线形和曲线形。对于曲线形路线的公路转弯处，在平面图中是用交角点编号来表示。路线平面图中，对曲线还需标出曲线起点*ZY*(直圆)、曲线中点*QZ*(曲中)、曲线终点*YZ*(圆直)的位置；对带有缓和曲线的路线则需标出*ZH*(直缓)、*HY*(缓圆)、*QZ*(圆中)、*YH*(圆缓)、*HZ*(缓直)的位置。

2. 道路工程平面图的识读

道路工程平面图的识读，按以下步骤进行：

(1) 仔细观察图形，根据平面图图例及等高线的特点，了解该图样反映的地形地物状况、地面各控制点高程、构筑物的位置、道路周围建筑的情况及性质、已知水准点的位置及编号、坐标网参数或地形点方位等。

(2) 依次阅读道路中心线、规划红线、机动车道、非机动车道、人行道、分隔带、交叉口及道路中心曲线设置情况等。

(3) 道路方位及走向，路线控制点坐标、里程桩号等。

(4) 根据道路用地范围了解原有建筑物及构筑物的拆除范围以及拟拆除部分的性质、数量，所占农田性质及数量等。

(5) 结合路线纵断面图掌握道路的填挖工程量。

(6) 查出图中所标注水准点位置及编号，根据其编号到有关部门查出该水准点的绝对高程，以备施工中控制道路高程。

3. 道路工程平面图识图实例

如图 3.24 所示，为某道路工程平面图，图中表示内容如下：

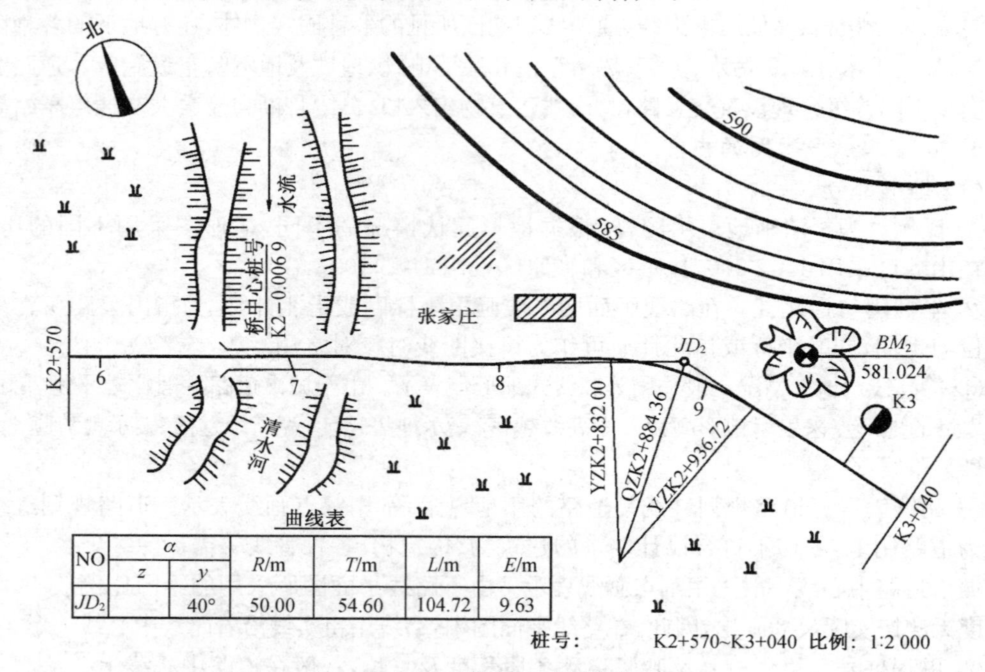

NO	α		R/m	T/m	L/m	E/m
	z	y				
JD_2		40°	50.00	54.60	104.72	9.63

图 3.24　道路工程平面图

从图 3.24 中可以看出：

(1) 图形概况。从右下角角标可知，绘制桩号范围为 K2＋570～K3＋040，其内容包括地形部分和路线部分。

(2) 地形部分。在地形图上，等高线每隔 4 根加粗 1 根，如 585、590 等高线，并注明标高，称为计曲线；图示中两等高线的高差为 1 m，沿线地形平坦。东北地域有一小山毗邻，路北有两幢房屋建筑，路南为大片的农田。路线跨越一条小河，其上架设一桥梁，小河两岸设有堤坝。

(3) 路线部分。由于受到图中比例的限制，路线的宽度无法按实际尺寸画出，故设计路线采用加粗的实线表示。

图中 表示 3 千米桩的位置。垂直于中心线的短线表示了百米桩的位置，百米桩数字如 6、7、8、9 注在短线的端部，字头向上。

(4) 平面线形。该段路线的平面线形由直线段和曲线段组成，在桩号 K2＋900 附近有一第 2 号交角点 (JD_2)。由图中的曲线表可知，该圆曲线沿路线前进方向的右偏角 $a_y=40°$。曲线半径 $R=50.00$ m、切线长 $T=54.60$ m、曲线长 $L=104.72$ m、外矢距 $E=9.63$ m 等数值。2 号水准点(BM_2) 的高程为 581.024 m。

二、道路工程纵断面图

道路纵断面图：沿着道路中线竖直剖切然后展开即为道路纵断面，由于自然因素的影响以及经济性要求，道路纵断面是一条有起伏的空间线。纵断面设计的主要任务就是根据汽车的动力特性、道路等级、当地的自然地理条件以及工程经济性等，研究起伏空间线几何构成的大小及长度，以便达到行车安全迅速、运输经济合理及乘客感觉舒适的效果。

纵断面图是道路纵断面设计的主要成果，也是道路设计的重要技术文件之一。把道路的纵断面图与平面图结合起来，就能准确地定出道路的空间位置。在纵断面图上有两条主要的线：一条是地面线，它是根据中线上各桩号位置所对应的高程点绘的一条不规则的折线，反映了沿着中线地面的起伏变化情况；另一条是设计线，它是经过技术上、经济上以及美学上等多方面比较后定出的一条具有规则形状的几何线，反映了道路路线的起伏变化情况。纵断面设计线是由直线和竖曲线组成的。直线(均匀坡度线)有上坡和下坡，是用高差和水平长度表示的，直线的坡度和长度影响着汽车的行驶速度和运输的经济性以及行车的安全性。

道路工程纵断面图包括图样和资料表两部分，图样画在图纸的上方，资料表列在图纸的下方。现以图 3.25 为例来讲解道路工程纵断面图的识读。

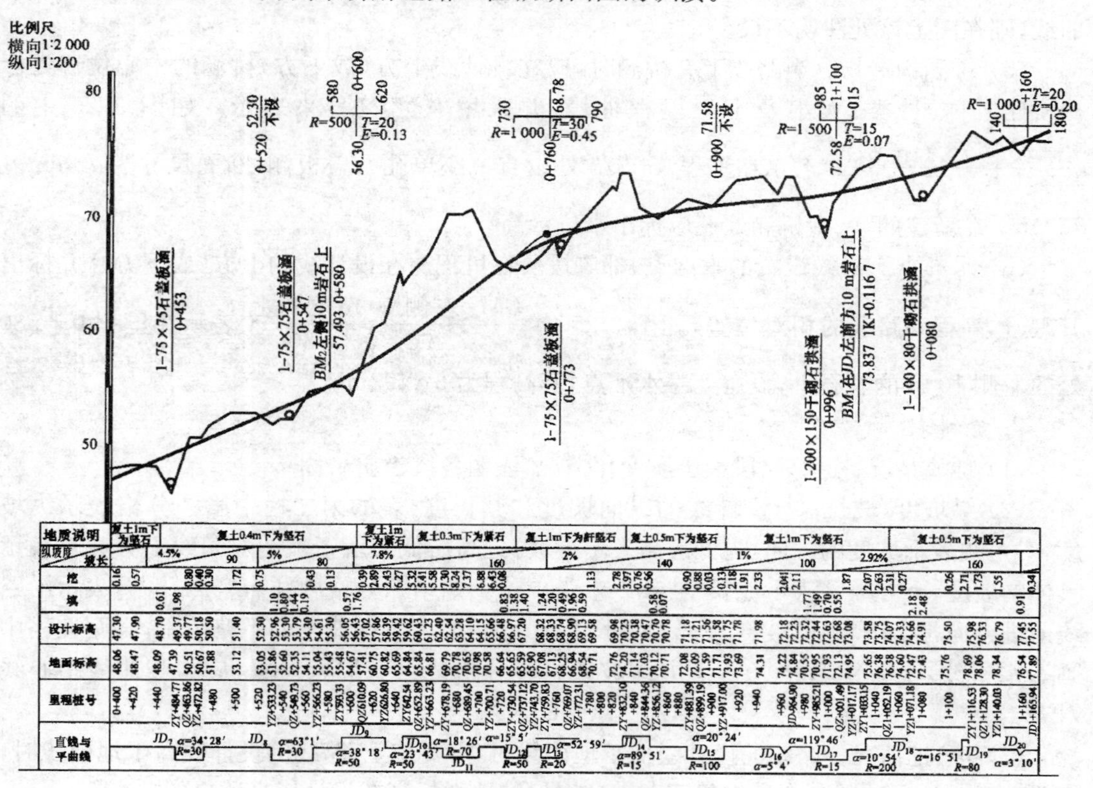

图 3.25　道路纵断面图

1. 图样部分

(1) 比例。图样中水平方向表示路线长度，垂直方向表示高程。由于地面线和设计线的高差比起路线的长度小得多，如果铅垂向与水平向用同一比例画就很难把高差明显地表达出来。为了清晰反映垂直方向的高差，所以规定铅垂向的比例是水平向的比例的10倍，一般在山岭区，水平向采用1：2 000，铅垂向为1：200，在丘陵区和平原区因地形变化较小，所以水平向采用1：5 000，铅垂向采用1：500。一条公路纵断面图有若干张，应在第一张的适当位置(在图纸右下角图标内或左侧竖向标尺处)注明铅垂向、水平向所用比例。本图铅垂向比例采用1：200，水平向比例采用1：2 000，图上所画出的图线实际坡度大，看起来明显。

(2) 地面线。图样中不规则的细折线表示沿道路设计中心线处的地面线。具体画法是将水准测量所得各桩的高程按铅垂向1：200的比例，点绘在相应的里程桩上；然后顺次把各点用直尺连接起来，即为地面线，地面应用实线画出。

(3) 路面设计高程线。图上比较规则的直线与曲线相间的粗实线称为设计坡度，简称设计线，表示路基边缘的设计高程。它是根据地形、技术标准等设计出来的，设计线用粗实线画出。

(4) 竖曲线。在设计路面纵向坡度变更处，两相邻坡度之差的绝对值超过一定数值时，为有利于车辆行驶，应在坡度变更处设置圆形竖曲线。竖曲线分为凸形和凹形两种，分别用“┌┴┐”和“└┬┘”符号表示，并在其上标注竖曲线的半径R、切线长T和外矢距E。图中在0+600处设有一个凹形竖曲线，其$R=500$ m、$T=20$ m、$E=0.13$ m。如坡度变更处不设竖曲线，则在图上该处注明不设。

(5) 桥涵构造物。当路线上有桥涵时，应在设计线上方(或下方)桥涵的中心位置处标出桥涵名称、种类、大小及中心里程桩号，并采用“○”符号来表示。如图3.25中的$\dfrac{1-75\times75\text{石盖板涵}}{0+773}$表示在里程0+773处设有一座单孔石盖板涵，断面尺寸为75 cm×75 cm。在新建的大、中桥涵处还应标出水位标高。

(6) 水准点。沿线设置的水准点，都应按所在里程注在设计线的上方(或下方)，并标出其编号、高程和路线的相对位置，如图3.25中$\dfrac{BM_2\ \text{左侧}10\text{ m岩石上}}{57.493\quad 0+580}$表示在里程0+580处的左侧10 m的岩石上，设有2号水准点，其高程为57.493 m。

2. 资料表

(1) 地质情况：道路路段上土质变化情况，注明各段土质名称。

(2) 纵坡度/坡长：指设计线的纵向坡度和其长度，表的第二栏中第一分格表示纵坡度，对角线表示坡度的方向，先低后高表示上坡，先高后低表示下坡。对角线上方数字表示具体的坡度，下方数字表示坡长，坡长以米为单位。如第三分格内注有“5%/80”，表示沿路线前进方向是上坡，纵向坡度为5%、坡长为80 m。如在不设坡度的平路范围内，则在格中画一水平线，上方注数字“0”，下方注坡长。各分格线为变坡点位置，应与竖曲线中心线对齐。

(3) 填、挖情况。路线的设计线低于地面线时，需要挖土；路线的设计线高于地面线时，需要填土。这一项的各个数据等于各点(桩号)的地面标高减设计标高所得的差。

(4) 标高。分地面标高和设计标高,它们和图样相对应,两者之差就是挖填的数值。

(5) 桩号。各点的桩号是按测量所得的里程填入表内,单位为米。有些数据前有 ZY、QZ 和 YZ 符号,表示圆弧的起点、中点和终点;后面的数据表示起点、中点和终点的里程桩号,里程桩号之间的距离在表中按横向比例列入。因此,图 3.25 中的设计线、地面线、竖曲线和涵洞等位置以及资料表中的各个项目都要与相应的桩号对齐。

(6) 平曲线。道路中心线示意图,平曲线的起止点用直角折线,"‾|_|‾"表示左偏角的平曲线;"_|‾|_"表示右偏角的平曲线。如图 3.25 中 $\frac{JD_7,\alpha=34^\circ28'}{R=30}$ 表示第 7 号交角点沿路线前进方向左转弯,转折角$=34^\circ28'$,平曲线半径 $R=30$ m。又如 $\frac{R=50}{JD_9,\alpha=38^\circ18'}$ 表示第 9 号交角点沿路线前进方向右转弯,转折角$=38^\circ18'$,平曲线半径 $R=50$ m。两铅垂线间的距离为曲线长度。

当转折角小于某一定值时,不设平曲线,"定值"随公路等级而定。如四级公路的转折角小于或等于 5°时,不设平曲线,但需画出转折方向。如 JD_{20} 处转折角为 $3^\circ10'$,不设平曲线。用"∨"符号表示路线向左转弯,若是用"∧"符号则表示路线向右转弯。

三、道路工程横断面图

道路工程横断面图是指道路中心线上各点垂直于路线前进方向的竖向剖面图。

1. 图示内容

(1) 各中心桩处设计路基横断面情况,如边坡的坡度、水沟形式等。

(2) 原地面横向地面起伏情况。

(3) 各桩号设计路线中心线处的填方高度 h_T、挖方高度 h_W、填方面积 A_T、挖方面积 A_W。

2. 道路工程横断面图识读

(1) 城市道路工程横断面的设计结果是采用标准横断面设计图表示。图纸中要表示出机动车道、非机动车道、人行道、绿化带及分隔带等几大部分。

(2) 城市的道路地上有电力、电信等设施,地下有给水管、排水管、污水管、煤气管、地下电缆等公用设施的位置、宽度、横坡度等,称为标准横断面图,如图 3.26 所示。

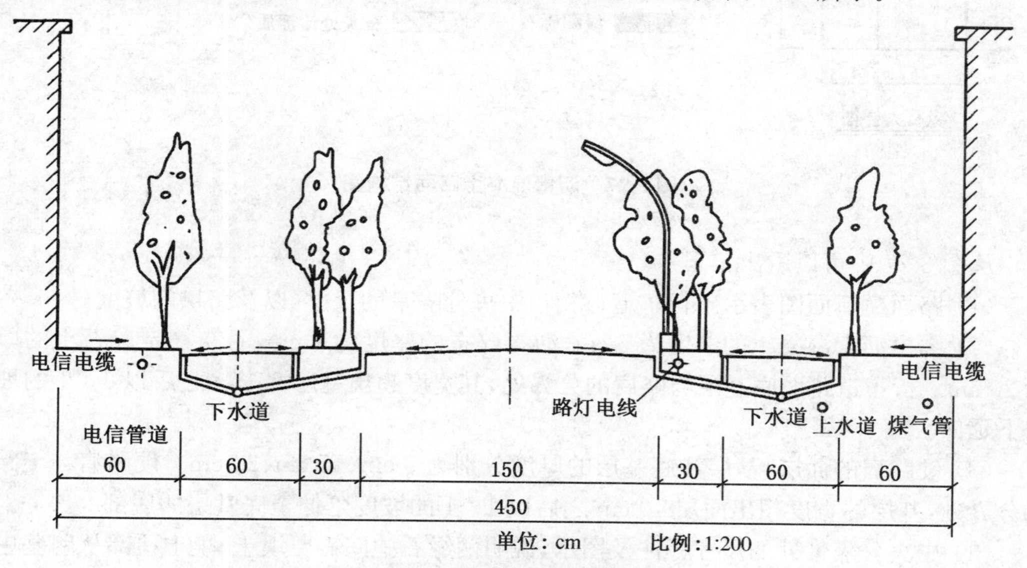

图 3.26　城市道路工程横断面图

(3) 城市道路工程横断面图的比例，一般视等级要求及路基断面范围而定，一般采用 1∶100、1∶200 的比例，很少采用 1∶1 000、1∶2 000 的比例。

(4) 用细点画线段表示道路中心线，行车道、人行道用粗实线表示，并注明构造分层情况，标明排水横坡度，图示出红线位置。

(5) 图中的绿地、房屋、河流、树木、灯杆等要用相应的图例示出；用中实线图示出分隔带设置情况；标明各部分的尺寸，尺寸单位为 cm；与道路相关的地下设施用图例示出，并注以文字及必要的说明。

四、道路路面结构图

对图 3.27 试做出简单的识读分析。

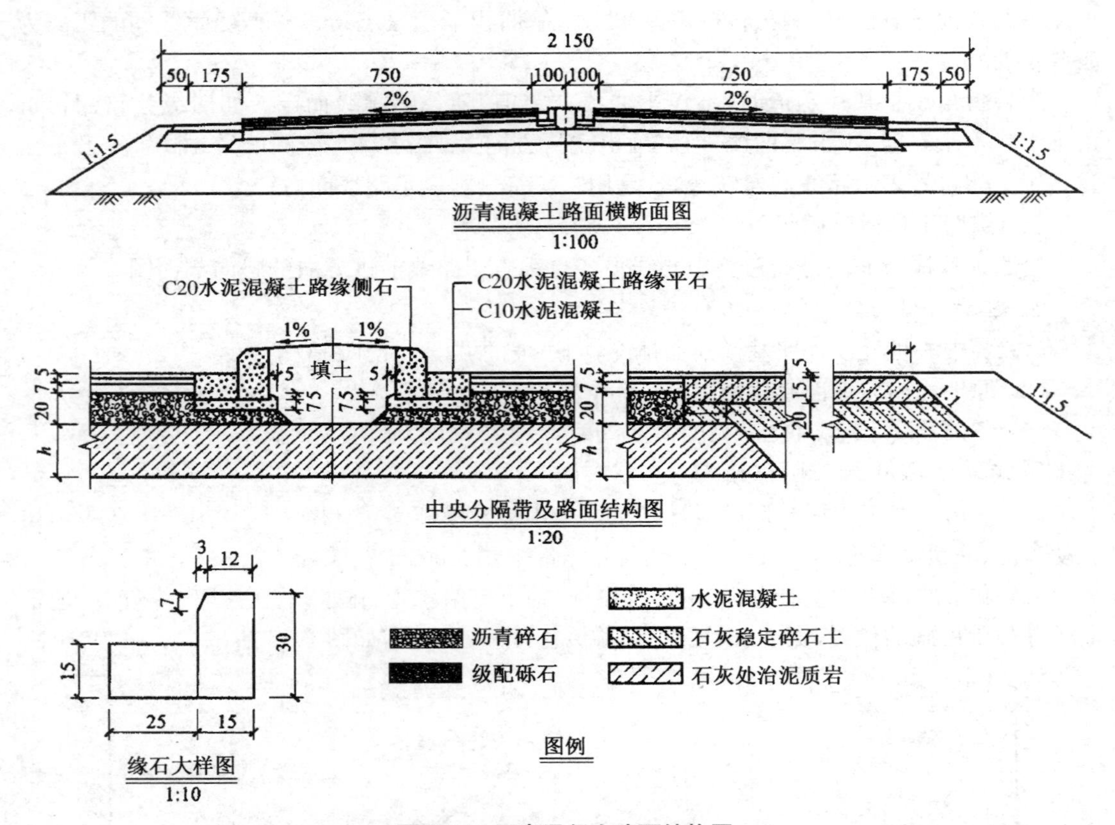

图 3.27　沥青混凝土路面结构图

从图 3.27 中可以看出：

(1) 路面横断面图表示出行车道、路肩、中央分隔带的尺寸，以及路拱的坡度。

(2) 图中沥青混凝土的厚度为 5 cm，沥青碎石的厚度为 7 cm，石灰稳定碎石土的厚度为 20 cm。行车道路面底基层与路肩的分界处，其宽度超出基层 25 cm 之后以 1∶1 的坡度向下延伸。

(3) 硬路肩的面层、基层和底基层的厚度分别为 5 cm、15 cm、20 cm。硬路肩与土路肩的分界处，基层的宽度超出面层 10 cm 之后以 1∶1 的坡度延伸至底基层的底部。

(4) 中央分隔带处的尺寸标注及图示，说明两缘石中间需要填土，填土顶部从路基中线向两缘石倾斜，坡度为1%。应标出路缘石和底座的混凝土强度等级、缘石的各部尺寸，以便按图施工。

3.3　桥涵工程

桥梁和涵洞是道路跨越障碍的人工构造物。当道路路线遇到江河、湖泊、山谷、深沟以及其他交通线路（公路或铁路）等障碍时，为了保证道路上的车辆连续通行，充分发挥其正常的运输功能，同时保证桥下水流的宣泄、船只的通航或车辆的运行，就需要建设专门的人工构造物——桥涵，来跨越障碍。常见的桥梁有梁式桥、拱式桥、吊桥、刚架桥、斜拉桥等，如图3.28至图3.34所示。

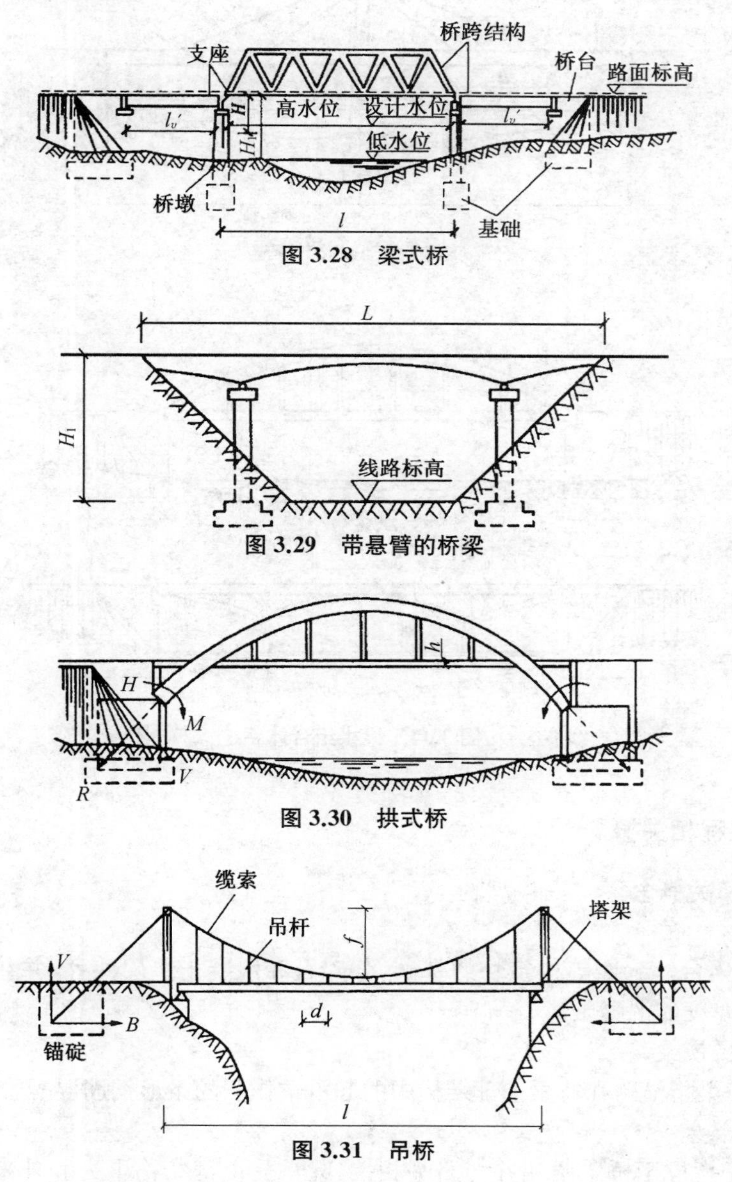

图3.28　梁式桥

图3.29　带悬臂的桥梁

图3.30　拱式桥

图3.31　吊桥

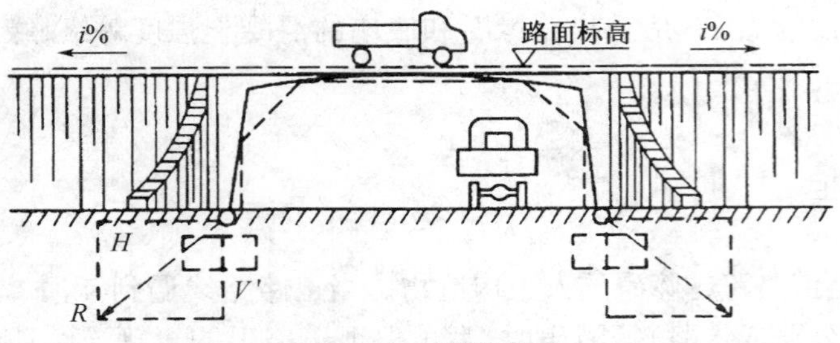

图 3.32 刚架桥

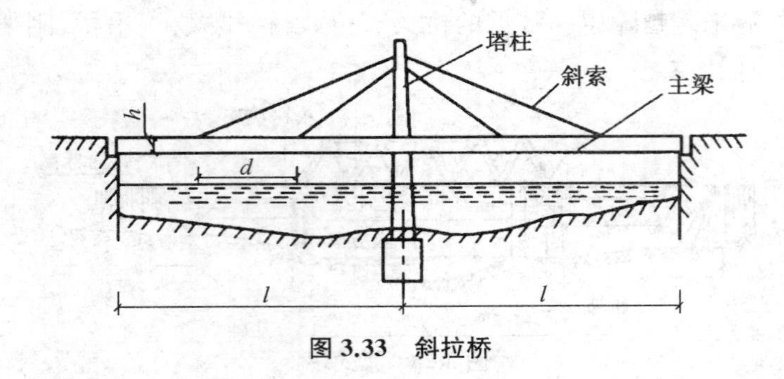

图 3.33 斜拉桥

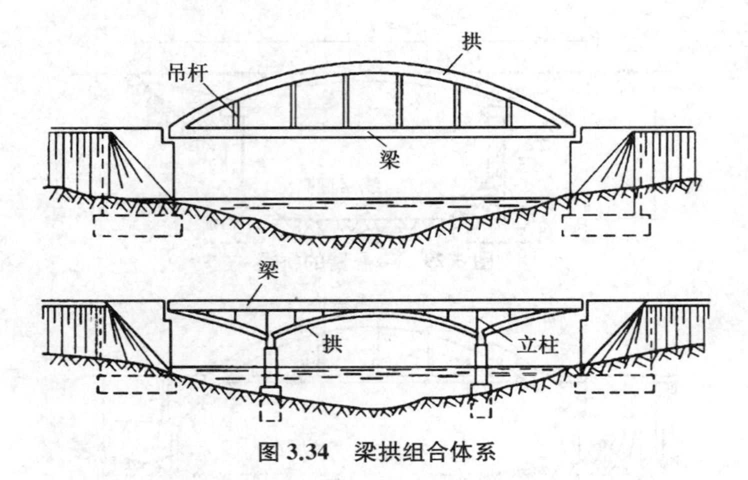

图 3.34 梁拱组合体系

3.3.1 桥涵工程相关概念

一、构造相关概念

1. 基础

基础指桥梁台、墙、墩等构筑物的基础，分碎石和混凝土垫层两种，并在垫层上按设计要求铺筑一定厚度的混凝土。

2. 支撑梁、横梁

支撑梁、横梁指横跨在桥梁上部结构中的起承重作用的条形钢筋混凝土构筑物。

3. 墩台、台身

墩台、台身指位于桥梁两端并与路基相接，起承受上部结构重力和外来力的钢筋混凝土构筑物。

4. 拱桥

在垂直平面内，以拱作为上部结构承重构件的桥梁，由拱座、拱肋和拱上构件等三部分组成。

5. 箱梁

箱梁指桥梁上部结构的梁为空心状，一般分单室、双室和多室。

6. 板梁

板梁指桥梁上部结构的梁为实心板状。

7. 挡墙

挡墙指在市政桥梁工程中，支撑墙后土体，使墙后两处地面保持一定交叉的结构物。

8. 拱背

拱背指拱圈的上曲面。

9. 台背

台背指拱圈的下曲面。

10. 拱盔

拱盔亦称拱帽，其作用是可作雨水的飘檐，又兼起美观作用。

11. 拱座

拱座指与拱肋相连的部分，主要支撑拱上结构的构件。拱座又称拱台，位于拱桥端跨末端的拱脚支撑结构物。

12. 拱肋

拱肋是肋拱桥的主要承重结构，通常是由混凝土做成。拱肋的数目和拱肋的截面形式等，均应根据使用要求、所用材料和经济性等条件综合比较选定。

13. 拱板

拱板又称拱圈，是拱桥的主要承重结构物。它的作用是承受拱上建筑物传来的各种荷载，并把其传送到桥墩或桥台上。

14. 涵洞

涵洞指横贯并埋设在路基中的供排泄洪水、灌溉或交通使用的渠道或管道。为了区别于桥梁，在公路工程技术中规定，凡是多孔跨径的全长不到 8 m 和单孔跨径不到 5 m 的泄水结构均称涵洞，如图 3.35 所示。

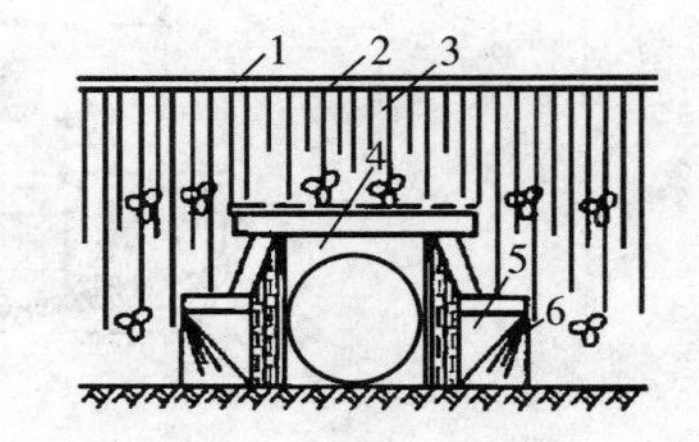

1—轨底线；2—路肩线；3—路堤；4—端墙；5—翼墙；6—锥体

图 3.35 圆形涵洞洞口布置图

15. 支架现浇箱梁

支架现浇箱梁指现浇架做托模或脚手架以及作预应力施工的支撑结构。

16. 空心板梁

空心板梁是桥梁梁板的一种，它将其板梁受拉区的混凝土挖除一部分形成空腹式板梁。

17. 箱涵

箱涵指截面呈箱形，洞身由钢筋混凝土制成的涵洞。

18. 桁架梁

桁架梁是由模板浇筑成桁架形式的梁。

19. 桁架拱片

桁架拱片是桁架拱桥的主要承重结构，在施工中承受全部结构的自重，竣工后与桥面结构组合成一体共同承受活荷载和其他荷载，桁架拱片由上弦杆、腹杆、下弦杆和拱顶实腹段组成。

20. 拱上构件

拱上构件亦称拱上结构或拱上建筑，拱桥的桥跨结构是由拱圈及其上面的拱上建筑所构成的。

21. 立交桥引道

一般在交通比较繁忙的路段或桥梁，常设置立交桥，立交桥可以为两层或多层，可以为斜交或正交，由于立交桥上层桥面离地面较高，必须设置引道或引桥。

22. 肋楞

肋楞指滑板拼接处的凸出部分，呈肋状。

23. 铁轨滑板

铁轨滑板指将旧钢轨铺设在工作坑内的碎石垫层上，轨间用砂填充，并用水泥砂浆抹面。

24. 混凝土地梁滑板

在混凝土滑板下加钢筋混凝土地梁可增加阻力，防止滑板移动。如混凝土毛石嵌 T 滑板，用毛石来增加滑板对基础的摩阻力。

二、其他概念

1. 桥涵全长或总长度 L

（公路桥）指沿桥涵中心线，两岸桥台侧墙尾端之间的水平距离（无桥台的桥为桥面的行车道长度）。

2. 净跨度

净跨度指在墩台边缘之间，沿设计水位量计的长度（不计墩台的厚度），如图 3.36 中所示的 L_{01}、L_{02}。

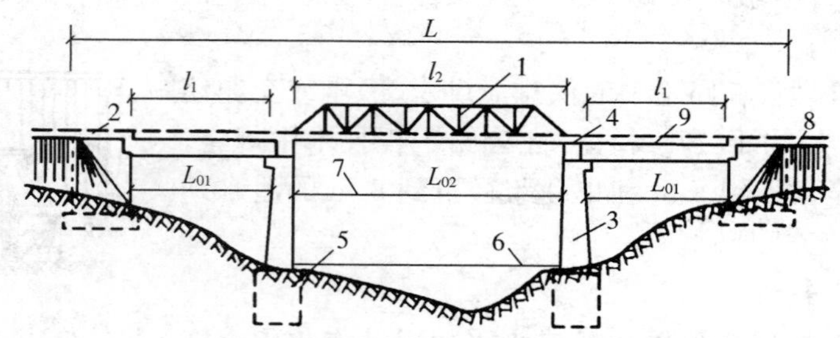

1—上部结构；2—桥台；3—桥墩；4—支座；5—基础；
6—低水位；7—设计水位；8—锥体填方；9—桥面

图 3.36 桥涵组成

3. 桥涵孔径

桥涵孔径指净跨度的总和，它必须满足泄洪的要求。

4. 计算跨度

计算跨度指位于两个支座中心的水平距离，如图 3.36 所示的 l_1、l_2，简称跨度。

5. 桥下净空

桥梁上部结构底缘以下的空间界限称为桥下净空。不通航河流的桥下净空高度应满足设计洪水位或流水面以上的最小高度的要求；在通航（跨河桥）或通车（跨线桥）的桥梁中，尚应满足通航或通车的净空要求。

6. 桥梁建筑高度

从桥面到上部结构底缘的铅垂距离称为桥梁建筑高度。由桥面或轨底到低水位或桥下线路路面之间的垂直距离称为桥梁高度。

7. 净矢高

净矢高指从拱顶截面下缘至两拱脚截面下缘最低点连线的垂直距离。

8. 计算矢高

计算矢高指从拱顶截面重心（拱轴线）至拱脚截面重心（拱轴线）的垂直距离。

9. 矢跨比

矢跨比是计算矢高与计算跨径之比，这一数据是反映拱桥特性的一个重要指标。

10. 桥梁主要标高

桥梁沿高度方向的结构位置，用国家标准水准高程表示，主要的控制部位有基底、地面、襟边、墩（台）顶、桥面（公路桥）和轨底（铁路桥）等处。在设计中的主要水位有低水位、设计水位、洪水位及通航水位等。

11. 桥涵横向的总宽度

桥涵横向的总宽度一般指栏杆两内侧之间的水平距离，由快、慢车道（公路桥）和人行道宽度决定。如在高速公路和一级公路中，还应考虑设置中间带的宽度。

3.3.2　桥梁工程施工图识读

一、桥梁工程施工图识图方法

1. 阅读设计说明

阅读设计图的总说明，以便弄清桥梁、涵洞的设计依据、设计标准、技术指标；桥梁、涵洞位置处的自然、地理、气候、水文、地质等情况；桥梁、涵洞的总体布置，采用的结构形式，所用的材料、施工方法和施工工艺的特定要求等。

2. 阅读工程数量表

在特大桥、大桥及中桥的设计图纸中，列有工程数量表，在表中列有该桥的中心桩号、河流或桥名、交角、孔数和孔径、长度、结构类型、采用标准图时用的标准图编号等；并分别按桥面系、上部、下部、基础列出材料用量或工程数量（包括交通工程及沿线设施通过桥梁的预埋件等）。

工程数量表中的材料用量或工程量，结合有关设计图复核后，是编制造价的依据。在该表的阅读中，应重点复核各结构部位工程数量的正确性、该工程量名称与有关设计图中名称的一致性。

3. 阅读桥位平面图

特大桥、大桥及复杂中桥有桥位平面图，在该图中示出了地形，桥梁位置、里程桩号、直线或平曲线几何要素，桥长、桥宽，墩台形式、位置和尺寸，锥坡、调治构造物布置等。通过该图的阅读，应对该桥有较深的总体印象。

4. 阅读桥型布置图

由于桥梁的结构形式很多，因此，通常要按照设计所取的结构形式，绘出桥型布置图。该图在一张图纸上绘有桥的立面（或纵断面）、平面、横断面；并在图中示出了河床断面、地质分界线、钻孔位置及编号、特征水位、冲刷深度、墩台高度及基础埋置深度、桥面纵坡以及各部尺寸和高程；弯桥或斜桥还示出有桥轴线半径、水流方向和斜交角；特大桥、大桥在图中的下部各栏中还列出有里程桩号、设计高程、坡度、坡长、竖曲线几何要素、平曲线几何要素等。在桥型布置图的读图和熟悉过程中，要重点读懂和弄清桥梁的结构形式、组成、细部结构组成情况、工程量的计算情况等。

5. 阅读桥涵细部结构设计图

在桥涵上部结构、下部结构、基础及桥面系等细部结构设计图中，详细绘制出了各细部结构的组成、构造并标示了尺寸等；如果是采用的标准图来作为细部结构的设计图，则在图册中对其细部结构可能没有一一绘制，但在桥型布置图中一定会注明标准图的名称及编号。在阅读和熟悉这部分图纸时，应重点读懂并弄清其结构的细部组成、构造、结构尺寸和工程量；并复核各相关图纸之间细部组成、构造、结构尺寸和工程量的一致性。

6. 阅读调治构造物设计图

如果桥涵工程中布置有调治构造物，如导流堤、护岸等构造物，则在其设计图册中应有平面布置图、立面图、横断面图等。在读图中应重点读懂并弄清调治构造物的布置情况、结构细部组成情况及工程量计算情况等。

7. 阅读小桥、涵洞设计图

小桥、涵洞的设计图册中，通常有布置图、结构设计图和小桥、涵洞工程数量表、过水路面设计图和工程数量表等。

在小桥布置图中，绘出了立面（或纵断面）、平面、横断面、河床断面，标明了水位、地质概况、各部尺寸、高程和里程等。

在涵洞布置图中，绘出了设计涵洞处原地面线及涵洞纵向布置，斜交涵洞布置图中绘制有平面和进出口的立面情况、地基土质情况、各部尺寸和高程等。

对结构设计图，采用标准图的，则可能未绘制结构设计图，但在平面布置图中则注明有标准图的名称及编号；进行特殊设计的，则绘制有结构设计图；对交通工程及沿线设施所需要的预埋件、预留孔及其位置等，在结构设计图中也予以标明。

图册中应列有小桥或涵洞工程数量表，在表中列有小桥或涵洞的中心桩号、交角（若为斜交）、孔数和孔径、桥长或涵长、结构类型；涵洞的进出口形式，小桥的墩台、基础形式；工程及材料数量等。

对设计有过水路面的，在设计图册中则有过水路面设计图和工程数量表。在过水路面设计图中，绘制有立面（或纵断面）、平面、横断面设计图；在工程数量表中，列出有起讫桩号、长度、宽度、结构类型、说明、采用标准图编号、工程及材料数量等。

在对小桥、涵洞设计图进行阅读和理解的过程中，应重点读懂并熟悉小桥、涵洞的特定布置、结构细部、材料或工程数量、施工要求等。

二、桥梁工程施工图识图实例

1. 钢筋工程施工图识图

如图 3.37 所示为矩形桥梁的钢筋图，图中所表达内容如下：

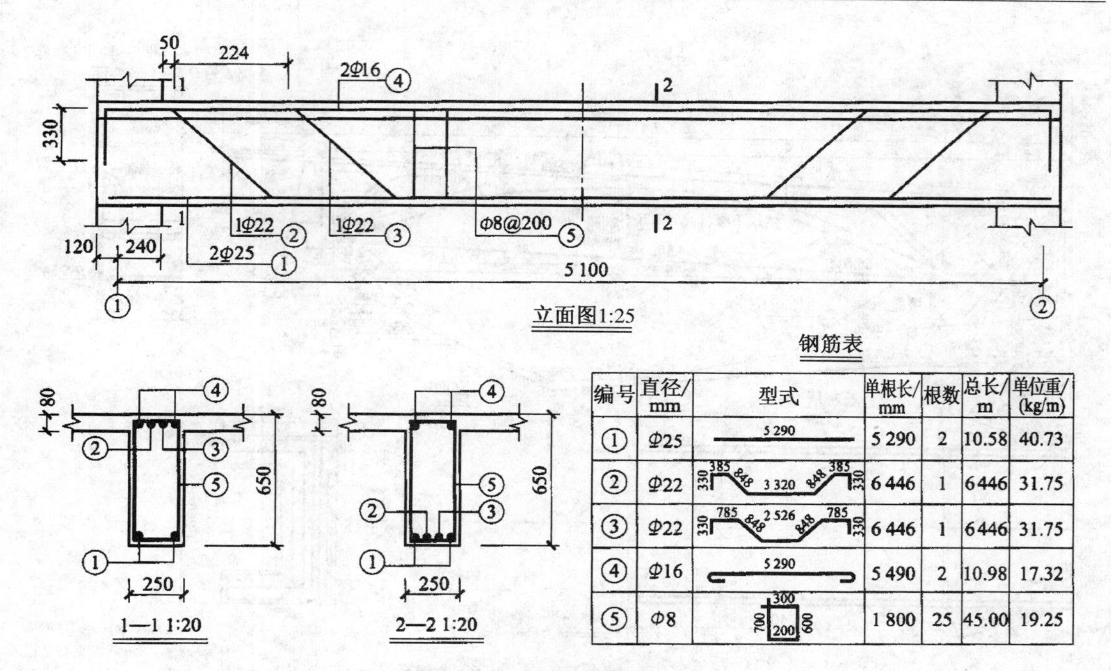

编号	直径/mm	型式	单根长/mm	根数	总长/m	单位重/(kg/m)
①	Φ25	5 290	5 290	2	10.58	40.73
②	Φ22	330 385 848 3 320 848 385 330	6 446	1	6446	31.75
③	Φ22	330 785 848 2 526 848 785 330	6 446	1	6446	31.75
④	Φ16	5 290	5 490	2	10.98	17.32
⑤	Φ8	300 700 200 600	1 800	25	45.00	19.25

图 3.37　矩形桥梁的钢筋图

(1) 从图 3.37 中可以看出，矩形桥梁的外形由立面图和 1—1、2—2 两个断面图的细实线来表达，从图 3.37 中可知是矩形桥梁，构件外形的尺寸为：长 5 340 mm，宽 250 mm、高 650 mm。

(2) 在对钢筋编号识读过程中，如从立面图可知：①号钢筋在梁的底部，结合 1—1(跨中)、2—2(支座)断面图看出，①号钢筋布置在梁底部的两侧，为两根直径为 25 mm 贯通的 HRB335 级钢筋。依次识读其他编号的钢筋。如立面图上画的⑤号钢筋表示箍筋，钢筋直径为 8 mm，共 25 根，箍筋间距为 200 mm。从符号可知②、③、④钢筋为 HRB335 级钢筋、⑤钢筋均为 HPB335 级钢筋。

(3) 分析读图所得的各种钢筋的形状、直径、根数、单根长与钢筋成型图、钢筋表中的相应内容是否相符。

矩形桥梁内部的钢筋布置立体效果如图 3.38 所示。

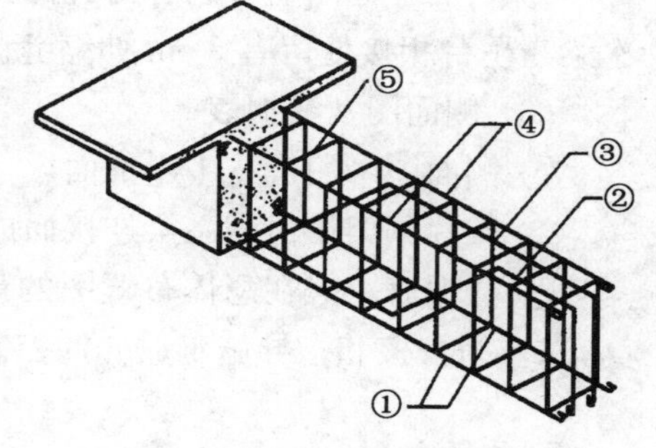

图 3.38　矩形桥梁的钢筋布置立体图

2. 钢构桥总体布置图识图

钢构桥总体布置图包括立面图、平面图、侧面图及数据表等。

如图 3.39 所示为某市钢筋混凝土钢构拱桥的总体布置图。

从图中可以看出：

(1) 立面图识读

① 该桥总长 63.274 m，净跨径 45 m，净矢高 5.625 m，重力式 U 形桥台，刚架拱桥面宽 12 m。

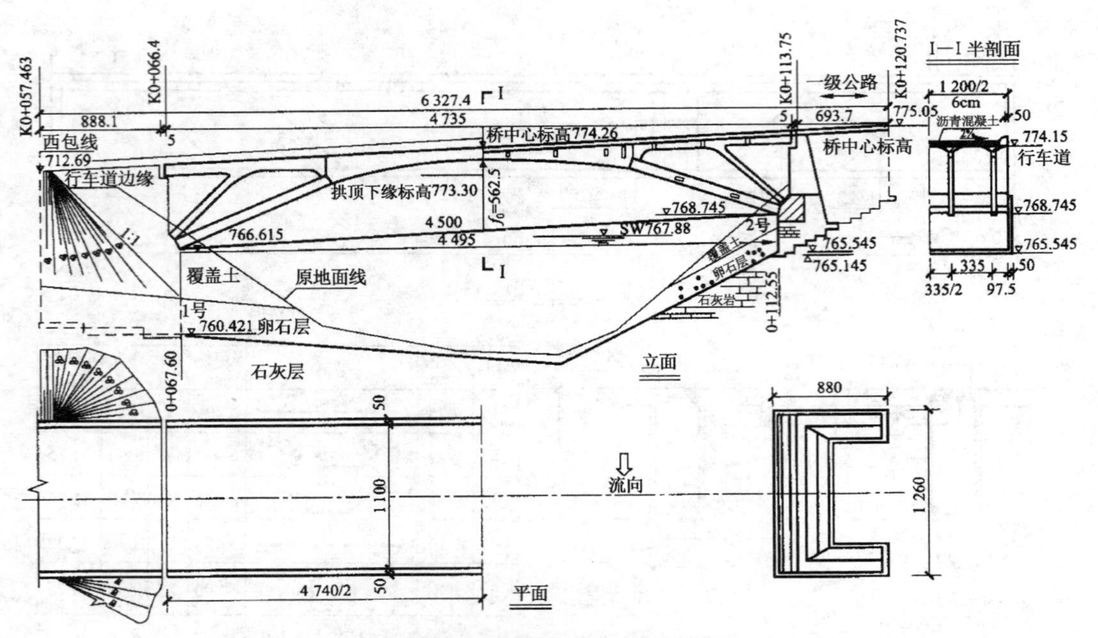

图 3.39　钢筋混凝土钢构拱桥的总体布置图(单位：cm)

② 立面用半个外形投影图和半个纵剖面图合成。

③ 图中反映了刚架拱桥的内外结构构造情况，在立面的半纵剖面图中，将横系梁断面，主梁、次梁侧面，主拱腿和次拱腿侧面形状表达清楚，对右桥台的结构形式及材料，左桥台的锥坡立面也做了表示。

(2) 平面图识读

① 平面图采用半个平面和半个揭层画法，把桥台平面投影画了出来。

② 从尺寸标注上可以看出，桥面宽 11 m，两边各 50 cm 防撞护栏，对照立面，可见左侧次梁与桥台相接处留有 5 cm 伸缩缝。河水流向是朝向读者。

(3) 侧面图及数据表

① 侧面图采用Ⅰ—Ⅰ半剖面。

② 四片刚架拱由横系梁连接而成，其上桥面铺装 6 cm 厚沥青混凝土作行车部分。

③ 数据表一般在总体布置图的最下边，用来表明桩号、纵坡度及坡长，设计高和地面高，以作为校核和指导施工放样的控制数据。

3.4　市政隧道工程

3.4.1　市政隧道工程概述

一、隧道的概念

隧道是修建在岩石或土体内，供交通、水利、军事等使用的地下建筑物。隧道工程具有克服高程障碍、缩短线路长度、改善线路条件(平面、纵断面)、提高运输效率、保证行车安全、避开特殊地质和地面建筑物等方面的作用。1970年经济合作与发展组织(OECD)隧道会议从技术方面将隧道定义为：以任何方式修建，最终使用于地表面以下的条形建筑物，其空洞内部净空断面积在2 m^2以上者均为隧道。

二、隧道的分类

隧道包括的范围很大，从不同角度区分，会得到不同的隧道分类方法。

按地层分，隧道可分为岩石隧道(软岩、硬岩)、土质隧道；

按所处位置分，可分为山岭隧道、城市隧道、水底隧道；

按隧道施工方法分，可分为矿山法隧道、明挖法隧道、盾构法隧道、沉管法隧道、掘进机法隧道等；

按埋置深度分，可分为浅埋隧道和深埋隧道；

按断面形式分，可分为圆形隧道、马蹄形隧道、矩形隧道等；

按国际隧道协会(ITA)定义的断面数值划分标准分，可分为特大断面(面积为100 m^2以上)、大断面(面积为50～100 m^2)、中等断面(面积为10～50 m^2)、小断面(面积为3～10 m^2)、极小断面(面积为3 m^2以下)隧道；

按车道数分，可分为单车道、双车道、多车道隧道；

按使用功能分，可分为交通隧道、地下铁道、市政隧道。

交通隧道：是应用最广泛的一种隧道，其作用是提供交通运输和人行的通道，以满足交通线路畅通的要求，一般包括公路隧道、铁路隧道、水底隧道、地铁隧道、航运隧道、人行隧道。

地铁隧道：修建于城市地层中，是为解决城市交通问题的火车运输的通道，如图3.40所示。

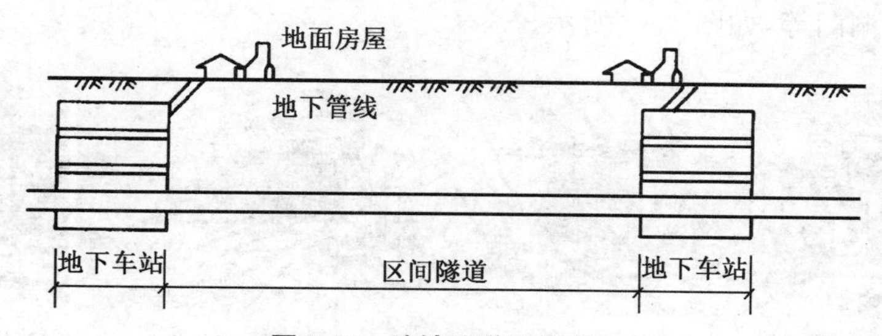

图3.40　地铁隧道示意图

市政隧道：是在城市的建设和规划中，为充分利用地下空间，将各种不同市政设施安置在地下而修建的地下隧道。它包括给水隧道、污水隧道、管路隧道、线路隧道、人防隧道。

三、隧道的组成

道路隧道结构主要由主体构筑物和附属构筑物两大部分组成。

主体构筑物是为了保持岩体的稳定和行车安全而修建的人工永久建筑物，通常指洞门构筑物和洞身补砖。

附属构筑物是主体构筑物以外的其他建筑物，是为了运营管理、维修养护、给水排水、通风、安全等而修建的构筑物。

隧道洞口的构造：

隧道洞门口大体上分为端墙式和翼墙式两种。

(1) 端墙式隧道洞门

端墙式隧道洞门适用于地形开阔、石质基本稳定的地区。端墙的作用在于支护洞门顶上的仰坡,保持其稳定,并将仰坡水流汇集排出,如图 3.41 所示。

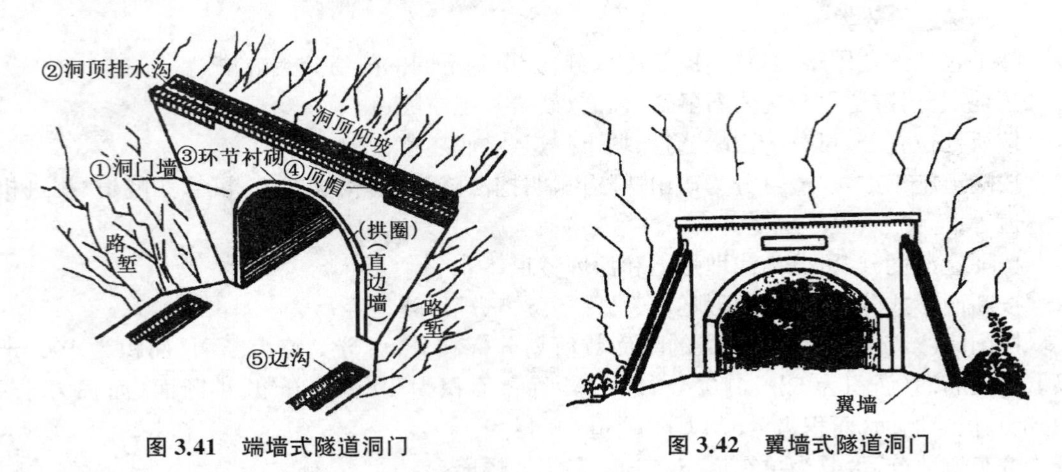

图 3.41　端墙式隧道洞门　　图 3.42　翼墙式隧道洞门

(2) 翼墙式隧道洞门

当洞口地质条件较差时,在端墙式隧道洞门的一侧或两侧加设挡墙,构成翼墙式隧道洞门,如图 3.42 所示。

从图 3.42 中可以看出,它是由端墙、洞口衬砌(包括拱圈和边墙)、翼墙、洞顶排水沟及洞内外侧沟等部分组成。隧道衬砌断面除直边墙式外,还有曲边墙式。

除以上两种隧道洞门之外,还有环框式隧道洞门、一字墙式隧道洞门、八字式隧道洞门、柱墙式隧道洞门等,如图 3.43 所示。

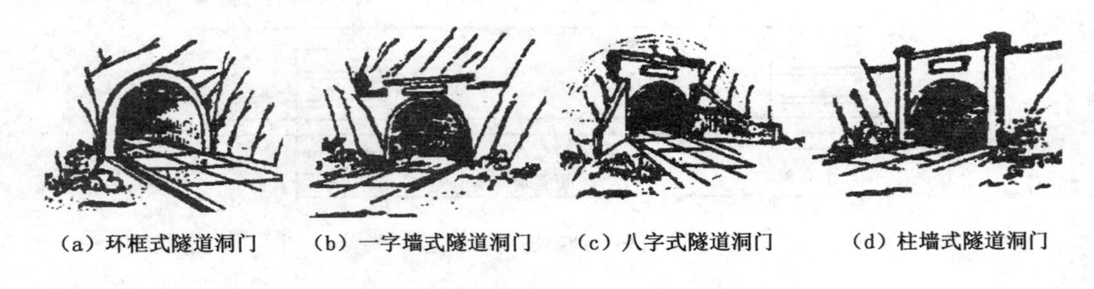

(a) 环框式隧道洞门　(b) 一字墙式隧道洞门　(c) 八字式隧道洞门　(d) 柱墙式隧道洞门

图 3.43　隧道洞门示意图

3.4.2　市政隧道工程施工图识读

隧道洞门图一般包括隧道洞口的立面图、平面图和剖面图等,图 3.44 所示为某端墙式隧道洞口图。

1. 立面图

立面图是隧道洞门的正面图,它是沿线路方向对隧道门进行投射所得的投影。正立面图反映出洞门墙的式样,洞门墙上面高出的部分为顶帽,同时也表示出隧道洞口衬砌断面类型。从图 3.44 的立面图中可以看出:

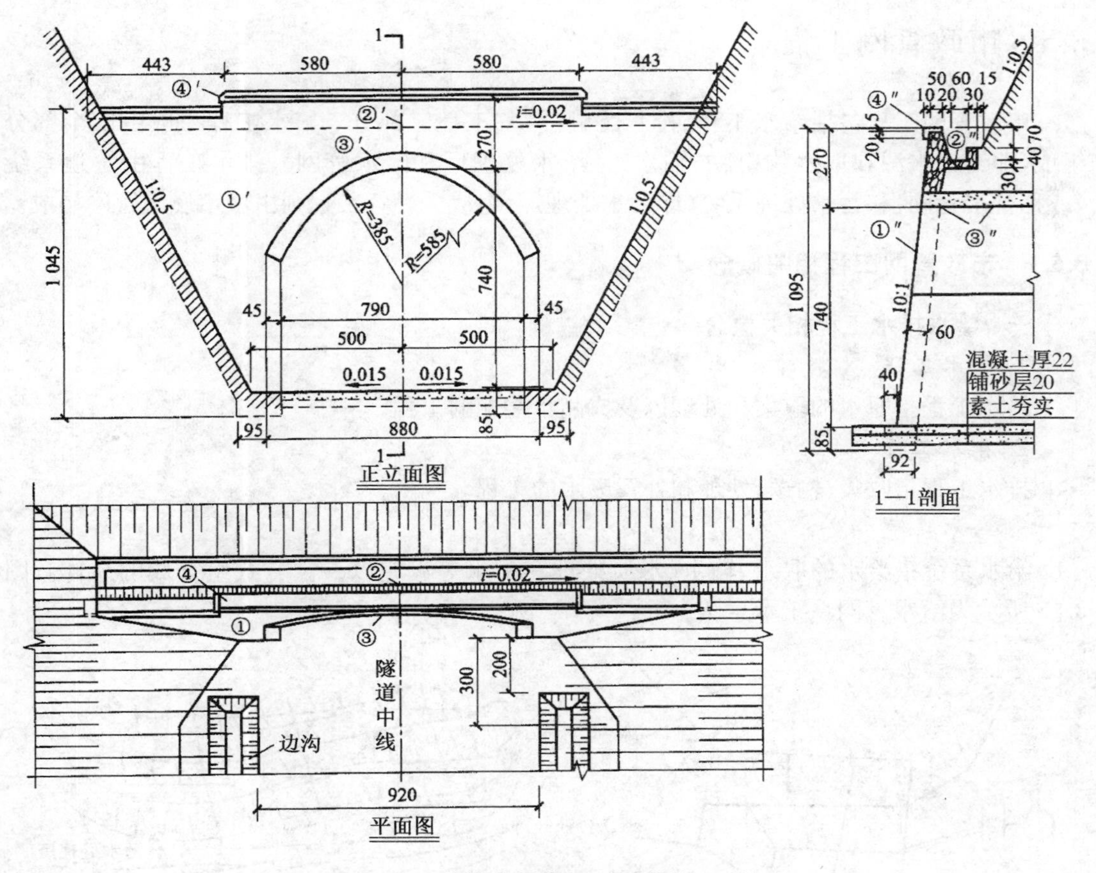

图 3.44　端墙式隧道洞口图(单位：cm)

(1) 它是由两个不同半径(R＝385 cm 和 R＝585 cm)的 3 段圆弧和两直边墙所组成，拱圈厚度为 45 cm。

(2) 洞口净空尺寸高为 740 cm，宽为 790 cm；洞门口墙的上面有一条从左往右方向倾斜的虚线，并注有 i＝0.02 箭头，这表明洞门顶部有坡度为 2%的排水沟，用箭头表示流水方向。

(3) 其他虚线反映了洞门墙和隧道底面的不可见轮廓线，它们被洞门前面两侧路堑边坡和公路路面遮住，所以用虚线表示。

2. 平面图

平面图是隧道洞门口的水平投影，平面图表示了洞门墙顶帽的宽度，洞顶排水沟的构造及洞门口外两边沟的位置(边沟断面未示出)。

3. 剖面图

图 3.44 所示的 1—1 剖面图是沿隧道中线所作的剖面图，图中可以看到洞门墙倾斜坡度为 10∶1，洞门墙厚度为 60 cm，还可以看到排水沟的断面形状、拱圈厚度及材料断面符号等。

为读图方便，图 3.44 还在 3 个投影图上对不同的构件分别用数字注出。如洞门墙①′、①、①″；洞顶排水沟为②′、②、②″；拱圈为③′、③、③″；顶帽为④′、④、④″等。

3.5 市政管网工程

市政管网工程包括给水工程、排水工程、燃气工程三部分。给水工程一般由四个部分组成，即给水水源和取水构筑物、输水道、给水处理厂和给水管网。排水工程由管道系统(或称排水管网)和污水处理系统(即污水处理厂)组成。燃气工程则由城市燃气管网构成。

3.5.1 市政管网工程相关概念

一、给水排水工程相关概念

1. 给水工程

给水工程指原水的取集和处理以及成品水输配的工程。

2. 排水工程

排水工程指收集、输送、处理和处置废水的工程。

3. 给水系统

给水系统指给水的取水、输水、水质处理和配水等设施以一定方式组合成的总体。图3.45所示为给水管网系统示意图。

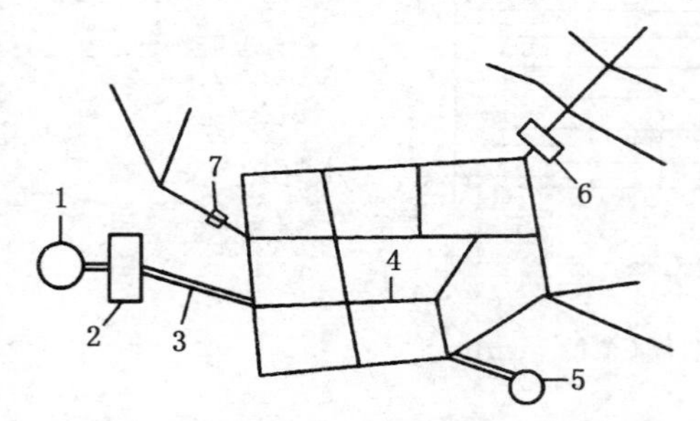

1—取水口；2—处理厂；3—输水管渠；4—城市配水管网；5—污水处理厂；6—加压泵站；7—减压阀

图 3.45 给水管网系统示意图

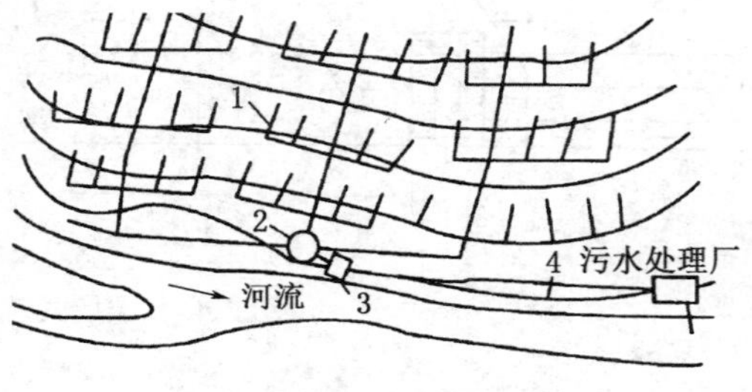

1—集水管网；2—水量调节池；3—提升泵站；4—输水管(渠)

图 3.46 排水管网系统示意图

4. 排水系统

排水系统指排水的收集、输送、水质处理和排放等设施以一定方式组合成的总体。图3.46所示为排水管网系统示意图。

5. 合流制排水系统

合流制排水系统指生活污水、工业废水、降水径流采用一个管渠系统汇集、输送、排除的排水系统。根据污水、废水、降水汇集后的处置方式不同，合流制系统可分为直流式合流制和截流式合流制。

(1) 直流式合流制排水系统：将未经处理的混合污水用统一的管渠系统分若干排水口就近直接排入水体，如图3.47(a)所示。

(2) 截流式合流制排水系统：晴天时将管中汇集的混合污水全部输送到污水处理厂；雨天时当混合污水超过一定数量时，其超出部分通过溢流井泄入水体，部分混合污水仍然送入污水处理厂经处理后排入水体，如图3.47(b)所示。

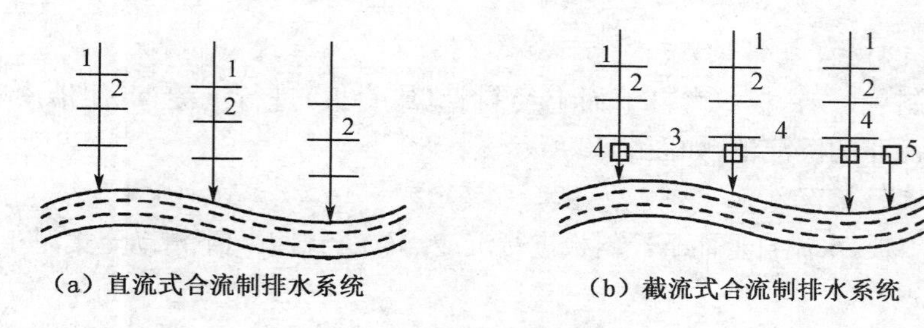

（a）直流式合流制排水系统　　（b）截流式合流制排水系统

1—合流支管；2—合流干管；3—截流主干管；4—溢流井；5—污水处理厂

图 3.47　合流制排水系统示意图

6. 分流制排水系统

分流制排水系统指生活污水、工业废水、降水径流用两个或两个以上的排水管渠系统汇集和输送的系统。

7. 废水

废水指居民活动过程中排出的水及径流雨水的总称。它包括生活污水、工业废水和初雨径流以及流入排水管渠的其他水。

8. 污水

污水指受到一定污染的来自生活和生产的排出水。

9. 管井滤水管

管井滤水管指设置在管井动水位以下，用以从含水层中集水的有缝隙或孔隙的管段，如图 3.48 和图 3.49 所示。

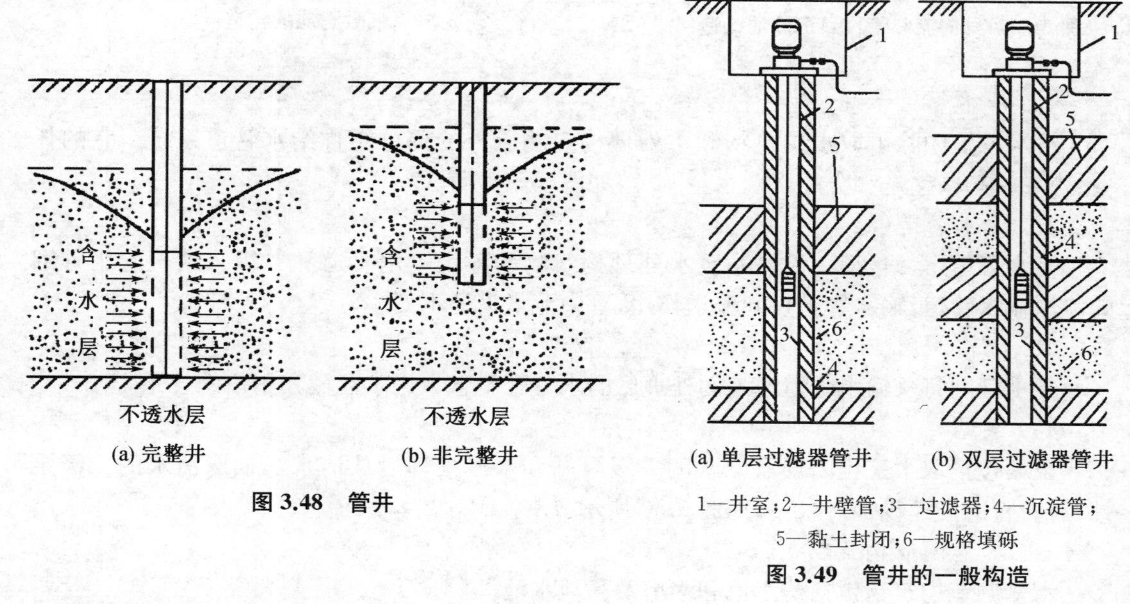

(a) 完整井　(b) 非完整井

图 3.48　管井

(a) 单层过滤器管井　(b) 双层过滤器管井

1—井室；2—井壁管；3—过滤器；4—沉淀管；5—黏土封闭；6—规格填砾

图 3.49　管井的一般构造

10. 管井沉淀管

管井沉淀管指位于管井最下部，用以容纳进入井内的沙粒和从水中析出的沉淀物的管段。

11. 异向流斜管(或斜板)沉淀池

池内设置斜管(或斜板),水自下而上经斜管(或斜板)进行沉淀,沉泥沿斜管(或斜板)向下滑动至集泥斗的沉淀池,如图 3.50 所示。

12. 同向流斜板沉淀池

池内设置斜板,水流自上而下经斜板进行沉淀,沉泥经斜板向下滑动至集泥斗的沉淀池。

13. 虹吸滤池

虹吸滤池是以虹吸管代替进水和排水阀门的快滤池形式之一。滤池各格出水互相连通,反冲洗由其他滤格的过滤水补给。每个滤格均在等滤速变水位条件下进行,如图 3.51 所示。

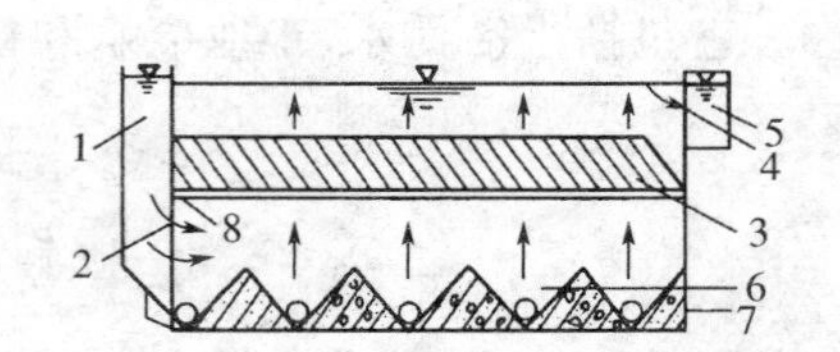

1—配水槽;2—穿孔墙;3—斜板或斜管;
4—淹没孔口;5—集水槽;6—集泥斗;
7—穿孔排泥管;8—阻流板

图 3.50 异向流斜管(板)沉淀池构造

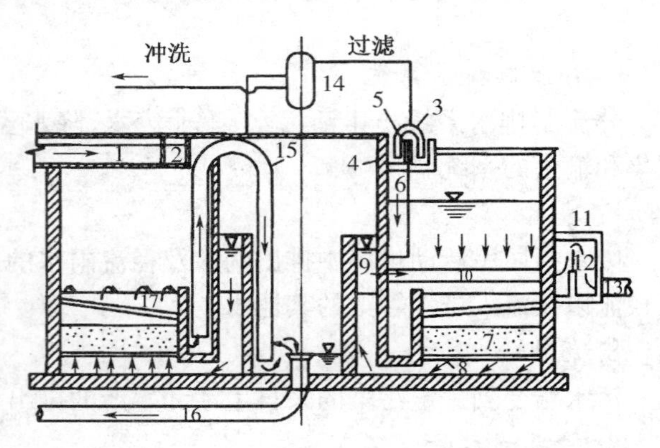

1—进水槽;2—配水槽;3—进水虹吸管;4—单格滤池进水槽;
5—进水堰;6—布水管;7—滤层;8—配水系统;9—集水槽;
10—出水管;11—出水井;12—出水堰;13—清水管;14—真空
系统;15—冲洗虹吸管;16—冲洗排水管;17—冲洗排水槽

图 3.51 虹吸滤池的构造

14. 给水管道系统

给水系统中除了取水构筑物和水处理构筑物以外的部分统称给水管道系统。它的任务是水的提升、输送和分配以及水量调节,如图 3.52 所示。

15. 输水管道(渠)

输水管道(渠)包括一级泵站至水处理构筑物的浑水输水管道和二级泵站至配水管网的清水输水管道,输水管道仅起输送作用,管中流量沿途不变。

16. 配水管网

配水管网将从输水管道送来的处理后的水分配至整个用水区域和用户的管系。

17. 泵站

泵站包括取水工程内抽取原水的一级泵站和水经处理后从清水池抽取清水的二级泵站,有时管网中还设加压泵站,如图 3.53 所示。

18. 水量调节构筑物

水量调节构筑物包括清水池和水塔及高地水池。

19. 给水管道系统上的附属构筑物

给水管道系统上的附属构筑物有阀门井、检查井、水表井、消火栓井、放空排水井、水锤泄压井。

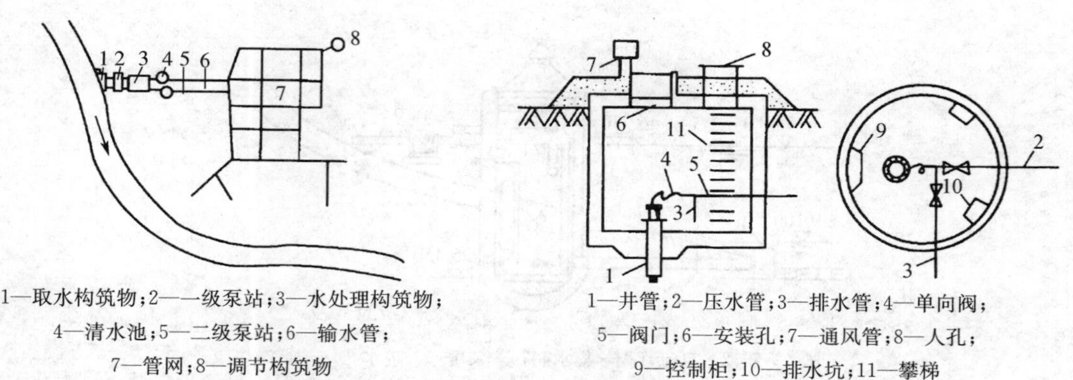

1—取水构筑物；2—一级泵站；3—水处理构筑物；
4—清水池；5—二级泵站；6—输水管；
7—管网；8—调节构筑物

图 3.52　给水管道系统示意图

1—井管；2—压水管；3—排水管；4—单向阀；
5—阀门；6—安装孔；7—通风管；8—人孔；
9—控制柜；10—排水坑；11—攀梯

图 3.53　地下式潜水泵站

20. 沉淀管

沉淀管接在过滤器的下面，用以沉淀进入井内的细小沙粒和自地下水中析出的沉淀物。沉淀管的长度一般为 2～10 m。

21. 移动式取水构筑物

移动式取水构筑物可分为浮船式和缆车式。浮船式取水构筑物主要由船体水泵机组及压水管与岸上输水管之间的连接管组成，它没有大量的水下工程，也没有大量的土石方工程，船体可由造船厂制造，施工简单；缆车式取水构筑物是建造于岸坡上吸取江河水或水库表层水的取水结构。

22. 固定式取水构筑物

按取水点的位置可分为岸边式、河床式和斗槽式。

(1) 岸边式取水构筑物是直接从岸边进水的固定式取水构筑物。当河岸较陡、岸边有一定的取水深度、水位变化幅度不大、水质及地质条件较好时，一般都采用岸边式取水构筑物。岸边式取水构筑物通常由进水渠间和取水泵站两部分组成，它们可以合建也可以分建，如图 3.54 所示。

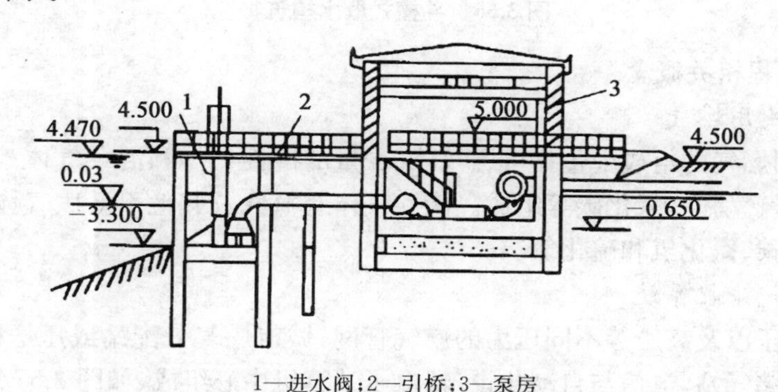

1—进水阀；2—引桥；3—泵房

图 3.54　岸边式取水构筑物(单位：m)

(2) 河床式取水构筑物由取水头、进水管渠及泵站组成。它的取水头设在河心，通过进水管与建在河岸的泵站相连接，适合于岸坡平缓、主流离岸较远、岸边缺乏必要的取水深度或水质不好的情况，如图 3.55 所示。

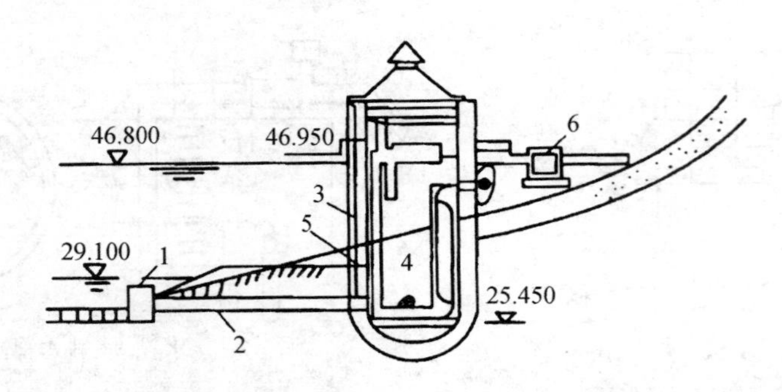

1—取水头部；2—自流管；3—集水间；4—泵房；5—进水孔；6—阀门井

图 3.55 河床式取水构筑物(单位：m)

(3) 斗槽式取水构筑物是在取水口附近修建堤坝，形成斗槽，以加深取水深度，也可起到预沉淀的作用。它一般由岸边式取水构筑物和斗槽组成，适用于河流缺水量大或泥沙量大、冰凌严重的情况，如图 3.56 所示。

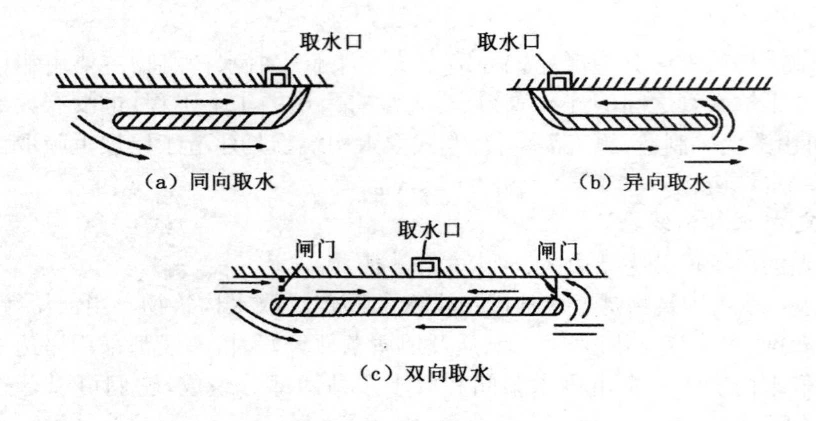

图 3.56 斗槽式取水构筑物

二、燃气工程相关概念

1. 工业与民用燃气

工业与民用燃气的组成中包括可燃气体、少量的惰性气体和混杂气体。可燃气体由各种碳氢化合物、氢气和一氧化碳等组成。惰性气体有氮气及其他不活泼气体。混杂气体有水蒸气、二氧化碳、氰化氢和硫化氢等。

2. 城市燃气输配系统

由低压、中压以及高压等不同压力的燃气管网，城市燃气分配站或压送机站、调压计站或区域调压室，储气站，电信与自动化设备，电子计算机中心组成，如图 3.57 所示。

3. 法兰连接

法兰是在管口上的带螺栓孔的圆盘，法兰连接严密性好，安装拆卸方便，用于需要检修或定期清理的阀门、管路附属设备与管道的连接，如图 3.58 所示。

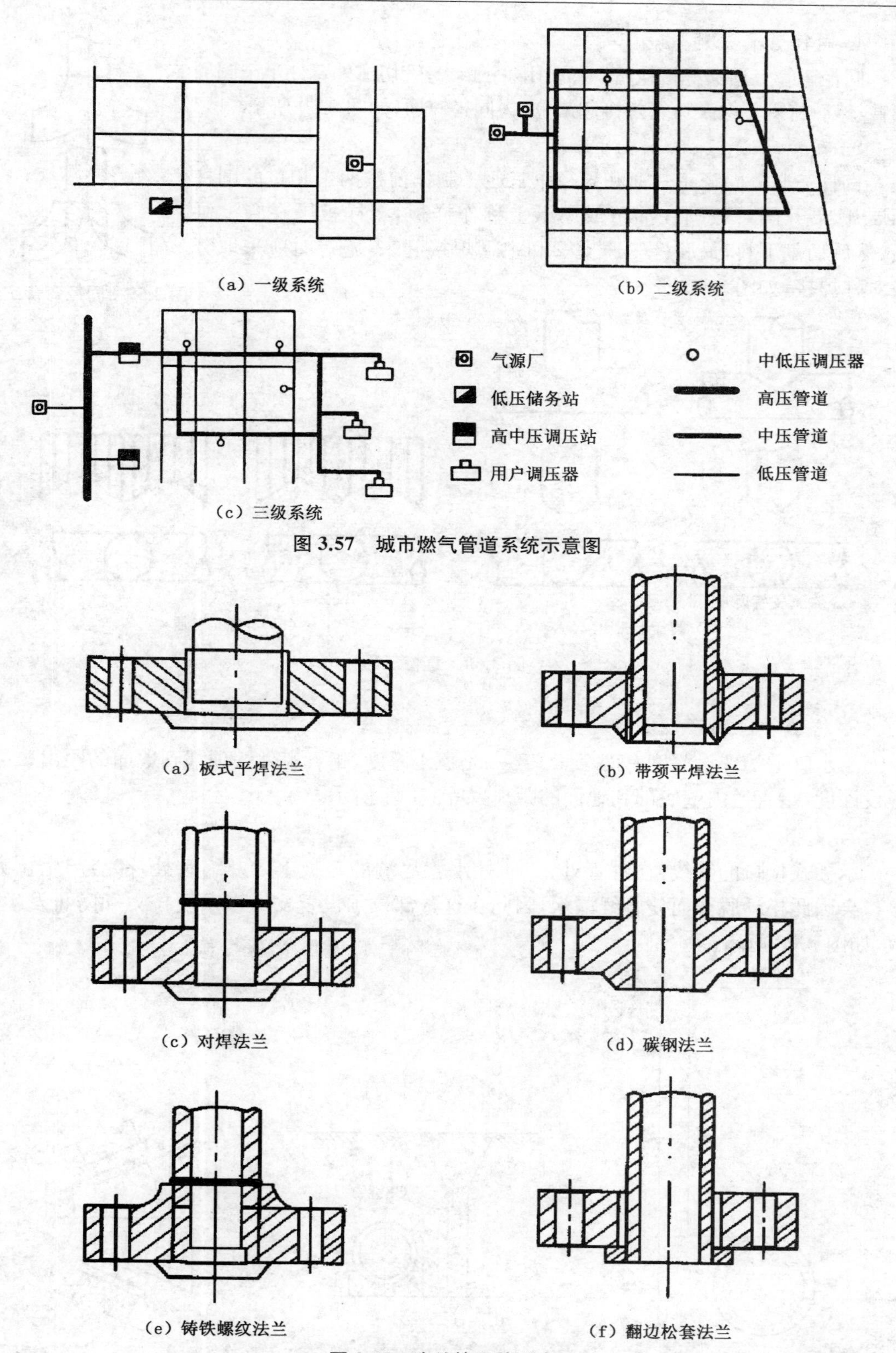

(a) 一级系统

(b) 二级系统

(c) 三级系统

图 3.57　城市燃气管道系统示意图

(a) 板式平焊法兰

(b) 带颈平焊法兰

(c) 对焊法兰

(d) 碳钢法兰

(e) 铸铁螺纹法兰

(f) 翻边松套法兰

图 3.58　法兰的几种形式

4. 同径弯管三通

同径弯管三通又称裤衩管，它是用两个 90°弯管切掉外臂处半个圆周管臂，然后将剩下两个弯管焊接起来，成为同径三通，如图 3.59 所示。

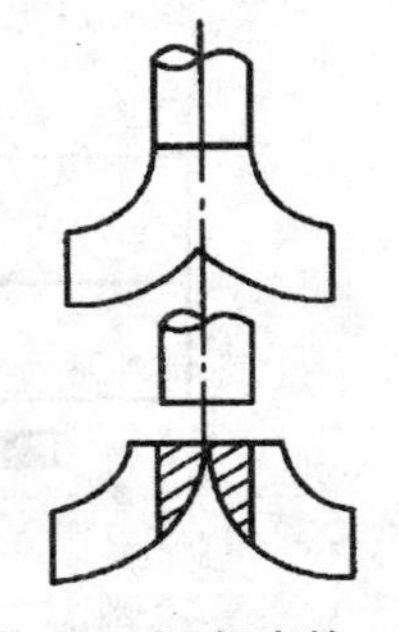

图 3.59 同径弯管三通

5. 直管三通

直管三通分同径正三通和异径正三通。制作前按两个相贯的圆柱面展开，展开图一般画在油毡或厚纸上称作样板，将样板围在管上画线，然后切割下料，最后将三通支管和主管焊接起来，施焊时应采取分段对称焊接，如图 3.60 所示。

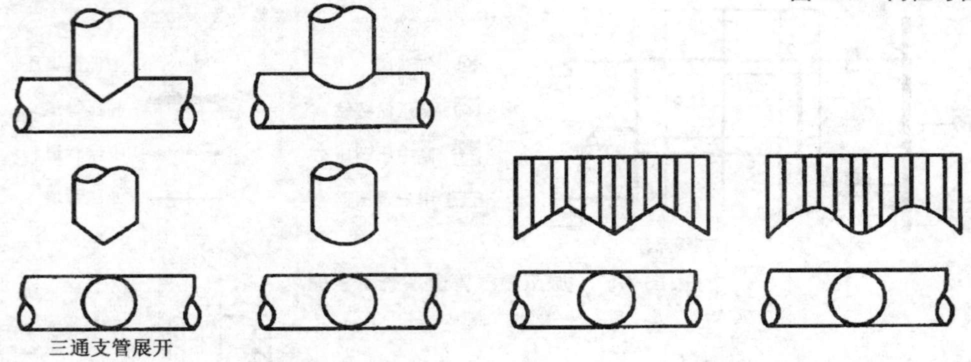

图 3.60 直管三通

6. 给水管道的埋设深度

给水管道的埋设深度有两个意义：一是覆土厚度，指管道外壁顶部到地面的距离；二是埋设深度，指管道内壁底部到地面的距离，如图 3.61 所示。

7. 支墩

承插式接口的管线，在弯管处、三通处水管尽端的盖板上以及缩管处，都会产生拉力，接口会因此松动脱节而使管线漏水，因此在这些部位须设置支墩以承受拉力和防止发生事故，如图 3.62 所示。

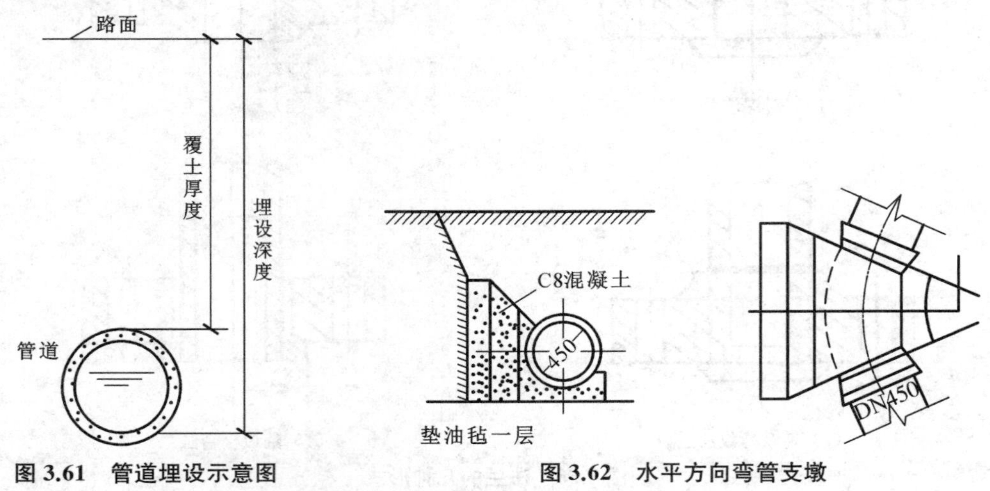

图 3.61 管道埋设示意图

图 3.62 水平方向弯管支墩

8. 水封井

当生产污水中有能产生爆炸或火灾的气体时，其废水管道系统必须设置水封井，以便隔绝易爆易燃气体进入排水管渠，使排水管渠在进入可能遇火的场所时不致引起爆炸或火灾，这样的检查井称为水封井。

9. 溢流井

在截流式合流制排水系统中，为了避免晴天时的污水和初期降水的混合水对水体造成污染，在合流制管渠的下游应设置截流管和溢流井，如图3.63所示。

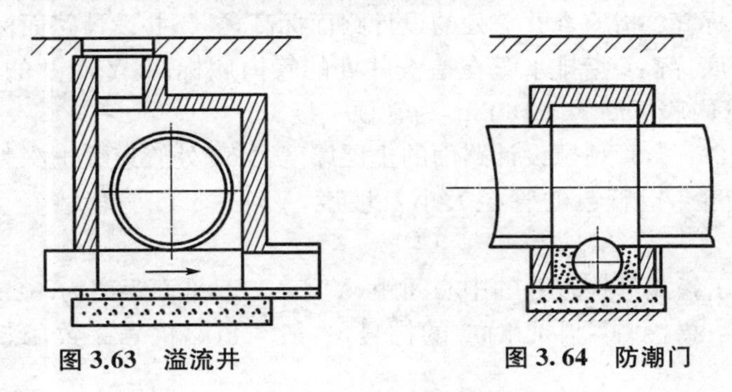

图3.63　溢流井　　　图3.64　防潮门

10. 防潮门

临海城市的排水管渠为防止涨潮时潮水倒灌，在排水管渠出口上游的适当位置设置装有防潮门（或平板闸门）的检查井，如图3.64所示。

11. 无梁盖柱

支撑无梁池盖的柱，其高度应自池底表面算至池盖的下表面。计算工程量时应包括柱座及柱帽的体积。池柱的形式有矩形柱、圆形柱和异型柱。

12. 池壁基梁

在锥形水池或坡底水池等的池中，池壁发生曲折，而在曲折点处制作梁，此梁即为池壁基梁。池梁按支撑方式不同，可分为连续梁、单梁、悬臂梁、异型环梁；按截面形式不同，可分为T形梁、L形梁、工字形梁、十字形梁、矩形梁等。

3.5.2　市政管网工程施工图识读

一、给水排水工程施工图识读

1. 给水排水工程施工图识读步骤

(1) 读目录表，了解图纸的组成。

(2) 读设计说明，了解排水施工图的主要文字部分。

(3) 识读平面图，了解平面图上污水管道的布置、管径、排向、坡度、标高等。

(4) 识读纵断面图，了解排水管道的管径、坡度、标高等，并与平面图相对应。

(5) 识读排水结构图，了解排水检查井、雨水口等结构构造。

2. 排水工程纵断面图识读实例

如图3.65、图3.66所示，排水工程纵断面图中主要表示：管道敷设的深度、管道管径及坡度、路面标高及相交管道情况等。纵断面图中水平方向表示管道的长度、垂直方向表示管道直径及标高，通常纵断面图中纵向比例是横向比例的10倍；图中横向粗实线表示管道、细实线表示设计地面线、两根平行竖线表示检查井，雨水纵断面图中若竖线延伸至管内底以下的则表示落底井；从图3.65和图3.66中可了解检查井支管接入情况以及与管道交叉的其他管道管径、管内底标高、与相近检查井的相对位置等，如支管标注中"SYD400"分别表示"方位(由南向接入)、代号(雨水)、管径(400)"。以雨水纵断面图中Y54～Y55管段为例说明图中所示内容：

(1) 自然地面标高：指检查井盖处的原地面标高，Y54井自然地面标高为5.700 m。

(2) 设计路面标高：指检查井盖处的设计路面标高，Y54井设计路面标高为7.238 m。

(3) 设计管内底标高：指排水管在检查井处的管内底标高，Y54井的上游管内底标高为5.260 m，下游管内底标高为5.160 m，为管顶平接。

(4) 管道覆土深：指管顶至设计路面的土层厚度，Y54处管道覆土深为1.678 m。

(5) 管径及坡度：指管道的管径大小及坡度，Y54～Y55管段管径为300 mm，坡度为2‰。

(6) 平面距离：指相邻检查井的中心间距，Y54～Y55平面距离为40 m。

(7) 道路桩号：指检查井中心对应的桩号，一般与道路桩号一致，Y54井道路桩号为8＋180.000。

(8) 检查井编号：Y54、Y55为检查井编号。

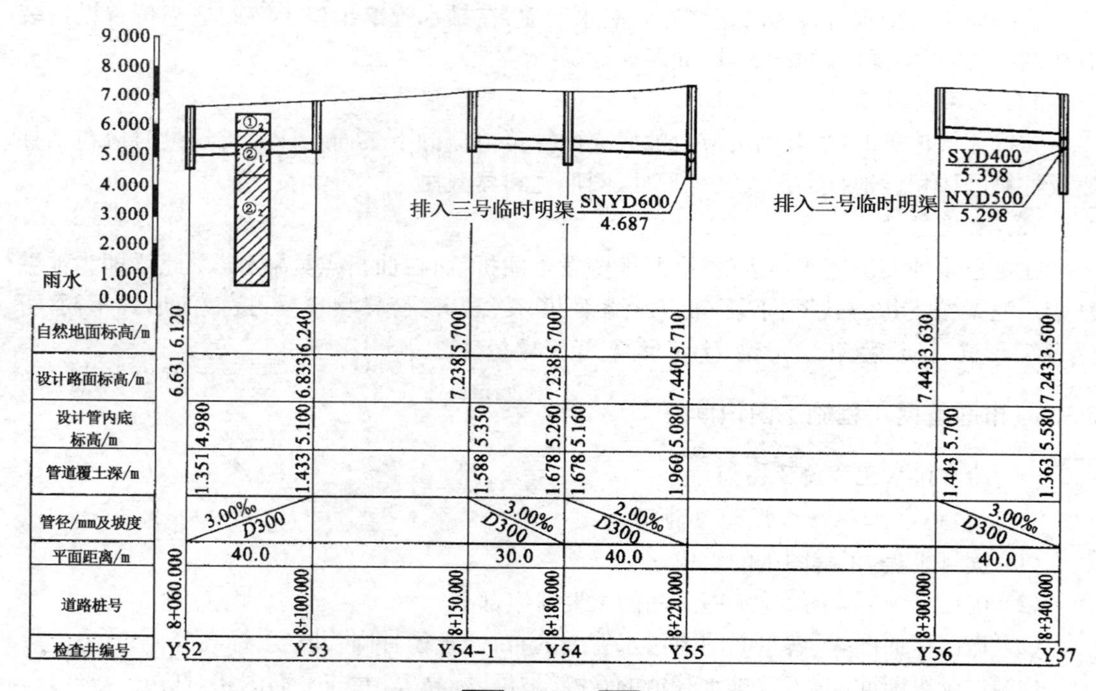

图3.65 道路北侧雨水纵断面图

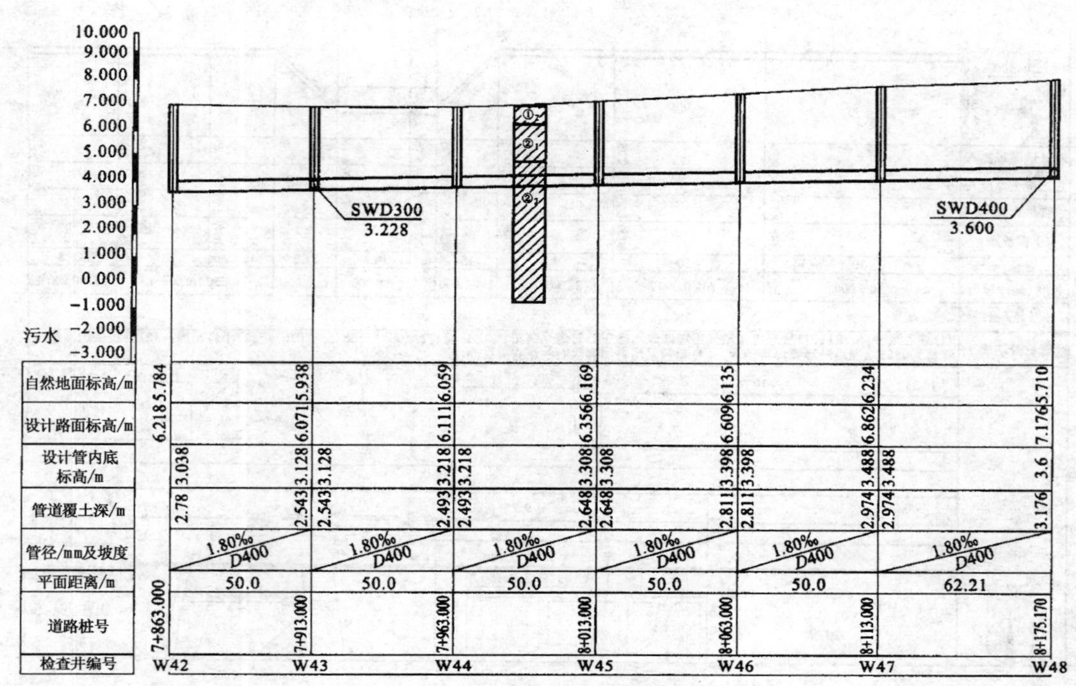

图 3.66 污水纵断面图

二、燃气管网施工图识读

1. 燃气管网施工图的组成

(1) 管道平面图及剖面图。市政燃气管道主要是燃气管道平面图及剖面图。

管道平面图，主要表现地形、地物、河流、指北针等。在管线上画出设计管段的起终点的里程数，居住区燃气管道连接管的准确位置。

管道剖面图是反映管道埋设情况的主要技术资料，一般纵向比例是横向比例的 5～20 倍。管道纵剖面图主要反映以下内容：

A. 管道的管径、管材、长度和坡度，管道的防腐方法。

B. 管道所处地面标高、管道的埋深或管顶覆土厚度。

C. 与管道交叉的地下管线、沟槽的截面位置、标高等。

(2) 管道横断面图。管道横断面图主要反映燃气管道与其他管道之间的相对间距，其间距要求可在设计说明中获得。

2. 燃气管网施工图识读实例

图 3.67 所示为某城市市政燃气管道施工图，包括燃气管道平面图和剖面图。

本实例是和平路 0＋750～0＋1000 m 燃气管道的施工图。天然气管道为中压管道，管材采用 PE 管 SDR＝11，管径 d_e 为 160 mm。从图 3.67 中可以看出：

(1) 管道在里程 0＋750～0＋970 之间离管道中心距离为 9.38 m，在里程 0＋970～0＋974.2 之间改变管向，在里程 0＋974.2～0＋1 000 之间离道路中心线距离是 7.31 m。

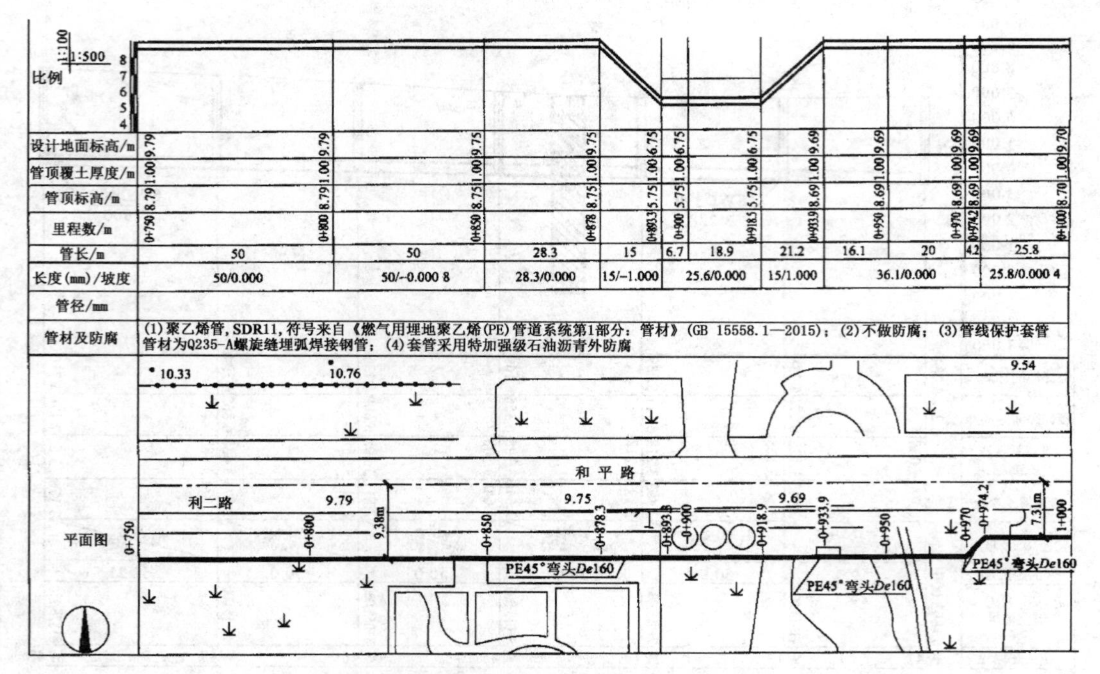

图 3.67　市政燃气管道平面图及剖面图

(2) 管道在里程 0＋878.3～0＋933.9 之间穿越障碍物，套管采用 Q235-A 螺旋缝埋弧焊接钢管，套管的防腐方法是特加强级石油沥青防腐。

(3) 管道的纵横向比例分别是 1：100 和 1：500，分别绘制出设计地面标高、管顶覆土厚度、管顶标高、管道的长度和坡度等。如里程 0＋878.3～0＋893.9 之间管道实际长度 2.12 m，坡度是－1.000。管道沿地势坡度覆土深度是 1 m。

4 市政工程定额

4.1 概述

4.1.1 定额的概念

“定”就是规定，“额”就是数量，即是规定在生产中各种社会必要劳动的消耗量（活劳动和物化劳动）的标准尺度。

生产任何一种合格产品都必须消耗一定数量的人工、材料、机械台班，而生产同一产品所消耗的劳动量常随着生产因素和生产条件的变化而不同。一般来说，在生产同一产品时，所消耗的劳动量越大，则产品的成本越高，企业盈利就会降低，对社会贡献就会降低。反之，所消耗的劳动量越小，产品的成本越低，企业盈利就会增加，对社会贡献就会增加。但这时消耗的劳动量不可能无限地降低或增加，它在一定的生产因素和生产条件下，在相同的质量与安全要求下，必有一个合理的数额作为衡量标准，同时这种数额标准还受到不同社会制度的制约。因此，定额的定义可表述如下：

定额就是在一定的社会制度、生产技术和组织条件下规定完成单位合格产品所需人工、材料、机械台班的消耗标准。

建筑工程定额是指在正常的施工条件、先进合理的施工工艺和施工组织的条件下，采用科学的方法，制定每完成一定计量单位的质量合格的建筑工程产品所必须消耗的人工、材料、机械设备及其价值的数量标准。它除了规定各种资源和资金的消耗量外，还规定了应完成的工作内容、达到的质量标准和安全要求，也反映着一定时期的生产力水平。

4.1.2 工程建设定额的分类

工程建设定额是根据国家一定时期的管理体制和管理制度，根据不同定额的用途和适用范围，由指定机构按照一定程序和规则来制定的。工程建设定额反映了工程建设产品和各种资源消耗之间的客观规律。工程建设定额是一个综合概念，它是多种类、多层次单位产品生产消耗数量标准的总和。为了对工程建设定额能有一个全面的了解，可以按照不同原则和方法对它进行科学分类。

一、按照定额构成的生产要素分类

生产要素包括劳动者、劳动手段和劳动对象，反映其消耗的定额就分为人工消耗定额、材料消耗定额和机械台班消耗定额三种，如图 4.1 所示。

1. 人工消耗定额

人工消耗定额简称为劳动定额。在施工定额、预算定额、概算定额等各类定额中，人工

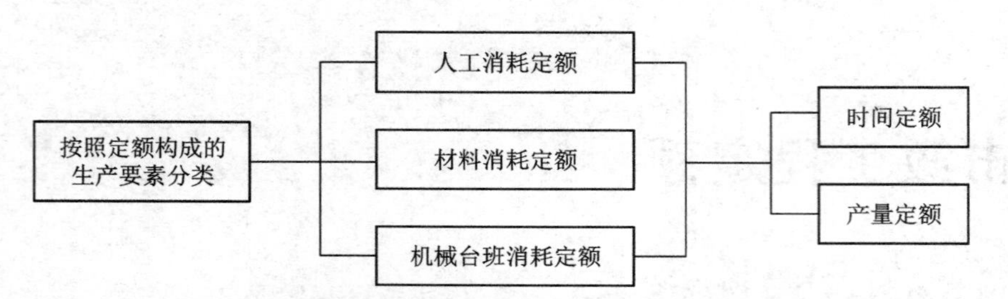

图 4.1　工程建设定额按照定额构成的生产要素分类

消耗定额都是其中重要的组成部分。人工消耗定额是完成一定的合格产品规定活劳动消耗的数量标准。为了便于综合和核算，劳动定额大多采用工作时间消耗量来计算劳动消耗的数量，所以劳动定额主要的表现形式是时间定额。但为了便于组织施工和任务分配，也同时采用产量定额的形式来表示劳动定额。

2. 材料消耗定额

材料消耗定额简称材料定额。材料消耗定额是指完成一定合格产品所需消耗原材料、半成品、成品、构配件、燃料以及水电等的数量标准。材料作为劳动对象是构成工程的实体物资，需用数量较大，种类较多，所以材料消耗定额亦是各类定额的重要组成部分。

3. 机械台班消耗定额

机械台班消耗定额简称机械定额。它和人工消耗定额一样，在施工定额、预算定额、概算定额等各类定额中，都是其中的组成部分。机械台班消耗定额是指为完成一定合格产品所规定的施工机械消耗的数量标准。机械台班消耗定额的表现形式有机械时间定额和机械产量定额。

二、按照定额的编制程序和用途分类

根据定额的编制程序和用途把工程建设定额分为施工定额、预算定额、概算定额、概算指标和投资估算指标五种，如图 4.2 所示。

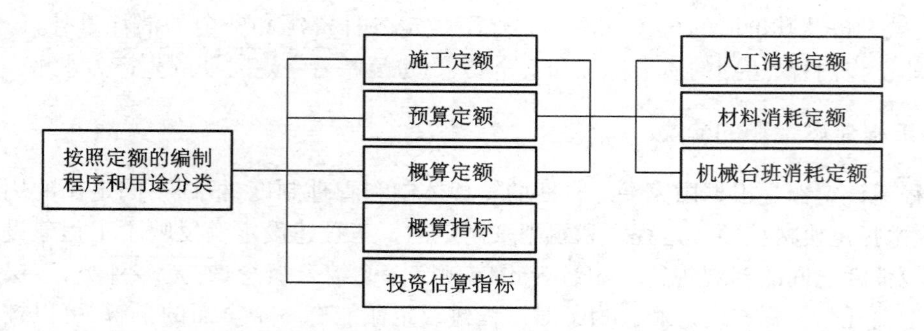

图 4.2　工程建设定额按照定额的编制程序和用途分类

1. 施工定额

施工定额是以同一性质的施工过程（工序）为编制对象，规定某种建筑产品的劳动消耗量、材料消耗量和机械台班消耗量。施工定额是施工企业组织生产和加强管理的企业内部使用的一种定额，属于企业生产定额性质。施工定额的项目划分很细，是工程建设定额中分项最细、定额子目最多的一种定额，是工程建设定额中最基础的定额，也是编制预算定额的基础。

2. 预算定额

预算定额是以各分项工程或结构构件为编制对象，规定某种建筑产品的劳动消耗量、材料消耗量和机械台班消耗量。一般在定额中列有相应地区的单价，是计价性的定额。预算定额在工程建设中占有十分重要的地位，从编制程序看施工定额是预算定额的编制基础，而预算定额则是概算定额、概算指标和投资估算指标的编制基础，可以说预算定额在计价定额中是基础性定额。

3. 概算定额

概算定额是以扩大分项工程或扩大结构构件为编制对象，规定某种建筑产品的劳动消耗量、材料消耗量和机械台班消耗量，并列有工程费用，也属于计价性的定额。它的项目划分的粗细，与扩大初步设计的深度相适应。它是预算定额的综合和扩大，概算定额是控制项目投资的重要依据。

4. 概算指标

概算指标是以整个房屋或构筑物为编制对象，规定每 100 m^2 建筑面积（或每座构筑物体积）为计量单位所需要的人工、材料、机械台班消耗量的标准。它比概算定额更进一步综合扩大，更具有综合性。

5. 投资估算指标

投资估算指标是以独立单项工程或完整的工程项目为计算对象，在项目投资需要量时使用的定额。它的综合性与概括性极强，其综合概略程度与可行性研究阶段相适应。投资估算指标是以预算定额、概算定额和概算指标为基础编制的。

三、按照编制单位和执行范围分类

按照编制单位和执行范围把工程建设定额分为全国统一定额、行业统一定额、地区统一定额、企业定额和补充定额五种，如图 4.3 所示。

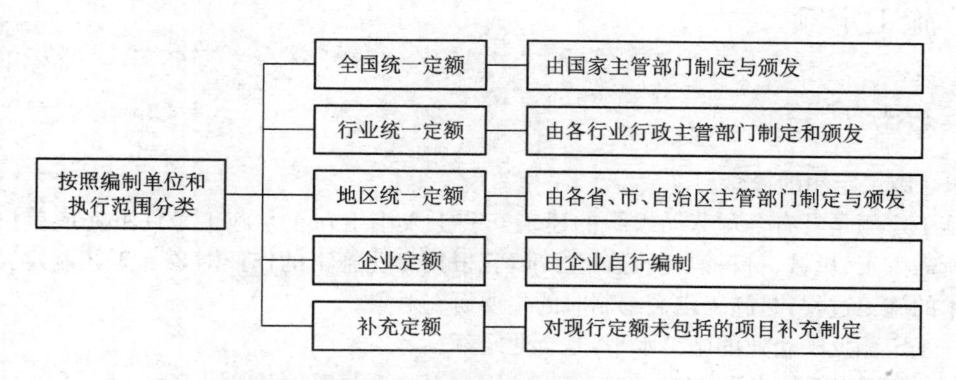

图 4.3　工程建设定额按编制单位和执行范围分类

1. 全国统一定额

全国统一定额是由国家建设行政主管部门综合我国工程建设中技术和施工组织技术条件的情况编制的，在全国范围内执行的定额。例如，全国统一的劳动定额、市政工程定额、安装工程定额、建筑工程基础定额、建筑装饰装修工程消耗量定额等。

2. 行业统一定额

行业统一定额是由各行业行政主管部门充分考虑本行业专业技术特点、施工生产和管理水平而编制的，一般只在本行业和相同专业性质的范围内使用的定额。这种定额往往是为专业性较强的工业建筑安装工程制定的。例如，铁路建设工程定额、水利建筑工程定额、矿井建设工程定额等。

3. 地区统一定额

地区统一定额是由各省(区、市)在考虑地区特点和统一定额水平的条件下编制的，只在规定的地区范围内使用的定额。例如，一般地区适用的建筑工程预算定额、概算定额、园林定额等。

4. 企业定额

企业定额是由施工企业根据本企业具体情况，参照国家、部门和地区定额编制方法制定的定额。企业定额只在本企业内部执行，是衡量企业生产力水平的一个标志。企业定额水平一般应高于国家现行定额，才能满足生产技术发展、企业管理和市场竞争的需要。

5. 补充定额

补充定额是指随着设计、施工技术的发展，在现行定额不能满足需要的情况下，为补充现行定额中漏项或缺项而制定的。补充定额是只能在指定的范围内使用的指标。

四、按照投资费用分类

按照投资费用把工程建设定额分为直接工程费定额、措施费定额、利润和税金定额、间接费定额、设备及工器具定额、工程建设其他费用定额，如图 4.4 所示。

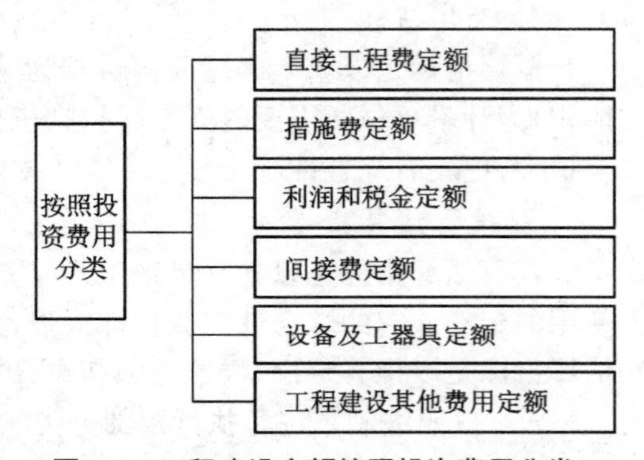

图 4.4　工程建设定额按照投资费用分类

4.2　施工定额

4.2.1　概述

一、施工定额的概念

施工定额是具有合理劳动组织的建筑安装工人小组在正常施工条件下完成单位合格产品所需人工、机械、材料消耗的数量标准，它根据专业施工的作业对象和工艺制定。工序是基本的施工过程，是施工定额编制时的主要研究对象。

施工定额反映企业的施工水平，是企业定额。

二、施工定额的水平

定额水平是规定在单位产品上消耗的劳动、机械和材料数量的多少，指在一定施工程序和工艺条件下规定的施工生产中活劳动和物化劳动的消耗水平。

施工定额的水平直接反映劳动生产率水平，反映劳动和物质消耗水平。施工定额水平和劳动生产率水平变动方向一致，与劳动和物质消耗水平变动方向相反。

劳动生产率水平越高，施工定额水平也越高；而劳动和物质消耗数量越多，施工定额水平越低。

平均先进水平是施工定额的理想水平，是在正常的施工条件下大多数施工队组合工人经过努力能够达到和超过的水平，低于先进水平，略高于平均水平。

4.2.2　人工、材料、机械台班消耗量定额的确定

一、人工消耗量定额的确定

1. 人工消耗量定额的表示方法

(1) 时间定额

时间定额是指在一定的生产技术和生产组织条件下，某工种和某种技术等级的工人小组或个人，完成单位合格产品必须消耗的工作时间。时间定额中的时间是在拟定基本工作时间、辅助工作时间、必要的休息时间、生理需要时间、不可避免的工作中断时间、工作的准备和结束时间的基础上制定的。时间定额的计量单位，通常以生产每个单位产品（如 1 m^2、10 m^2、100 m^2、1 m^3、10 m^3、100 m^3、1 t、10 t）所消耗的工日来表示。工日是指人工与天数的乘积。每个工日的工作时间，按现行制度，规定为 8 个小时。

时间定额的计算公式规定如下：

$$\text{单位产品的时间定额(工日)}=\frac{1}{\text{每工日产量}}$$

或：

$$\text{单位产品的时间定额(工日)}=\frac{\text{小组成员工日数总和}}{\text{小组的工作班产量}}$$

【例题 4.1】　对一名工人挖土的工作进行定额测定，该工人经过 3 天的工作（其中 4 h 为损失的时间），挖了 25 m^3 的土方，计算该工人的时间定额。

【解】　消耗总工日数＝(3×8－4)h÷8 h/工日＝2.5 工日

完成产量数＝25 m^3

时间定额＝2.5 工日÷25 m^3＝0.10 工日/m^3

答：该工人的时间定额为 0.10 工日/m^3。

【例题 4.2】　对一个 3 人小组进行砌墙施工过程的定额测定，3 人经过 3 天的工作，砌筑完成 8 m^3 的合格墙体，计算该组工人的时间定额。

【解】　消耗总工日数＝3 人×3 工日/人＝9 工日

完成产量数＝8 m^3

时间定额＝9 工日÷8 m^3＝1.125 工日/m^3

答：该组工人的时间定额为 1.125 工日/m^3。

(2) 产量定额

产量定额是指在一定的生产技术和生产组织条件下，某工种和某种技术等级的工人小组或个人，在单位时间（工日）内，完成合格产品的数量。

产量定额的计算方法，规定如下：

$$\text{每工日的产量定额}=\frac{1}{\text{单位产品的时间定额(工日)}}$$

或：

$$\text{工作班产量}=\frac{\text{小组成员工日数总和}}{\text{单位产品的时间定额(工日)}}$$

从上面的两个定额的计算公式中可以看出，时间定额与产量定额是互为倒数关系，计算式如下：

$$时间定额=\frac{1}{产量定额}$$

【例题 4.3】 对一名工人挖土的工作进行定额测定，该工人经过 3 天的工作(其中 4 h 为损失的时间)，挖了 25 m^3 的土方，计算该工人的产量定额。

【解】 消耗总工日数＝(3×8－4)h÷8 h/工日＝2.5 工日

完成产量数＝25 m^3

产量定额＝25 m^3÷2.5 工日＝10 m^3/工日

答：该工人的产量定额为 10 m^3/工日。

2. 人工消耗量定额的确定方法

人工消耗量定额的确定方法主要有技术测定法、经验估工法、统计分析法、比较类推法等。

(1) 技术测定法

技术测定法是指应用计时观察法所得的工时消耗量数据确定人工消耗量定额的方法。这种方法具有较高的准确性和科学性，是制定新定额和典型定额的主要方法。

(2) 经验估工法

经验估工法是由定额人员、工序技术人员和工人三方相结合，根据个人或集体的实践经验，经过图纸分析和现场观察，了解施工工艺，分析施工(生产)的生产技术组织条件和操作方法的繁简难易情况，进行座谈讨论，从而制定定额的方法。这种方法的优点是方法简单，速度快。其缺点是容易受到参加制定人员的主观因素和局限性的影响，使制定的定额出现偏高或偏低的现象。因此，经验估工法只适用于企业内部，作为某些局部项目的补充定额。

(3) 统计分析法

统计分析法是把过去施工中同类工程和同类产品的工时消耗的统计资料，与当前生产技术组织条件的变化因素结合起来进行分析研究以制定定额的方法。由于统计分析资料反映的是工人过去已经达到的水平，在统计时没有也不可能剔除施工(生产)中不合理的因素，因而这个水平一般偏于保守，为了克服统计分析资料的这个缺陷，使取定出来的定额水平保持平均先进水平的性质，可采用"二次平均法"计算平均先进值作为确定定额水平的依据。

(4) 比较类推法

比较类推法又称作典型定额法，它是以同类型或相似类型的产品(或工序)的典型定额项目的定额水平为标准，经过分析比较，类推出同一组定额各相邻项目的定额水平的方法。这种方法的特点是计算简便，工作量小，只要典型定额选择恰当，切合实际，又具有代表性，则类推出的定额一般都比较合理。

二、材料消耗量定额

材料消耗量定额是指在合理和节约使用材料的条件下，完成单位合格产品所需消耗材料的数量标准，是企业推行经济承包、编制材料计划、进行单位工程核算不可缺少的基础，是促进企业合理使用材料，实行限额领料和材料核算，正确核定材料需要量和储备量，考核、分析材料消耗，反映建筑安装生产技术管理水平的重要依据。

材料消耗量定额由以下两个部分组成：

一是合格产品上的消耗量，就是用于合格产品上的实际数量；

二是生产合格产品的过程中合理的损耗量。

因此，单位合格产品中某种材料的消耗数量等于该材料的净用量和损耗量之和：

$$材料消耗量=材料净用量+材料损耗量$$

材料净用量指在不计废料和损耗的前提下，直接构成工程实体的用量；材料损耗量指不可避免的施工废料和施工操作损耗。计入材料消耗定额内的损耗量，应是在采用规定材料规格、采用先进操作方法和正确选用材料品种的情况下的不可避免的损耗量。

某种产品使用某种材料的损耗量的多少，常常采用损耗率表示：

$$损耗率=\frac{损耗量}{消耗量}\times 100\%$$

材料的消耗量可用下式表示：

$$材料消耗量=\frac{净用量}{1-损耗率}$$

根据施工生产材料消耗工艺要求，建筑安装材料分为非周转性材料和周转性材料两大类。非周转性材料亦称直接性材料，它是指在建筑工程施工中，一次性消耗并直接构成工程实体的材料。如砖、砂、石、钢筋等。周转性材料是指在施工过程中能多次使用、周转的工具型材料。如各种模板、活动支架、脚手架等。

1. 非周转性材料消耗定额的制定方法

制定材料消耗定额最基本的方法有：观察法、试验法、统计法和计算法。

(1) 观察法

观察法亦称为施工实验法，就是在施工现场，对生产某一产品的材料消耗量进行测算。通过产品数量、材料消耗量和材料的净消耗量的计算，确定该单位产品的材料消耗量或损耗率。

【例题 4.4】　一施工班组砌筑一砖内墙，经现场观测共使用砖 2 660 块，M5 水泥砂浆 1.175 m^3，水 0.5 m^3，最终获得 5 m^3的砖墙。请计算该砖墙的材料消耗量。

【解】　砖消耗量＝2 660 块÷5 m^3＝532 块/m^3

M5 水泥砂浆消耗量＝1.175 m^3/5 m^3＝0.235 m^3/m^3

水消耗量＝0.5 m^3/5 m^3＝0.1 m^3/m^3

答：该砖墙消耗砖 532 块/m^3，M5 水泥砂浆 0.235 m^3/m^3，水 0.1 m^3/m^3。

(2) 试验法

试验法也称为实验室试验法，它是通过专门的设备和仪器，确定材料消耗定额的一种方法，如混凝土、沥青、砂浆和油漆等，适用于实验室条件下进行试验。当然也有一些材料是不适合在实验室里进行试验的，就不能应用这种方法。

(3) 统计法

统计法也称为统计分析法，它是根据作业开始时拨给分部分项工程的材料数量、完成的产品数量和竣工后的材料剩余数量进行材料损耗计算的一种方法。此法简单易行，不需要组织专门的人去测定或试验，但是统计法的数字，准确程度差，应该结合施工过程的记录，经过分析研究后，确定材料消耗指标。

（4）计算法

计算法也称为理论计算法，它是根据施工图纸和建筑构造的要求，用理论公式算出产品的净消耗材料数量，从而制定材料的消耗数量。如红砖（或青砖）、型钢、玻璃和钢筋混凝土预制构件等，都可以通过计算，求出消耗量。

① 每立方米砖砌体材料消耗量的计算：

$$砖净用量=\frac{墙厚砖数\times 2}{墙厚\times(砖长+灰缝)\times(砖厚+灰缝)}$$

$$砖消耗量=\frac{砖净用量}{1-砖损耗率}$$

$$砂浆净用量=1-砖净用量\times每块砖体积$$

$$砂浆消耗量=\frac{砂浆净用量}{1-砂浆损耗率}$$

墙厚砖数是指墙厚对应于砖长的比例关系。以黏土实心砖（240 mm×115 mm×53 mm）为例，墙厚砖数如表 4.1 所示。

表 4.1　墙厚对应砖数表

墙厚砖数	$\frac{1}{2}$	$\frac{3}{4}$	1	$1\frac{1}{2}$	2
墙厚/m	0.115	0.178	0.240	0.365	0.490

【例题 4.5】 计算用黏土实心砖（240 mm×115 mm×53 mm）砌筑 1 m^3 一砖内墙（墙厚 0.24 m，灰缝 10 mm）所需砖、砂浆定额用量（砖、砂浆损耗率按 1%计算）。

【解】 $$砖净用量=\frac{1\times 2}{0.24\times(0.24+0.01)\times(0.053+0.01)}\approx 529.1(块)$$

$$砂浆净用量=1-0.24\times 0.115\times 0.053\times 529.1\approx 0.226(m^3)$$

$$砖消耗量=\frac{529.1}{1-1\%}\approx 534(块)$$

$$砂浆消耗量=\frac{0.226}{1-1\%}\approx 0.228(m^3)$$

答：砌筑 1 m^3 一砖墙定额用量为砖 534 块，砂浆 0.228 m^3。

② 100 m^2 块料面层材料消耗量计算：

$$面层材料净用量=\frac{100}{(块料长+灰缝)\times(块料宽+灰缝)}$$

$$面层材料消耗量=\frac{面层材料净用量}{1-面层材料损耗率}$$

【例题 4.6】 某房间地面净面积 100 m^2，拟粘贴 300 mm×300 mm 的地砖（灰缝 2 mm）。计算地砖定额消耗量（地砖损耗率按 2%计算）。

【解】
$$地砖净用量=\frac{100}{(0.3+0.002)\times(0.3+0.002)}\approx 1\ 096.4(块)$$

$$地砖定额消耗量=\frac{1\ 096.4}{1-2\%}\approx 1\ 119(块)$$

答：地砖定额消耗量为 1 119 块。

2. 周转性材料消耗定额的制定

周转性材料的计算按摊销量计算。按照周转材料的不同，摊销量的计算方法不一样，主要分为周转摊销和平均摊销两种，对于易损耗材料（现浇构件木模板）采用周转摊销进行计算，而对损耗小的材料（定型模板、钢材等）采用平均摊销进行计算。

（1）现浇构件木模板消耗量计算

① 材料一次使用量。材料一次使用量是指周转性材料在不重复使用条件下的第一次投入量，相当于非周转性消耗材料中的材料用量。通常根据选定的结构设计图纸进行计算。计算公式如下：

$$一次使用量=\frac{混凝土和模板接触面积\times每平方米接触面积模板用量}{1-模板制作安装损耗率}$$

② 投入使用总量。由于现浇构件木模板的易耗性，在第一次投入使用结束后（拆模），就会产生损耗，还能用于第二次的材料量小于第一次的材料量，为了便于计算，我们考虑每一次周转的量都与第一次量相同，这就需要在每一次周转时补损，补损的量为损耗掉的量，一直补损到第一次投入的材料消耗完为止。补损的次数与周转次数有关，应等于周转次数−1。

周转次数是指周转材料从第一次使用起可重复使用的次数。计算公式如下：

$$投入使用总量=一次使用量+一次使用量\times(周转次数-1)\times补损率$$

③ 周转使用量。不考虑其他因素，按投入使用总量计算的每一次周转使用量。计算公式如下：

$$\begin{aligned}周转使用量&=\frac{投入使用总量}{周转次数}\\&=\frac{一次使用量+一次使用量\times(周转次数-1)\times补损率}{周转次数}\\&=一次使用量\times\frac{1+(周转次数-1)\times补损率}{周转次数}\end{aligned}$$

④ 材料回收量。材料回收量是指在一定周转次数下，每周转使用一次平均可以回收材料的数量。计算公式如下：

$$\begin{aligned}回收量&=\frac{一次使用量-一次使用量\times补损率}{周转次数}\\&=一次使用量\times\frac{1-补损率}{周转次数}\end{aligned}$$

⑤ 摊销量。摊销量是指周转性材料在重复使用的条件下，一次消耗的材料数量。计算公式如下：

$$摊销量=周转使用量-回收量$$

【例题 4.7】 按某施工图计算一层现浇混凝土柱接触面积为 160 m^2，混凝土构件体积为 20 m^3，采用木模板，每平方米接触面积需模量 1.1 m^2，模板施工制作损耗率为 5%，周转损耗率为 10%，周转次数 8 次，计算所需模板单位面积、单位体积摊销量。

【解】 一次使用量 $=\dfrac{160\times 1.1}{1-5\%}\approx 185.26(m^2)$

投入使用总量 $=185.26+185.26\times(8-1)\times 10\%\approx 314.94(m^2)$

周转使用量 $=314.94\div 8\approx 39.37(m^2)$

回收量 $=185.26\times\dfrac{1-10\%}{8}\approx 20.84(m^2)$

摊销量 $=39.37-20.84\approx 18.53(m^2)$

模板单位面积摊销量 $=18.53\div 160\approx 0.116(m^2/m^2)$

模板单位体积摊销量 $=18.53\div 20\approx 0.927(m^2/m^3)$

答：所需模板单位面积摊销量为 0.116 m^2/m^2，单位体积摊销量为 0.927 m^2/m^3。

(2) 预制构件模板及其他定型构件模板计算

预制构件的模板摊销量与现浇构件模板摊销量的计算方法不同。在预制构件中，不计算每次周转的损耗率，只要确定于模板的周转次数，知道了一次使用量，就可以计算其摊销量。

$$摊销量=\frac{一次使用量}{周转转次}$$

【例题 4.8】 按某施工图计算一层现浇混凝土柱接触面积为 160 m^2，采用组合钢模板，每平方米接触面积需模量 1.1 m^2，模板施工制作损耗率为 5%，周转次数 50 次。请计算所需模板单位面积摊销量。

【解】 一次使用量 $=\dfrac{160\times 1.1}{1-5\%}\approx 185.26(m^2)$

摊销量 $=185.26\div 50\approx 3.71(m^2)$

模板单位面积摊销量 $=3.71\div 160\approx 0.023(m^2/m^2)$

答：所需模板单位面积摊销量为 0.023 m^2/m^2。

三、机械台班消耗量定额

1. 概念

施工机械台班消耗定额是指在正常的技术条件、合理的劳动组织下，生产单位合格产品所消耗的合理的机械工作时间，或者是机械工作一定的时间所生产的合理产品数量。同样，施工机械台班消耗定额也分为时间定额和产量定额两种形式。

(1) 时间定额

时间定额是指生产单位产品所消耗的机械台班数。对于机械而言，台班代表 1 天(以 8 h计)。

(2) 产量定额

产量定额是指在正常的技术条件、合理的劳动组织下，每一个机械台班时间所生产的合格产品的数量。

2. 施工机械台班消耗定额的编制方法

施工机械台班消耗定额的编制方法只有一个，即技术测定法。根据机械是循环动作还是非循环动作，其测定的思路是不同的。

(1) 循环动作机械台班消耗定额

① 选择合理的施工单位、工人班组、工作地点及施工组织。

② 确定机械纯工作 1 h 的正常生产率：

机械纯工作 1 h 正常循环次数＝3 600(s)÷一次循环的正常延续时间

机械纯工作 1 h 正常生产率
＝机械纯工作 1 h 正常循环次数×一次循环生产的产品数量

③ 确定施工机械的正常利用系数。机械工作与工人工作相似，除了正常负荷下的工作时间(纯工作时间)，还有不可避免的中断时间、不可避免的无负荷时间等定额包含的时间，考虑机械正常利用系数是将机械的纯工作时间转化为定额时间。

机械正常利用系数＝机械在一个工作班内纯工作时间÷一个工作班延续时间(8 h)

④ 施工机械台班消耗定额。

施工机械台班消耗定额
＝机械纯工作 1 h 正常生产率×工作班纯工作时间
＝机械纯工作 1 h 正常生产率×工作班延续时间×机械正常利用系数

【例题 4.9】 一斗容量为 1 m^3的单斗正铲挖土机挖土一次延续时间为 48 s(包括土斗挖土并提升斗臂、回转斗臂、土斗卸土、返转斗臂并落下土斗)，一个工作班的纯工作时间为 7 h。请计算该挖土机的正常利用系数和产量定额。

【解】 机械纯工作 1 h 正常循环次数＝3 600 s÷48 s/次＝75(次)
机械纯工作 1 h 正常生产率＝75 次×1 m^3/次＝75(m^3)
机械正常利用系数＝7 h÷8 h＝0.875
搅拌机的产量定额＝75 m^3/h×8 h/台班×0.875＝525(m^3/台班)

答：该挖土机的正常利用系数为 0.875，产量定额为 525 m^3/台班。

(2) 非循环动作机械台班消耗定额

① 选择合理的施工单位、工人班组、工作地点及施工组织。

② 确定机械纯工作 1 h 的正常生产率：

机械纯工作 1 h 正常生产率＝工作时间内完成的产品数量÷工作时间(h)

③ 确定施工机械的正常利用系数：

机械正常利用系数＝机械在一个工作班内纯工作时间÷一个工作班延续时间(8 h)

④ 施工机械台班消耗定额：

施工机械台班消耗定额

＝机械纯工作 1 h 正常生产率×工作班纯工作时间

＝机械纯工作 1 h 正常生产率×工作班延续时间×机械正常利用系数

【例题 4.10】 采用一液压岩石破碎机破碎混凝土，现场观测机器工作了 2 h 完成了 56 m^3 混凝土的破碎工作，一个工作班的纯工作时间为 7 h。请计算该液压岩石破碎机的正常利用系数和产量定额。

【解】 机械纯工作 1 h 正常生产率＝56 m^3÷2 h＝28(m^3/h)

机械正常利用系数＝7 h÷8 h＝0.875

液压岩石破碎机的产量定额＝28 m^3/h×8 h/台班×0.875＝196(m^3/台班)

答：该液压岩石破碎机的正常利用系数为 0.875，产量定额为 196 m^3/台班。

4.3 预算定额

4.3.1 概述

一、预算定额的概念

预算定额是指在正常合理的施工条件下，采用科学的方法和群众智慧相结合的方法，制定出完成一定计量单位的合格的分项工程或结构构件所必需的人工、材料、机械台班的消耗量标准及货币价值数量标准。

二、预算定额的组成

预算定额的组成，如图 4.5 所示，《江苏省市政工程计价定额》(2014 版)沥青贯入式路面定额见表 4.2 所示。

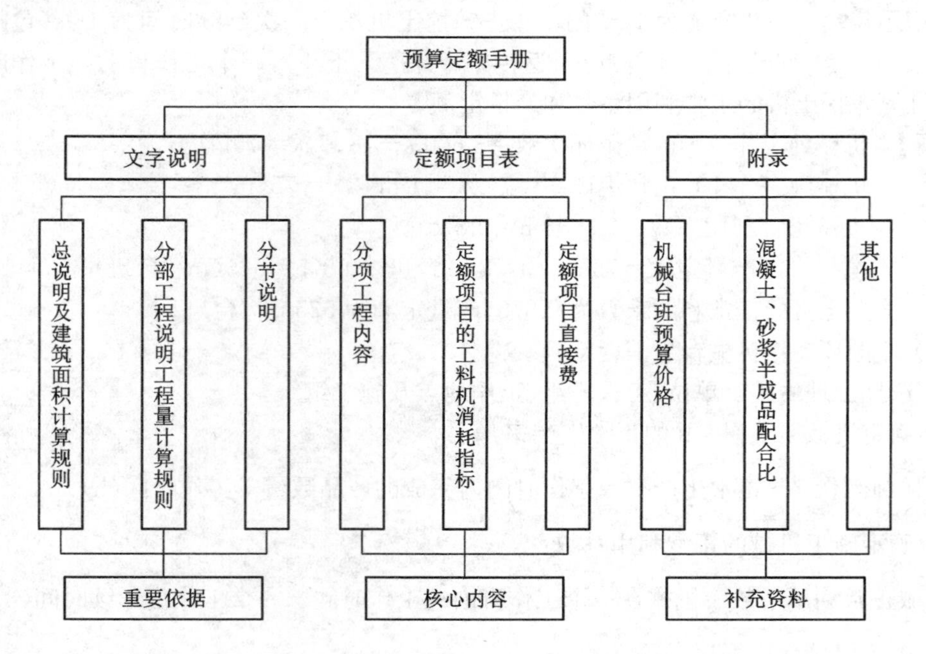

图 4.5 预算定额的组成

表 4.2 《江苏省市政工程计价定额》(2014 版)沥青贯入式路面

工作内容：清扫整理下承层、安拆熬油设备、熬油、运油、沥青喷洒机洒油、铺洒主层骨料及嵌缝料、整形、碾压、找补、初期养护。

计量单位：100 m^2

	编号	名称	单位	单价/元	数量	合价/元	数量	合价/元	数量	合价/元
定额编号					2-265		2-266		2-267	
项目					路面厚度/cm					
					4		5		6	
综合基价					4 092.99		4 776.25		5 253.75	
其中	人工费				196.62		229.55		251.16	
其中	材料费				3 522.93		4 155.68		4 599.68	
其中	机械费				245.29		251.51		255.87	
其中	管理费(19%)				83.96		91.40		96.34	
其中	利润(10%)				44.19		48.11		50.70	
人工	00010304	二类工	工日	74.00	2.657	196.62	3.102	229.55	3.394	251.16
材料	4050211	碎石 25～40	t	60.00	6.735	404.10	2.595	155.70	2.595	155.70
材料	4050216	碎石 30	t	68.00	1.995	135.66	1.380	93.84	1.380	93.84
材料	4050218	碎石 50	t	60.00			8.415	504.90		
材料	4050219	碎石 60	t	60.00					10.095	605.70
材料	11550107	石油沥青 60～100#	t	5 500.00	0.500	2 750.00	0.580	3 190	0.640	3 520.00
材料	4034103	石屑(米砂)	t	40.00	1.942	77.68	1.040	41.60	1.040	41.60
材料	4030107	中(粗)砂	t	69.37	0.403	27.96	0.403	27.96	0.403	27.96
材料	31150702	煤	t	1 100.00	0.100	110.00	0.110	121.00	0.120	132.00
材料	31130104	其他材料费	%		0.500	17.53	0.500	20.68	0.500	22.88
机械	99130705	汽车式沥青喷洒机 4 000 L	台班	622.73	0.061	37.99	0.071	44.21	0.078	48.57
机械	99130306	光轮压路机(内燃)15 t	台班	648.47	0.274	177.68	0.274	177.68	0.274	177.68
机械	99130304	光轮压路机(内燃)8 t	台班	389.68	0.076	29.62	0.076	29.62	0.076	29.62

三、预算定额项目排列及编号

预算定额项目按分部分项顺序排列。分部工程是将单位工程中某些性质相近、材料大致相同的施工对象归在一起；分部工程以下，又按工程结构、工程内容、施工方法、材料类别等，分成若干分项工程；分项工程以下，再按构造、规格、不同材料等分为若干子目。

在编制施工图预算时，为检查定额项目套用是否正确，对所列工程项目必须填写定额编号。通常预算定额采用两个号码的方法编制。第一个号码表示分部工程编号，第二个号码是指具体工程项目即子目的顺序号。

4.3.2 预算定额人工、材料、机械台班消耗量的计算

一、人工工日消耗量的计算

预算定额中人工工日消耗量是指在正常施工条件下，生产单位合格产品所必须消耗的人工工日数量，是由分项工程所综合的各个工序劳动定额包括的基本用工、其他用工两部分组成的。

1. 基本用工

基本用工指完成单位合格产品所必须消耗的技术工种用工。按技术工种相应劳动定额工时定额计算，以不同工种列出定额工日。基本用工包括：

(1) 完成定额计量单位的主要用工。按综合取定的工程量和相应劳动定额进行计算：

$$基本用工=\sum(综合取定的工程量\times劳动定额)$$

例如，工程实际中的砖基础，有1砖厚、1砖半厚、2砖厚等之分，用工各不相同。在预算定额中由于不区分厚度，需要按照统计的比例，加权平均，即公式中的综合取定得出用工。

(2) 按劳动定额规定应增加计算的用工量。例如，砖基础埋深超过1.5 m，超过部分要增加用工。预算定额中应按一定比例给予增加。

(3) 由于预算定额是以施工定额子目综合扩大的，包括的工作内容较多，施工的效果视具体部位而不一样，需要另外增加用工，列入基本用工内。

2. 其他用工

通常包括：

(1) 超运距用工。是指预算定额中材料或半成品的运输距离，超过劳动定额基本用工中规定的距离所增加的用工。

$$超运距用工=\sum(超运距材料的数量\times相应时间定额)$$

$$超运距=预算定额综合取定运距-劳动定额已包括的运距$$

(2) 辅助用工。指技术工种劳动定额内不包括而在预算定额内又必须考虑的用工。

$$辅助用工=\sum(材料加工数量\times相应的加工劳动定额)$$

(3) 人工幅度差。即预算定额与劳动定额的差额，主要是指在劳动定额中未包括而在正常施工情况下不可避免但又很难准确计量的用工和各种工时损失。

$$人工幅度差=(基本用工+辅助用工+超运距用工)\times人工幅度差系数$$

人工幅度差系数一般为10%～15%。在预算定额中，人工幅度差的用工量列入其他用工量中。

二、材料消耗量的计算

材料消耗量是指完成单位合格产品所必须消耗的材料数量，由材料净用量加损耗量组

成。其中，材料损耗量是指在正常条件下不可避免的材料损耗，如现场内材料运输及施工操作过程中的损耗等。

材料消耗量的计算方法主要有：

1. 凡有标准规格的材料，按规范要求计算定额计量单位的耗用量，如砖、防水卷材、块料面层等。

2. 凡设计图纸标注尺寸及下料要求的按设计图纸尺寸计算材料净用量，如门窗制作用的材料、方料、板料等。

3. 换算法。各种胶结、涂料等材料的配合比用料，可以根据要求条件换算，得出材料用量。

4. 测定法。包括实验室试验法和现场观察法。

三、机械台班消耗量的计算

预算定额中的机械台班消耗量是指在正常施工条件下，生产单位合格产品（分部分项工程或结构构件）必须消耗的某种型号施工机械的台班数量。

1. 确定预算定额机械台班消耗数量应考虑的因素

（1）工程质量检查影响机械工作损失的时间；

（2）在工作班内，机械变换位置所引起的难以避免的停歇时间和配套机械互相影响损耗的时间；

（3）机械临时维修和小修引起的停歇时间；

（4）机械偶然性停歇，如临时停电、停水所引起的工作停歇时间。

2. 计算机械台班消耗数量有两类方法

（1）第一类，根据施工定额确定机械台班消耗量。这种方法是指以现行全国统一施工定额或劳动定额中机械台班产量加机械幅度差计算预算定额的机械台班消耗量。大型机械幅度差系数一般为：土方机械25%，打桩机械33%，吊装机械30%。其他分部工程中如钢筋加工、木材、水磨石等各项专用机械的幅度差为10%。综上所述，预算定额机械台班消耗量按下式计算：

预算定额机械台班消耗量＝施工定额机械台班消耗量×（1＋机械幅度差系数）

（2）第二类，以现场测定资料为基础确定机械台班消耗量。编制预算定额时，如遇到施工定额（劳动定额）缺项者，则需要依据单位时间完成的产量测定。

4.3.3 预算定额人工、材料、机械台班价格的计算

一、人工单价的确定

人工工资单价是指一个建筑安装生产工人一个工作日在计价时应计入的全部人工费用，其主要由以下几部分组成：

1. 生产工人基本工资，由岗位工资、技能工资、工龄工资等组成。

2. 生产工人辅助工资，是指非作业工日发放的工资和工资性补贴，如外出学习期间的工资、休年假期间的工资等。

3. 生产工人工资性补贴，是指物价补贴、煤燃气补贴、交通补贴、住房补贴、流动施工补贴等。

4. 职工福利费，是指书报费、洗理费、取暖费等。

5. 生产工人劳动保护费，是指劳工用品购置费及修理费、徒工服装补贴、防暑降温费、保健费用等。

人工单价均采用综合人工单价形式，按下式计算：

$$人工单价=\frac{月基本工资+月工资性补贴+月辅助工资+其他费用}{月平均工作天数}$$

二、材料预算价格的确定

材料预算价格一般由材料原价、供销部门手续费、包装费、运杂费、运输损耗费、采购及保管费等组成。

1. 材料原价(或供应价格)

材料原价是指材料的出厂价格、进口材料抵岸价或销售部门的批发价和市场采购价(或信息价)。在确定材料原价时，如同一种材料，因来源地、供应单位或生产厂家不同，有几种价格时，要根据不同来源地的供应数量比例，采取加权平均的方法计算其材料的原价。

2. 包装费

包装费是为了便于材料运输和保护材料而进行包装所需的一切费用。包装费包括包装品的价值和包装费用。凡由生产厂家负责包装的产品，其包装费已计入材料原价内，不再另行计算，但应扣回包装品的回收价值。包装器材如有回收价值，应考虑回收价值。地区有规定者，按地区规定计算；地区无规定者，可根据实际情况确定。

3. 运杂费

材料运杂费是指材料由其来源地(交货地点)起(包括经中间仓库转运)运至施工地仓库或堆放场地上，全部运输过程中所支出的一切费用，包括车船等的运输费、调车费、出入仓库费、装卸费等。

4. 运输损耗费

材料运输损耗是指材料在运输和装卸搬运过程中不可避免的损耗。一般通过损耗率来规定损耗标准。

材料运输损耗费=(材料原价+材料运杂费)×运输损耗率

5. 采购及保管费

材料采购及保管费是指为组织采购、供应和保管材料过程中所需的各项费用。包括采购费、仓储费、工地保管费、仓储损耗费。

材料采购及保管费=(材料原价+运杂费+运输损耗费)×采购及保管费率

采购及保管费率一般为2.5%，各地区可根据实际情况来确定。

6. 检验试验费

检验试验费是指对建筑材料、构件和建筑安装物进行一般鉴定、检查所发生的费用，包括自设实验室进行实验所耗用的材料和化学药品等费用。不包括新结构、新材料的实验费和建设单位对具有出厂合格证明的材料进行的检验，对构件做破坏性实验及其他特殊要求检验试验的费用：

$$检验试验费 = \sum(单位材料量检验试验费 \times 材料消耗量)$$

当发生检验试验费时，材料费中还应加上此项费用属于建筑安装工程费用中的其他直接费。

上述费用的计算可以综合成一个计算式：

材料预算价格＝(材料原价＋供销部门手续费＋包装费＋运杂费＋运输损耗费)×(1＋采购及保管费率)－包装材料回收价值

【例题 4.11】 某施工队为某工程施工购买水泥，从甲单位购买水泥 200 t，单价 280 元/t。从乙单位购买水泥 300 t，单价 260 元/t。从丙单位第一次购买水泥 500 t，单价 240 元/t；第二次购买水泥 500 t，单价 235 元/t(这里的单价均指材料原价)。采用汽车运输，甲地距工地 40 km，乙地距工地 60 km，丙地距工地 80 km。根据该地区公路运价标准：汽运货物运费为 0.4 元/(t·km)，装、卸费各为 10 元/t，采购保管费率为 2.5%，供销部门手续费为 0 元，运输损耗费为 0%。求此水泥的预算价格。

【解】 材料原价总值 $= \sum(各次购买量 \times 各次购买价)$

$$= 200 \times 280 + 300 \times 260 + 500 \times 240 + 500 \times 235$$
$$= 371\,500(元)$$

材料总量 $= 200 + 300 + 500 + 500 = 1\,500(t)$

加权平均原价 $=$ 材料原价总值 $\div$ 材料总量 $= 371\,500 \div 1\,500 \approx 247.67$(元 /t)

手续费：0 元。

包装费：水泥的包装属于一次性投入，包装费已包含在材料原价中，为 0 元。

运杂费 $= [0.4 \times (200 \times 40 + 300 \times 60 + 1\,000 \times 80) + 10 \times 2 \times 1\,500] \div 1\,500$
≈ 48.27(元 /t)

水泥预算价格 $= (247.67 + 0 + 0 + 48.27 + 0) \times (1 + 2.5\%) \approx 303.34$(元 /t)

答：此水泥的预算价格为 303.34 元/t。

三、施工机械台班单价的确定

施工机械台班单价一般有以下几部分组成：

1. 折旧费

折旧费指施工机械在规定的使用年限内，陆续收回其原值及购置资金的时间价值。

2. 大修理费

大修理费指施工机械按规定的大修理间隔台班进行必要的大修理，以恢复其正常功能所需的费用。

3. 经常修理费

经常修理费指施工机械除大修理以外的各级保养和临时故障排除所需的费用。包括为保障机械正常运转所需替换设备与随机配备工具附具的摊销和维护费用，机械运转中日常保养所需润滑与擦拭的材料费用及机械停滞期间的维护和保养费用等。

4. 安拆费及场外运费

安拆费指施工机械在现场进行安装与拆卸所需的人工、材料、机械和试运转费用以及机械辅助设施的折旧、搭设、拆除等费用；场外运费指施工机械整体或分体自停放地点运至施工现场或由一施工地点运至另一施工地点的运输、装卸、辅助材料及架线等费用。

5. 人工费

人工费指机上司机(司炉)和其他操作人员的工作日人工费及上述人员在施工机械规定的年工作台班以外的人工费。

6. 燃料动力费

燃料动力费指施工机械在运转作业中所消耗的固体燃料(煤、木柴)、液体燃料(汽油、柴油)及水、电等。

7. 其他费用

其他费用指施工机械按照国家和有关部门规定应缴纳的养路费、车船使用税、保险费及年检费等。

施工机械台班单价是根据施工机械台班定额来取定的，如表4.3、表4.4所示：

表4.3 《江苏省施工机械台班费用定额》(2007年)单价表示例(一)

编码	机械名称	规格型号		机型	台班单价	费用组成						
						折旧费	大修理费	经常修理费	按拆费及场外运费	人工费	燃料动力费	其他费用
					元	元	元	元	元	元	元	元
01048	履带式单斗挖土机	斗容量/m³	1	大	744.16	165.87	59.77	166.16		92.50	259.86	
01049			1.5	大	898.47	178.09	64.17	178.40		92.50	385.31	
01013	自卸汽车	装载质量/t	2	中	243.57	34.40	5.51	24.45		46.25	98.44	34.52
01014			5	中	398.64	52.65	8.43	37.42		46.25	178.64	75.25
06016	灰浆搅拌机	拌筒容量/L	200	小	65.19	2.88	0.83	3.30	5.47	46.25	6.46	
06017			400	小	68.87	3.57	0.44	1.76	5.47	46.25	11.38	

表4.4 《江苏省施工机械台班费用定额》(2007年)单价表示例(二)

编码	机械名称	规格型号		机型	台班单价	人工及燃料动力用量						
						人工	汽油	柴油	电	煤	木柴	水
					元	工日	kg	kg	kW·h	t	kg	m³
01048	履带式单斗挖土机	斗容量/m³	1	大	744.16	2.5		49.03				
01049			1.5	大	898.47	2.5		72.70				
01013	自卸汽车	装载质量/t	2	中	243.57	1.25	17.27					
01014			5	中	398.64	1.25	31.34					
06016	灰浆搅拌机	拌筒容量/L	200	小	65.19	1.25			8.61			
06017			400	小	68.87	1.25			15.17			

注：1. 定额中单价：人工37元/工日，汽油5.70元/kg，柴油5.30元/kg，电0.75元/(kW·h)，煤580.00元/t，木柴0.35元/kg，水4.10元/m³。

2. 实际单价与取定单价不同，可按实调整价差。

【例题 4.12】 由于甲方出现变更，造成施工方两台斗容量为 1 m^3 的履带式单斗挖土机各停置 3 d，计算由此产生的停置机械费用。

【解】 停置台班量＝3 d×1 台班 /(d·台)×2 台

＝6 台班

停置台班价＝机械折旧费＋人工费＋其他费用

＝165.87＋92.50＋0.00

＝258.37(元 / 台班)

停置机械费用＝停置台班量×停置台班价

＝6×258.37

＝1 550.22(元)

答：由此产生的停置机械费用为 1 550.22 元。

4.4　预算定额的使用

预算定额是计算工程造价和主要人工、材料、机械台班消耗数量的经济依据，定额应用正确与否，直接影响工程造价和实物量消耗的准确性。在应用预算定额时，要认真地阅读掌握定额的总说明、各册说明、分部工程说明、附注说明以及定额的适用范围。在实际工程预算定额应用时，通常会遇到三种情况：预算定额的直接套用、预算定额的调整与换算、补充定额。

一、定额的使用

1. 完全套用

只有实际施工做法、人工、材料、机械价格与定额水平完全一致，或虽有不同但不允许换算的情况才采用完全套用，也就是直接使用定额中的所有信息，套用时应注意以下几点：

(1) 根据施工图纸、设计说明、做法说明、分项工程施工过程划分来选择合适的定额项目。

(2) 要从工程内容、技术特征和施工方法及材料机械规格与型号上仔细核对与定额规定的一致性，才能较正确地确定相应的定额项目。

(3) 分项工程的名称、计量单位必须要与预算定额相一致，计量口径不一的，不能直接套用定额。

(4) 要注意定额表上的工作内容，工作内容中列出的内容其人工、材料、机械台班消耗已包括在定额内，否则需另列项目计取。

(5) 查阅时应特别注意定额表下附注，附注作为定额表的一种补充与完善，套用时必须严格执行。

2. 换算套用

当施工图纸设计的分部分项工程与预算定额所选套的定额项目内容不完全一致时，如定额规定允许换算，则应在定额范围内进行换算，套用换算后的定额基价。

当采用换算后定额基价时，应在原定额编号右下角注明“换”字，以示区别。

预算定额的调整与换算的常见类型有以下几种：

(1) 砂浆、混凝土配合比换算

即当设计砂浆、混凝土配合比与定额规定不同时,应按定额规定的换算范围进行换算。其换算公式如下:

换算后定额基价=原定额基价+[设计砂浆(或混凝土)单价-定额砂浆(或混凝土)单价]×定额砂浆(或混凝土)用量

换算后相应定额消耗量=原定额消耗量+[设计砂浆(或混凝土)单位用量-定额砂浆(或混凝土)单位用量]×定额砂浆(或混凝土)用量

【例题 4.13】 某工程砌筑一砖内墙,砌筑砂浆采用水泥砂浆 M5,其余与定额规定相同,求其综合单价。

【解】 查定额,子目编号为 4-41。

$$\text{换算后综合单价} = 426.57 + (180.37 - 193) \times 0.235 \approx 423.60(\text{元}/\text{m}^3)$$

答:换算后的综合单价为 423.60 元/m^3。

(2) 系数增减换算

当设计的工程项目内容与定额规定的相应内容不完全相符时,按定额规定对定额中的人工、材料、机械台班消耗量乘大于(或小于)1 的系数进行换算。其换算公式如下:

调整后的定额基价=原定额基价±[定额费(或材料、机械台班)人工×相应调整系数]

调整后的相应消耗量=定额人工(或材料、机械台班)消耗量×相应调整系数

【例题 4.14】 某二类工程砌一砖内墙,其他因素与定额完全相同,计算该子目的综合单价。

【解】 查《江苏省建筑工程费用定额》,二类工程管理费费率为 28%,利润率 12%,三类工程管理费费率为 25%,利润率 12%;查《江苏省建筑与装饰工程计价定额》可知,一砖内墙子目编号为 4-41,综合单价为 426.57 元/m^3,其中人工费 108.24 元/m^3,材料费270.39 元/m^3,机械费 5.76 元/m^3,定额中综合单价按三类工程计算。

$$\text{换算综合单价} = 426.57 + (108.24 + 5.76) \times (28\% - 25\%) = 429.99(\text{元}/\text{m}^3)$$

答:该子目的综合单价为 429.99 元/m^3。

(3) 材料或机械台班单价换算

当设计材料(或机械台班)由于品种、规格、型号等与定额规定不相符,在定额规定允许范围内,对其单价进行换算。其换算公式如下:

换算后基价=原定额基价+[设计材料(或机械台班)单价-定额材料(或机械台班)单价]×定额相应用量

(4) 材料用量的调整与换算

当设计图纸的分项项目或结构构件的主材由于施工方法、材料断面、规格等与定额规定不同而引起的用量调整,同时数量不同引起相应基价的换算。其调整与换算公式如下:

调整后主材用量＝原定额消耗量＋(设计材料用量－定额材料用量)

换算后基价＝原定额基价＋材料量差×相应材料单价

(5) 用量与单价同时进行调整与换算

当设计图纸分项项目或结构构件与定额规定相比较，某些不同因素同时出现，不仅要进行用量调整还要进行价格换算，即量与价同时进行调整与换算的情况。其换算公式如下：

换算后基价＝原定额基价＋设计材料(或机械台班)用量×相应单价－定额材料(或机械台班)用量×相应单价

【例题 4.15】 某三类工程砌一砖内墙，市场材料预算价格：标准砖 0.50 元/块，每立方米砖的用量为 530 块，其他材料单价与定额完全相同，计算该子目的综合单价。

【解】 查《江苏省建筑与装饰工程计价定额》可知，一砖内墙子目编号为 4-41，综合单价为 426.57 元/m^3，标准砖单价为 0.42 元/块，用量 532 块/m^3。

换算综合单价＝426.57＋0.50×530－0.42×532
＝468.13(元/m^3)

答：该子目的综合单价为 468.13 元/m^3。

3. 补充定额

随着设计、施工技术的发展在现行定额不能满足需要的情况下，为了补充缺项所编制的定额。补充定额只能在指定的范围内使用，一般由施工企业提出测定资料，与建设单位或设计部门协商议定，只作为一次使用，并同时报主管部门备查，以后陆续遇到此种同类项目时，经过总结和分析，往往成为补充或修订正式统一定额的基本资料。

补充定额编制有两类情况。一类是地区性补充定额，这类定额项目全国或省(市)统一预算定额中没有包括，但此类项目本地区经常遇到，可由当地(市)造价管理机构按预算定额编制原则、方法和统一口径与水平编制地区性补充定额，报上级造价管理机构批准颁布；另一类是一次性使用的临时定额，此类定额项目可由预(结)算编制单位根据设计要求，按照预算定额编制原则并结合工程实际情况，编制一次性补充定额，在预(结)算审核中审定。

二、综合单价中费用的计算

1. 人工费

$$人工费＝人工消耗量×人工工日单价$$

2. 材料费

$$材料费＝\sum(材料消耗量×材料预算价格)$$

3. 机械费

$$机械费＝\sum(机械台班消耗量×机械台班单价)$$

4. 管理费和利润

4.5 工期定额

4.5.1 工期定额的概念与作用

一、概念

工期定额是指在一定的经济和社会条件下，在一定时期内建设行政主管部门制定并发布的工程项目建设所消耗的时间标准。工程质量、工程进度、工程造价是工程项目管理的三大目标，而工程进度的控制就必须依据工期定额，它具有一定的法规性，对具体建设项目的建设工期具有指导意义。

工期定额是为各类工程项目规定的施工期限的定额天数，包括建设工期定额和施工工期定额两个层次。

1. 建设工期定额

建设工期定额一般指建设项目中构成固定资产的单项工程，它从正式破土动工至按设计文件建成，能施工验收交付使用过程所需要的时间标准。

2. 施工工期定额

施工工期定额是指单项工程从基础破土动工（或自然地坪打基础桩）起至完成建筑安装工程施工全部内容，并达到国家验收标准之日止的全过程所需的日历天数。工期定额以日历天数为计量单位，而不是有效工作天数，也不是法定工作天数。

二、工期定额的作用

1. 工期定额是编制招标文件的依据。工期在招标文件中是主要内容之一，是业主对拟建工程时间上的期望值。而合理的工期是根据工期定额来确定的。

2. 工期定额是签订建筑安装工程施工合同、确定合理工期的基础。建设单位与施工安装单位双方在签订合同时可以是定额工期，也可以与定额工期不一致。因为确定工期的条件、施工方案不同都会影响工期。工期定额是按社会平均建设管理水平、施工装备水平和正常建设条件来制定的，它是确定合理工期的基础，合同工期一般围绕定额工期上下波动来确定。

3. 工期定额是施工企业编制施工组织设计，确定投标工期，安排施工进度的参考依据。

4. 工期定额是施工企业进行施工索赔的基础。

5. 工期定额是工程工期提前时，计算赶工措施费的基础。

4.5.2 工期定额编制

一、编制原则

1. 合理性与差异性原则

工期定额从有利于国家宏观调控，有利于市场竞争以及当前工程设计、施工和管理的实际出发，既要坚持定额水平的合理性，又要考虑各地区的自然条件等差异对工期的影响。

2. 地区类别划分的原则

由于我国幅员辽阔，各地自然条件差别较大，同类工程在不同地区的实物工程量和所采用的建筑机械设备等存在差异，所需的施工工期也就不同。为此新定额按各省省会所在地近十年的平均气温和最低气温，将全国划分为Ⅰ、Ⅱ、Ⅲ类地区。

(1) Ⅰ类地区：省会所在地近十年平均气温15℃以上，最冷月份平均气温在0℃以上，全年日平均气温等于（或小于）5℃的天数在90 d以内的地区。主要包括上海、江苏、浙江、安徽、福建、江西、湖北、湖南、广东、广西、四川、贵州、云南、重庆、海南。

(2) Ⅱ类地区：省会所在地近十年平均气温8～15℃，最冷月份平均气温在−10～0℃之间，全年日平均气温等于（或小于）5℃的天数在90～150 d之间的地区。主要包括北京、天津、河北、山西、山东、河南、陕西、甘肃、宁夏。

(3) Ⅲ类地区：省会所在地近十年平均气温8℃以下，最冷月份平均气温在−11℃以下，全年日平均气温等于（或小于）5℃的天数在150 d以上的地区。主要包括内蒙古、辽宁、吉林、黑龙江、西藏、青海、新疆。

3. 定额水平应遵循平均、先进、合理的原则

确定工期定额水平，应从正常的施工条件、多数施工企业装备程度、合理的施工组织和劳动组织以及社会平均时间消耗水平的实际出发，又要考虑近年来设计、施工技术进步情况，确定合理工期。

4. 定额结构要做到简明适用

定额的编制要遵循社会主义市场经济原则，从有利于建立全国统一市场、有利于市场竞争出发，简明适用，规范建筑安装工程工期的计算。

二、工期定额编制依据和步骤

1. 编制依据

(1) 国家的有关法律、法规及工时制实施办法；

(2) 原城乡建设环境保护部1985年发布的《建筑安装工程工期定额》；

(3) 建设部《关于修订建筑安装工程工期定额的通知》（建标〔1998〕10号）；

(4) 现行建筑安装工程劳动定额基础定额；

(5) 现行建筑安装工程设计标准、施工验收规范、安装操作规程、质量评定标准；

(6) 已完工程合同工期、实际工期等调研资料；

(7) 部分省、自治区、直辖市修订工期定额的调研、测算资料；

(8) 其他有关资料。

2. 编制步骤

工期定额的编制大致分为三个阶段：确定编制原则和项目划分，确定定额水平，报送审稿。如图4.6所示。

三、影响工期定额确定的主要因素

1. 时间因素

春、夏、秋、冬开工时间不同对施工工期有一定的影响，冬季开始施工的工程，有效工作天数相对较少，施工费用较高，工期也较长。春、夏季开工的项目可赶在冬天到来之前完成主体，冬天则进行辅助工程和室内工程施工，可以缩短建设工期。

2. 空间因素

空间因素也就是地区不同的因素。如北方地区冬季较长，南方则较短些，南方雨量较多，而北方则较少些。一般将全国划分为Ⅰ、Ⅱ、Ⅲ类地区，如前文所述。

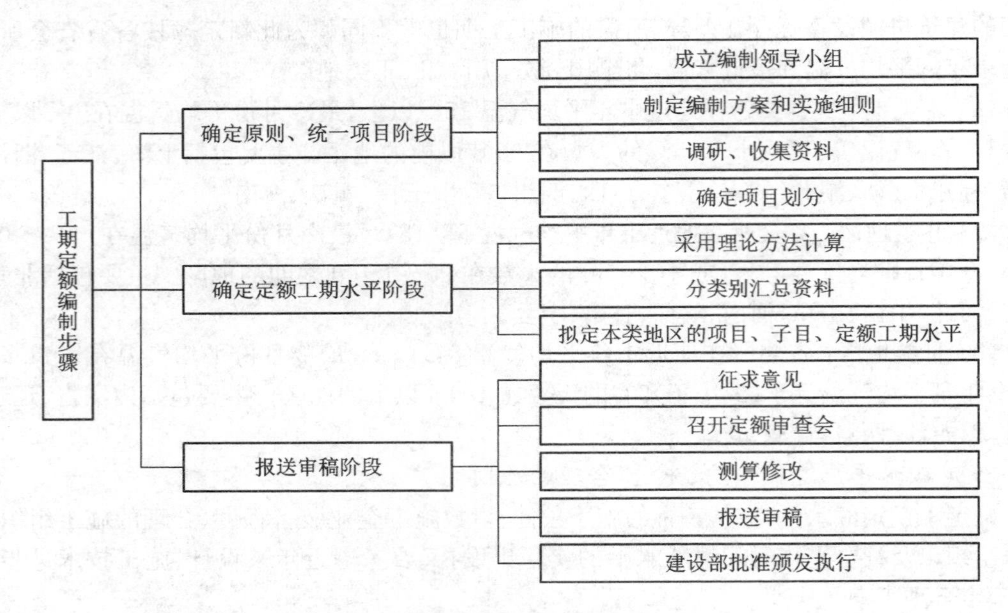

图 4.6 工期定额编制步骤

3. 施工对象因素

施工对象因素影响是指结构、层数、面积不同对工期的影响。在工程项目建设中，同一规模的建筑由于其结构形式不同，如采用钢结构、预制结构、现浇结构或砖混结构，其工期不同。

同一结构的建筑，由于其层数、面积的不同，工期也不相同。

4. 施工方法因素

机械化、工厂化施工程度不同，也影响着工期的长短。机械化水平较高时，相应的工期会缩短。

5. 资金使用和物资供应方式的因素

一个建设项目批准后，其资金使用方式和物资供应方式是不同的，因而对工期也将产生不同的影响。政府投资建设的工程，由于提供资金的时间和数量的不同，对建设工程会带来不同的影响。资金提供及时，项目能顺利进行，否则就会拖延工期。自筹资金项目在发生资金筹措困难时，或在资金提供拖延时，将直接延缓建设工期。

四、工期定额编制的方法

1. 网络法，也称关键线路法(CPM)

运用网络技术，建立网络模型，揭示建设项目在各种因素的影响下，建设过程中工程或工序之间相互连接、平行交叉的逻辑关系，通过优化确定合理的建设工期。

2. 评审技术法(PERT)

对于不确定的因素较多、分项工程较复杂的工程项目，主要是根据实际经验，结合工程实际，估计某一项目最大可能完成时间，最乐观、最悲观可能完成时间，用经验公式求出建设工期，通过评审技术法，可以将一个非确定性的问题，转化为一个确定性的问题，达到取得一个合理工期的目的。

3. 曲线回归法

通过对单项工程的调查整理、分析处理，找出一个或几个与工程密切相关的参数与工期，建立平面直角坐标系，再把调查来的数据经过处理后反映在坐标系内，运用数学回归的原理，求出所需要的数据，用以确定建设工期。

4. 专家评估法(德尔菲法)

给工期预测的专家发调查表，用书面方式联系。根据专家的数据，进行综合、整理后，再匿名反馈给各专家，请专家再提出工期预测意见。经多次反复与循环，使意见趋于一致，作为工期定额的依据。

5　市政工程造价构成

我们通常所讲的工程造价一般有两种含义，一种含义是指完成一个工程建设项目所需费用的总和，包括建筑安装工程费、设备及家器具购置费以及项目建设的其他相关费用，这实质是指建设项目的建设成本，也就是建设项目的总投资。另一种含义是指建筑市场上发包建筑安装工程的承包价格。发包的内容有建筑、安装、道路、桥梁、绿化等工程。因此，讨论价格构成应首先分清不同的含义。

5.1　市政工程造价组成

市政工程造价由分部分项工程费、措施项目费、其他项目费、规费和税金等五大部分组成。

5.1.1　分部分项工程费

分部分项工程费是指各专业工程的分部分项工程应予列支的各项费用，由人工费、材料费、施工机具使用费、企业管理费和利润构成。

一、人工费

人工费是指按工资总额构成规定，支付给从事建筑安装工程施工的生产工人和附属生产单位工人的各项费用。包括以下内容：

1. 计时工资或计件工资

计时工资或计件工资是指按计时工资标准和工作时间或对已做工作按计件单价支付给个人的劳动报酬。

2. 奖金

奖金是指对超额劳动和增收节支支付给个人的劳动报酬。如节约奖、劳动竞赛奖等。

3. 津贴、补贴

津贴、补贴是指为了补偿职工特殊或额外的劳动消耗和因其他特殊原因支付给个人的津贴，以及为了保证职工工资水平不受物价影响支付给个人的物价补贴。如流动施工津贴、特殊地区施工津贴、高温(寒)作业临时津贴、高空津贴等。

4. 加班加点工资

加班加点工资是指按规定支付的在法定节假日工作的加班工资和在法定日工作时间外延时工作的加点工资。

5. 特殊情况下支付的工资

特殊情况下支付的工资是指根据国家法律、法规和政策规定，因病、工伤、产假、计划生育假、婚丧假、事假、探亲假、定期休假、停工学习、执行国家或社会义务等原因按计时工资标准或计时工资标准的一定比例支付的工资。

二、材料费

材料费是指施工过程中耗费的原材料、辅助材料、构配件、零件、半成品或成品、工程设备的费用。包括以下内容：

1. 材料原价

材料原价是指材料、工程设备的出厂价格或商家供应价格。

2. 运杂费

运杂费是指材料、工程设备自来源地运至工地仓库或指定堆放地点所发生的全部费用。

3. 运输损耗费

运输损耗费是指材料在运输装卸过程中不可避免的损耗。

4. 采购及保管费

采购及保管费是指为组织采购、供应和保管材料、工程设备的过程中所需要的各项费用。包括采购费、仓储费、工地保管费、仓储损耗费。

5. 工程设备

工程设备是指房屋建筑及其配套的构成或计划构成永久工程一部分的机电设备、金属结构设备、仪器装置等建筑设备，包括附属工程中电气、采暖、通风空调、给排水、通信及建筑智能等为房屋功能服务的设备，不包括工艺设备。具体划分标准见《建设工程计价设备材料划分标准》(GB/T 50531—2009)。明确由建设单位提供的建筑设备，其设备费用不作为计取税金的基数。

三、施工机具使用费

施工机具使用费是指施工作业所发生的施工机械、仪器仪表使用费或其租赁费。包含以下内容：

1. 施工机械使用费

施工机械使用费是以施工机械台班耗用量乘施工机械台班单价所得的值来表示，施工机械台班单价应由下列七项费用组成：

(1) 折旧费：指施工机械在规定的使用年限内，陆续收回其原值的费用。

(2) 大修理费：指施工机械按规定的大修理间隔台班进行必要的大修理，以恢复其正常功能所需的费用。

(3) 经常修理费：指施工机械除大修理以外的各级保养和临时故障排除所需的费用。包括为保障机械正常运转所需替换设备与随机配备工具附具的摊销和维护费用，机械运转中日常保养所需润滑与擦拭的材料费用及机械停滞期间的维护和保养费用等。

(4) 安拆费及场外运费：安拆费指施工机械(大型机械除外)在现场进行安装与拆卸所需的人工、材料、机械和试运转费用以及机械辅助设施的折旧、搭设、拆除等费用；场外运费指施工机械整体或分体自停放地点运至施工现场或由一施工地点运至另一施工地点的运输、装卸、辅助材料及架线等费用。

(5) 人工费：指机上司机(司炉)和其他操作人员的人工费。

(6) 燃料动力费：指施工机械在运转作业中所消耗的各种燃料及水、电等。

(7) 税费：指施工机械按照国家规定应缴纳的车船使用税、保险费及年检费等。

2. 仪器仪表使用费

仪器仪表使用费是指工程施工所需使用的仪器仪表的摊销及维修费用。

四、企业管理费

企业管理费是指施工企业组织施工生产和经营管理所需的费用。包含以下内容：

1. 管理人员工资

管理人员工资是指按规定支付给管理人员的计时工资、奖金、津贴补贴、加班加点工资及特殊情况下支付的工资等。

2. 办公费

办公费是指企业管理办公用的文具、纸张、账表、印刷、邮电、书报、办公软件、监控、会议、水电、燃气、采暖、降温等费用。

3. 差旅交通费

差旅交通费是指职工因公出差、调动工作的差旅费、住勤补助费，市内交通费和误餐补助费，职工探亲路费，劳动力招募费，职工退休、退职一次性路费，工伤人员就医路费，工地转移费以及管理部门使用的交通工具的油料、燃料等费用。

4. 固定资产使用费

固定资产使用费是指企业及其附属单位使用的属于固定资产的房屋、设备、仪器等的折旧、大修、维修或租赁费。

5. 工具用具使用费

工具用具使用费是指企业施工生产和管理使用的不属于固定资产的工具、器具、家具、交通工具和检验、试验、测绘、消防用具等的购置、维修和摊销费，以及支付给工人自备工具的补贴费。

6. 劳动保险和职工福利费

劳动保险和职工福利费是指由企业支付的职工退职金、按规定支付给离休干部的经费，集体福利费、夏季防暑降温费、冬季取暖补贴、上下班交通补贴等。

7. 劳动保护费

劳动保护费是指企业按规定发放的劳动保护用品的支出。如工作服、手套、防暑降温饮料、高危险工作工种施工作业防护补贴以及在有碍身体健康的环境中施工的保健费用等。

8. 工会经费

工会经费是指企业按《中华人民共和国工会法》规定的全部职工工资总额比例计提的工会经费。

9. 职工教育经费

职工教育经费是指按职工工资总额的规定比例计提，企业为职工进行专业技术和职业技能培训，专业技术人员继续教育、职工职业技能鉴定、职业资格认定以及根据需要对职工进行各类文化教育所发生的费用。

10. 财产保险费

财产保险费指施工管理用财产、车辆的保险费用。

11. 财务费

财务费是指企业为施工生产筹集资金或提供预付款担保、履约担保、职工工资支付担保等所发生的各种费用。

12. 税金

税金是指企业按规定完缴纳的房产税、车船使用税、土地使用税、印花税等。

13. 意外伤害保险费

意外伤害保险费是指企业为从事危险作业的建筑安装施工人员支付的意外伤害保险费。

14. 工程定位复测费

工程定位复测费是指工程施工过程中进行全部施工测量放线和复测工作的费用。建筑物沉降观测由建设单位直接委托有资质的检测机构完成，费用由建设单位承担，不包含在工程定位复测费中。

15. 检验试验费

检验试验费是指施工企业按规定进行建筑材料、构配件等试样的制作、封样、送达和其他为保证工程质量进行的材料检验试验工作所发生的费用。检验试验费不包括新结构、新材料的试验费。对构件（如幕墙、预制桩、门窗）做破坏性试验所发生的试样费用和根据国家标准与施工验收规范要求对材料、构配件和建筑物工程质量检测检验发生的第三方检测费用，由建设单位承担，在工程建设其他费用中列支。但对施工企业提供的具有合格证明的材料进行检测不合格的，该检测费用由施工企业支付。

16. 非建设单位所为四小时以内的临时停水停电费用

17. 企业技术研发费

企业技术研发费是指建筑企业为转型升级、提高管理水平所进行的技术转让、科技研发、信息化建设等费用。

18. 其他费用

其他费用包括业务招待费、远地施工增加费、劳务培训费、绿化费、广告费、公证费、法律顾问费、审计费、咨询费、投标费、保险费、联防费、施工现场生活用水电费等。

五、利润

利润是指施工企业完成所承包工程获得的盈利。

企业管理费和利润的取费标准以江苏省建设工程费用定额（2014 年）取定，如表 5.1 所示：

表 5.1　市政工程企业管理费和利润取费标准表

<table>
<tr><th rowspan="2">序号</th><th rowspan="2">项目名称</th><th rowspan="2">计算基础</th><th colspan="3">企业管理费率/%</th><th rowspan="2">利润率/%</th></tr>
<tr><th>一类工程</th><th>二类工程</th><th>三类工程</th></tr>
<tr><td>1</td><td>通用项目、道路、排水工程</td><td>人工费+施工机具使用费</td><td>25</td><td>22</td><td>19</td><td>0</td></tr>
<tr><td>2</td><td>桥梁、水工构筑物</td><td>人工费+施工机具使用费</td><td>33</td><td>30</td><td>27</td><td>10</td></tr>
<tr><td>3</td><td>给水、燃气与集中供热</td><td>人工费</td><td>44</td><td>40</td><td>36</td><td>13</td></tr>
<tr><td>4</td><td>路灯及交通设施工程</td><td>人工费</td><td colspan="3">42</td><td>13</td></tr>
<tr><td>5</td><td>大型土石方工程</td><td>人工费+施工机具使用费</td><td colspan="3">6</td><td>4</td></tr>
</table>

5.1.2　措施项目费

措施项目费是指为完成建设工程施工，发生于该工程施工前和施工过程中的技术、生活、安全、环境保护等方面的费用。

根据现行工程量清单计算规范，措施项目费分为单价措施项目费与总价措施项目费。

一、单价措施项目

单价措施项目是指在现行工程量清单计算规范中有对应工程量计算规则，按人工费、材料费、施工机具使用费、管理费和利润形式组成综合单价的措施项目。单价措施项目根据专业不同，其包括项目也不同，其中市政工程项目主要有：脚手架工程，混凝土模板及支架，围堰，便道及便桥，洞内临时设施，大型机械设备进出场及安拆，施工排水、降水，地下交叉管线处理、监测、监控等项目。

单价措施项目中各措施项目的工程量清单项目设置、项目特征、计量单位、工程量计算规则及工作内容均按现行工程量清单计算规范执行。

二、总价措施项目

总价措施项目是指在现行工程量清单计算规范中无工程量计算规则，以总价（或计算基础乘费率）计算的措施项目。总价措施项目中，除通用措施项目外，市政工程还包括行车、行人干扰，即由于施工受行车、行人的干扰导致的人工、机械降效，以及为了行车、行人安全而现场增设的维护交通与疏导人员费用。市政工程措施项目取费标准如表 5.2、表 5.3 所示：

表 5.2　措施项目费费率标准

项目	计算基础	市政工程费率/%
夜间施工	分部分项工程费＋单价措施项目费－工程设备费	0.05～0.15
冬雨季施工		0.10～0.30
已完工程及设备保护		0～0.02
临时设施		1～2
赶工措施		0.50～2
按质论价		0.80～2.50

表 5.3　安全文明施工措施费取费标准表

工程名称	计费基础	基本费率/%	省级标化增加费/%
通用项目、道路、排水工程	分部分项工程费＋单价措施项目费－工程设备费	1.4	0.4
桥涵、隧道、水工构筑物		2.1	0.5
给水、燃气与集中供热		1.1	0.3
路灯及交通设施工程		1.1	0.3

其中各专业都可能发生的通用的总价措施项目如下：

1. 安全文明施工

为满足施工安全、文明、绿色施工以及环境保护、职工健康生活所需要的各项费用。本项为不可竞争费用。

(1) 环境保护包含范围：现场施工机械设备降低噪声、防扰民措施费用；水泥和其他易飞扬细颗粒建筑材料密闭存放或采取覆盖措施等费用；工程防扬尘洒水费用；土石方、建渣外运车辆冲洗、防撒漏等费用；现场污染源的控制、生活垃圾清理外运、场地排水排污措施的费用；其他环境保护措施费用。

(2) 文明施工包含范围："五牌一图"的费用；现场围挡的墙面美化（包括内外粉刷、刷白、标语等）、压顶装饰费用；现场厕所便槽刷白、贴面砖，水泥砂浆地面或地砖费用，建筑物内临时便溺设施费用；其他施工现场临时设施的装饰装修、美化措施费用；现场生活卫生设施费用；符合卫生要求的饮水设备、淋浴、消毒等设施费用；生活用洁净燃料费用；防煤气中毒、防蚊虫叮咬等措施费用；施工现场操作场地的硬化费用；现场绿化费用、治安综合治理费用、现场电子监控设备费用；现场配备医药保健器材、物品费用和急救人员培训费用；用于现场工人的防暑降温费，电风扇、空调等设备及用电费用；其他文明施工措施费用。

(3) 安全施工包含范围：安全资料、特殊作业专项方案的编制，安全施工标志的购置及安全宣传的费用；"三宝"（安全帽、安全带、安全网）、"四口"（楼梯口、电梯井口、通道口、预留洞口）、"五临边"（阳台围边、楼板围边、屋面围边、槽坑围边、卸料平台两侧），水平防护架、垂直防护架、外架封闭等防护的费用；施工安全用电的费用，包括配电箱三级配电、两级保护装置、外电防护措施的费用；起重机、塔吊等起重设备（含井架、门架）及外用电梯的安全防护措施（含警示标志）费用及卸料平台的临边防护、层间安全门、防护棚等设施费用；建筑工地起重机械的检验检测费用；施工机具防护棚及其围栏的安全保护设施费用；施工安全防护通道的费用；工人的安全防护用品、用具购置费用；消防设施与消防器材的配置费用；电气保护、安全照明设施费；其他安全防护措施费用。

(4) 绿色施工包含范围：建筑垃圾分类收集及回收利用费用；夜间焊接作业及大型照明灯具的挡光措施费用；施工现场办公区、生活区使用节水器具及节能灯具增加费用；施工现场基坑降水储存使用、雨水收集系统、冲洗设备用水回收利用设施增加费用；施工现场生活区厕所化粪池、厨房隔油池设置及清理费用；从事有毒、有害、有刺激性气味和强光、噪声施工人员的防护器具；现场危险设备、地段、有毒物品存放地安全标识和防护措施；厕所、卫生设施、排水沟、阴暗潮湿地带定期消毒费用；保障现场施工人员劳动强度和工作时间符合国家卫生标准《工作场所物理因素测量第 10 部分：体力劳动强度分级》(GBZ/T 189.10—2007)的增加费用等。

2. 夜间施工

规范、规程要求正常作业而发生的夜班补助、夜间施工降效、夜间照明设施的安拆、摊销、照明用电以及夜间施工现场交通标志、安全标牌、警示灯安拆等费用。

3. 二次搬运

由于施工场地限制而发生的材料、成品、半成品等一次运输不能到达堆放地点，必须进行的二次或多次搬运费用。

4. 冬雨季施工

在冬雨季施工期间所增加的费用。包括冬季作业、临时取暖、建筑物门窗洞口封闭及防雨措施、排水、工效降低、防冻等费用。不包括设计要求混凝土内添加防冻剂的费用。

5. 地上、地下设施，建筑物的临时保护设施

在工程施工过程中，对已建成的地上、地下设施和建筑物进行的遮盖、封闭、隔离等必要保护措施。在园林绿化工程中，还包括对已有植物的保护。

6. 已完工程及设备保护费

对已完工程及设备采取的覆盖、包裹、封闭、隔离等必要保护措施所发生的费用。

7. 临时设施费

施工企业为进行工程施工所必需的生活和生产用的临时建筑物、构筑物和其他临时设施的搭设、使用、拆除等费用。

临时设施包括：

① 临时宿舍、文化福利及公用事业房屋与构筑物、仓库、办公室、加工场等。

② 建筑、装饰、安装、修缮、古建园林工程规定范围内(建筑物沿边起 50 m 以内，多幢建筑两幢间隔 50 m 内)围墙、临时道路、水电、管线和轨道垫层等。

③ 市政工程施工现场在定额基本运距范围内的临时给水、排水、供电、供热线路(不包括变压器、锅炉等设备)、临时道路。临时设施不包括交通疏解分流通道、现场与公路(市政道路)的连接道路、道路工程的护栏(围挡)，也不包括单独的管道工程或单独的驳岸(护坡)工程施工需要的沿线简易道路。

建设单位同意在施工就近地点临时修建混凝土构件预制场所发生的费用，应向建设单位结算。

8. 赶工措施费

施工合同工期比江苏省现行工期定额提前超过 30%，施工企业为缩短工期所发生的费用。如施工过程中，发包人要求实际工期比合同工期提前时，由发承包双方另行约定。

9. 工程按质论价

施工合同约定质量标准超过国家规定，施工企业完成工程质量达到经有关部门鉴定或评定为优质工程所必须增加的施工成本费。

10. 特殊条件下施工增加费

(1) 地下不明障碍物、铁路、航空、航运等交通干扰而发生的施工降效费用。

(2) 在有毒有害气体和有放射性物质区域范围内的施工人员的保健费，与建设单位职工享受同等特殊保健津贴，享受人数根据现场实际完成的工程量(区域外加工的制品不应计入)的计价表耗工数，并加计 10%的现场管理人员的人工数确定。

5.1.3 其他项目费

一、暂列金额

建设单位在工程量清单中暂定并包括在工程合同价款中的一笔款项。用于施工合同签订时尚未确定或者不可预见的所需材料、工程设备、服务的采购，施工中可能发生的工程变更、合同约定调整因素出现时的工程价款调整以及发生的索赔、现场签证确认等的费用。由建设单位根据工程特点，按有关计价规定估算；施工过程中由建设单位掌握使用，扣除合同价款调整后如有余额，归建设单位。

二、暂估价

建设单位在工程量清单中提供的用于支付必然发生但暂时不能确定价格的材料的单价以及专业工程的金额。暂估价包括材料暂估价和专业工程暂估价。材料暂估价在清单综合单价中考虑，不计入暂估价汇总。

三、计日工

计日工是指在施工过程中，施工企业完成建设单位提出的施工图纸以外的零星项目或工作所需的费用。

四、总承包服务费

总承包服务费是指总承包人为配合、协调建设单位进行的专业工程发包,对建设单位自行采购的材料、工程设备等进行保管以及施工现场管理、竣工资料汇总整理等服务所需的费用。总承包服务范围由建设单位在招标文件中明示,并且发承包双方在施工合同中约定。

5.1.4 规费

规费是指有关部门规定必须缴纳的费用,主要包括工程排污费、社会保险费、住房公积金等费用,取费标准如表5.4所示:

表5.4 社会保障费率及公积金费率标准

工程类别	计算基础	社会保险费率/%	公积金费率/%
通用项目、道路、排水工程	分部分项工程费+措施项目费+其他项目费-工程设备费	1.8	0.31
桥涵、隧道、水工构筑物		2.5	0.44
给水、燃气与集中供热、路灯及交通设施工程		1.9	0.34

一、工程排污费

工程排污费包括废气、污水、固体及危险废物和噪声排污费等内容。

二、社会保险费

企业应为职工缴纳的养老保险、医疗保险、失业保险、工伤保险和生育保险等五项社会保障方面的费用。为确保施工企业各类从业人员社会保障权益落到实处,省、市有关部门可根据实际情况制定管理办法。

三、住房公积金

企业应为职工缴纳的住房公积金。

5.1.5 税金

税金是指企业发生的除企业所得税和允许抵扣的增值税以外的各项税金及其附加。税金通常包括纳税人按规定缴纳的消费税、营业税、城市维护建设税、资源税、教育费附加等。

一、城市维护建设税

城市维护建设税是为加强城市公共事业和公共设施的维护建设而开征的税,它以附加形式依附于营业税。

二、教育费附加

教育费附加是为发展地方教育事业,扩大教育经费来源而征收的税种。它以营业税的税额为计征基数。

5.2 市政工程分类

5.2.1 市政工程类别划分

市政工程类别的划分如表5.5所示:

表 5.5　市政工程类别划分表

序号	项目		单位	一类工程	二类工程	三类工程
1	道路工程	结构层厚度	cm	≥65	≥55	<55
		路幅宽度	m	≥60	≥40	<40
2	桥梁工程	单跨长度	m	≥40	≥20	<20
		桥梁总长	m	≥200	≥100	<100
3	排水工程	雨水管道直径	mm	≥1 500	≥1 000	<1 000
		污水管道直径	mm	≥1 000	≥600	<600
4	水工构筑物（设计能力）	泵站（地下部分）	万 t/日	≥20	≥10	<10
		污水处理厂（池类）	万 t/日	≥10	≥5	<5
		自来水厂（池类）	万 t/日	≥20	≥10	<10
5	防洪堤挡土墙	实浇（砌）体积	m^3	≥3 500	≥2 500	<2 500
		高度	m	≥4	≥3	<3
6	给水工程	主管直径	mm	≥1 000	≥800	<800
7	燃气与集中供热工程	主管直径	mm	≥500	≥300	<300
8	大型土石方工程	挖或填土（石）方容量	m^3	≥5 000		

5.2.2　市政工程类别划分说明

(1) 工程类别划分是根据不同的标段内的单位工程的施工难易程度等，结合市政工程实际情况划分确定的。

(2) 工程类别划分以标段内的单位工程为准，一个单项工程中如有几个不同类别的单位工程组成，其工程类别分别确定。

(3) 单位工程的类别划分按主体工程确定，附属工程按主体工程类别取定。

(4) 通用项目的类别划分按主体工程确定。

(5) 凡工程类别标准中，道路工程、防洪堤挡土墙、桥梁工程有两个指标控制的必须同时满足两个指标确定工程类别。

(6) 道路路幅宽度为包含绿岛及人行道宽度即总宽度，结构层厚度指设计标准横断面厚度。

(7) 道路改造工程按改造后的道路路幅宽度标准确定工程类别。

(8) 桥梁的总长度是指两个桥台结构最外边线之间的长度。

(9) 排水管道工程按主干管的管径确定工程类别。主干管是指标段内单位工程中长度最长的干管。

(10) 箱涵、方涵套用桥梁工程三类标准。

(11) 市政隧道工程套用桥梁工程二类标准。

(12) 10 000 m^2 以上广场为道路二类,10 000 m^2 以下为道路三类。

(13) 土石方工程量包含弹软土基处理、坑槽内实体结构以上路基部位(不包括道路结构层部分)的多合土、砂、碎石回填工程量。大型土石方应按标段内的单位工程进行划分。

(14) 表 5.5 中未包括的市政工程,其工程类别由当地工程造价管理机构根据实际情况予以核定,并报上级工程造价管理机构备案。

5.3 市政工程造价计算程序

构成市政工程造价各项费用要素计取的先后次序,业内人员称其为造价计算程序。

工程量清单法计算程序分包工包料和包工不包料两种情况,分别见表 5.6、表 5.7 所示:

表 5.6 工程量清单法计算程序(包工包料)

序号	费用名称		计算公式
一	分部分项工程费		清单工程量×综合单价
	其中	1. 人工费	人工消耗量×人工单价
		2. 材料费	材料消耗量×材料单价
		3. 施工机具使用费	机械消耗量×机械单价
		4. 管理费	(人工费+施工机具使用费)×费率或(人工费)×费率
		5. 利润	(人工费+施工机具使用费)×费率或(人工费)×费率
二	措施项目费		
	其中	单价措施项目费	清单工程量×综合单价
		总价措施项目费	(分部分项工程费+单价措施项目费-工程设备费)×费率或以项计费
三	其他项目费		
四	规 费		(分部分项工程费+措施项目费+其他项目费-工程设备费)×费率
	其中	1. 工程排污费	
		2. 社会保险费	
		3. 住房公积金	
五	税 金		(分部分项工程费+措施项目费+其他项目费+规费-按规定不计税的工程设备金额)×费率
六	工程造价		分部分项工程费+措施项目费+其他项目费+规费+税金

表 5.7　工程量清单法计算程序(包工不包料)

序号	费用名称		计算公式
一	分部分项工程费中人工费		清单人工消耗量×人工单价
二	措施项目费中人工费		
	其中	单价措施项目中人工费	清单人工消耗量×人工单价
三	其他项目费		
四	规费		
	其中	工程排污费	(分部分项工程费+措施项目费+其他项目费)×费率
五	税　金		(分部分项工程费+措施项目费+其他项目费+规费)×费率
六	工程造价		分部分项工程费+措施项目费+其他项目费+规费+税金

6 市政工程定额工程量计量与计价

6.1 通用项目

6.1.1 通用项目定额说明

一、土石方工程

1. 干、湿土的划分首先以地质勘察资料为准，含水率不低于25%为湿土；或以地下常水位为准，常水位以上为干土，以下为湿土。挖湿土时，人工定额子目和机械定额子目乘系数1.18，干、湿土工程量分别计算。采用井点降水的上方应按干土计算。

2. 挖土机在垫板上作业，人工和机械乘系数1.25，搭拆垫板的费用另行计算。

3. 推土机推土或铲运机铲土的平均土层厚度小于30 cm时，其推土机台班乘系数1.25，铲运机台班乘系数1.17。

4. 在支撑下挖土，按实挖体积，人工定额子目乘系数1.43，机械定额子目乘系数1.20，先开挖后支撑的不属于支撑下挖土。

5. 挖密实的钢碴，按挖四类土，人工定额子目乘系数2.50，机械定额子目乘系数1.50。

6. 0.2 m^3抓斗挖土机挖土、淤泥、流砂，按0.5 m^3抓铲挖土机挖土、淤泥、流砂定额消耗量乘系数2.50计算。

7. 挖泥船挖泥子目是按挖泥船在正常工作时考虑的，由于风浪、雨雾、潮汐、水位、流速及行船避让、木排流放、冰凌以及水下芦苇、树根、水下障碍物等不可避免的外界原因，影响挖泥船正常工作时，按表6.1二次系数调整定额。

表6.1 挖泥船挖泥子目二次系数表

平均每台班影响时间/h	≤1.3	≤1.8	≤2.4	≤2.9	≤3.4
二次系数	1.00	1.12	1.27	1.44	1.64

二、打拔工具桩

1. 定额中所指的水上作业，是以距岸线1.5 m以外或者水深在2 m以上的打拔桩。距岸线1.5 m以内时，水深在1 m以内者，按陆上作业考虑；水深在1 m以上2 m以内者，其工程量按水上、陆上作业各50%计算。

2. 打拔工具桩均以直桩为准，如遇打斜桩（包括俯打、仰打），按相应定额人工、机械乘系数1.35计算。

3. 导桩及导桩夹木的制作、安装、拆除已包括在相应定额中。

4. 圆本桩按疏打计算，钢板桩按密打计算。如钢板桩需要疏打时，按相应定额人工乘系数 1.05 计算。

5. 打拔桩架 90°调面及超运距移动已综合考虑。

6. 竖、拆 0.6 t 柴油打桩机架费用另行计算。

7. 钢板桩和木桩的防腐费用等已包括在其他材料费用中。

8. 钢板桩的使用费标准为 3.80 元/(t · d),钢板摊销时间按十年考虑。

三、围堰工程

1. 围堰工程 50 m 范围以内取土方、砂、砂砾,均不计土方、砂和砂砾的材料价格。取 50 m 范围以外的土方、砂、砂砾,应计算土方、砂和砂砾材料的挖、运或外购费用,但应扣除定额中土方现场挖运的人工:55.5 工日/100 m^3 黏土。定额括号中所列黏土数量为取自然土方数量,结算中可按取土的实际情况调整。

2. 定额围堰尺寸的取定:

(1) 土草围堰的堰顶宽为 1～2 m,堰高 4 m 以内。

(2) 土石混合围堰的堰顶宽为 2 m,堰高 6 m 以内。

(3) 圆木桩围堰的堰顶宽为 2～2.5 m,堰高 5 m 以内。

(4) 钢桩围堰的堰顶宽为 2.5～3 m,堰高 6 m 以内。

(5) 钢板桩围堰的堰顶宽为 2.5～3 m,堰高 6 m 以内。

(6) 竹笼围堰竹笼间黏土填心的宽度为 2～2.5 m,堰高 5 m 以内。

(7) 木笼围堰的堰顶宽度为 2.4 m,堰高 4 m 以内。

3. 双层竹笼围堰竹笼间黏土填心的宽度超过 2.5 m,则超出部分可套筑岛填心子目。

4. 施工围堰的尺寸按有关设计施工规范确定,堰内坡脚至堰内基坑边缘距离根据河床土质及基坑深度而定,但不得小于 1 m。

四、支撑工程

1. 除槽钢挡土板外,定额均按横板、竖撑计算。如采用竖板、横撑计算时,用人工工日乘系数 1.20。

2. 定额中挡土板支撑按槽坑两侧同时支撑挡土板考虑,支撑面积为两侧挡土板面积之和,支撑宽度为 4.1 m 以内。如槽坑宽度超过 4.1 m,其两侧均按一侧支挡土板考虑。按槽坑一侧支撑挡土板面积计算时,用工日数乘系数 1.3,除挡土板外,其他材料乘系数 2.0。

3. 放坡开挖不得再计算挡土板,如遇上层放坡、下层支撑则按实际支撑面积计算。

4. 如采用井字支撑时,按疏撑乘系数 0.61 计算。

五、拆除工程

1. 机械拆除项目中包括人工配合作业。

2. 拆除后的旧料应整理干净就近堆放整齐。如需运至指定地点回收利用,另行计算运费和回收价值。

3. 桥梁拆除工程:

(1) 水中拆除,人工乘系数 1.3。

(2) 拆除厚度在 60 cm 以上的混凝土或钢筋混凝土构筑物时,人工乘系数 2.0;拆除厚度在 20 cm 以下的,人工乘系数 0.8。

4. 人工拆除石灰土、二碴、三碴、二灰结石等半刚性基层,应根据材料组成情况套无骨料多合土或有骨料多合土基层拆除子目。机械拆除石灰土套机械拆除无筋混凝土面层子目乘系数 0.7；机械拆除二碴、三碴、二灰结石等其余半刚性基层套机械拆除无筋混凝土面层子目乘系数 0.8。

六、脚手架及其他工程

1. 砌筑物高度超过 1.2 m，可计算脚手架搭拆费用。通常，对无筋或单层布筋的基础和垫层不计算仓面脚手费。

2. 混凝土小型构件是指单件体积在 0.04 m^3 以内、质量在 100 kg 以内的各类小型构件。小型构件、半成品运输指预制、加工场地取料中心至施工现场堆放使用中心距离超出150 m的运输。

3. 井点降水项目适用于地下水位较高的粉砂土、砂质粉土、黏质粉土或淤泥质夹薄层砂性土的地层。

4. 井点降水：轻型井点、喷射井点、深井井点由施工组织设计确定。一般情况下，降水深度 6 m 以内采用轻型井点，6 m 以上 30 m 以内采用相应的喷射井点，特殊情况下可选用深井井点。井点使用时间按施工组织设计确定。喷射井点定额包括两根观察孔制作，喷射井管包括了内管和外管。井点材料使用摊销量中已包括井点拆除时的材料损耗量。井点间距根据地质和降水要求由施工组织设计确定，一般轻型井点管间距为 1.2 m，喷射井点管间距为 2.5 m，深井井点管间距根据地质情况选定。

七、护坡、挡土墙及防洪工程

1. 块石如需冲洗时（利用旧料），每立方米块石增加：用工 0.24 工日，用水 0.5 m^3。

2. 闸门场外运输，按土建定额相应定额子目执行。

3. 防洪墙适用于防洪墙高度在 6 m 以内的垫层、基础、墙体、压顶等工程项目。

6.1.2　通用项目工程量计算规则

一、土石方工程

1. 土、石方体积均以天然密实体积（自然方）计算，回填土按碾压后的体积（实方）计算。土方体积换算见表 6.2 所示：

表 6.2　土方体积换算表　　单位：m^3

虚方体积	天然密实体积	夯实后体积	松填体积
1.00	0.77	0.67	0.83
1.30	1.00	0.87	1.08
1.50	1.15	1.00	1.25
1.20	0.92	0.80	1.00

2. 土方工程量按图纸尺寸计算，修建机械上下坡的便道土方量并入土方工程量内。石方工程量按图纸尺寸加允许超挖量。开挖坡面每侧允许超挖量：极软岩、软岩为 20 cm，较软岩、硬质岩为 15 cm。

3. 清理土堤基础按设计规定以水平投影面积计算。

4. 人工挖土堤台阶工程量，按挖前的堤坡斜面积计算，运土应另行计算。

5. 人工铺草皮工程量以实际铺设的面积计算，花格铺草皮中的空格部分不扣除。花格铺草皮,设计草皮面积与定额不符时可以调整草皮数量。人工铺草皮按草皮增加比例增加,其余不调整。

6. 管道接口作业坑和沿线各种井室所需增加开挖的土石方工程量按沟槽全部土石方量的2.5%计算。管沟回填土应扣除管径在200 mm以上的管通、基础、垫层和各种构筑物所占的体积,管道扣除土方体积按表6.3计算。

表6.3　管道应扣除土方体积表　　单位：m^3/m

管道名称	管道直径/mm					
	501～600	601～800	801～1 000	1 001～1 200	1 201～1 400	1 401～1 600
钢管	0.21	0.44	0.71	—	—	—
铸铁管	0.24	0.49	0.77	—	—	—
混凝土管	0.33	0.60	0.92	1.15	1.35	1.55

7. 挖土放坡和坑、槽底加宽应按设计文件的数据或图纸尺寸计算。设计文件未明确的按施工组织设计的数据或图纸尺寸计算;设计文件未明确也无施工组织设计的则按表6.4、表6.5计算。

表6.4　放坡系数表

土类别	放坡起点/m	人工挖土	机械挖土		
			在沟槽、坑内作业	在沟槽侧、坑边上作业	顺沟槽方向坑上作业
一、二类土	1.20	1∶0.50	1∶0.33	1∶0.75	1∶0.50
三类土	1.50	1∶0.33	1∶0.25	1∶0.67	1∶0.33
四类土	2.00	1∶0.25	1∶0.10	1∶0.33	1∶0.25

表6.5　坑槽底部每侧工作面宽度　　单位：cm

<table>
<tr><th rowspan="2">管道结构宽度</th><th rowspan="2">混凝土管道基础(90°)</th><th rowspan="2">混凝土管道基础(>90°)</th><th rowspan="2">金属管道</th><th rowspan="2">化学建材管道</th><th colspan="2">构筑物</th></tr>
<tr><th>无防潮层</th><th>有防潮层</th></tr>
<tr><td>50以内</td><td>40</td><td>40</td><td>30</td><td>30</td><td rowspan="4">40</td><td rowspan="4">60</td></tr>
<tr><td>100以内</td><td>50</td><td>50</td><td>40</td><td>40</td></tr>
<tr><td>250以内</td><td>60</td><td>50</td><td>40</td><td>40</td></tr>
<tr><td>250以上</td><td>70</td><td>60</td><td>50</td><td>50</td></tr>
</table>

挖土交叉处产生的重复工程量不扣除;原槽、坑做基础垫层时,放坡自垫层上表面开始计算。如在同一断面内遇有数类土壤,其放坡系数可按各类土占全部深度的百分比加权计算。

管道结构宽：无管座的按管道外径计算,有管座的按管道基础外缘计算,构筑物按基础外缘计算,如设挡土板则每侧增加15 cm。

8. 土石方运距应以挖土重心至填土重心或弃土重心最近距离计算,挖土重心、填土重心、弃土重心按施工组织设计确定。如遇下列情况应增加运距：

(1) 人力及人力车运土、石方上坡坡度在15%以上，推土机、铲运机重车上坡坡度大于5%，斜道运距按斜道长度乘表6.6中的斜道运距系数计算。

表6.6　斜道运距系数

项目	推土机、铲运机				人力及人力车
坡度/%	5～10	15以内	20以内	25以内	15以上
系数	1.75	2	2.25	2.50	5

(2) 采用人力垂直运输土、石方，垂直深度每米折合水平运距7 m计算。

(3) 拖式铲运机斗容量3 m^3加27 m转向距离，其余型号铲运机加45 m转向距离。

9. 沟槽、基坑、平整场地和一般土石方的划分：底宽7 m以内，底长大于底宽3倍以上的按沟槽计算；底长小于底宽3倍以内的按基坑计算。其中基坑底面积在150 m^2 以内的执行基坑定额，厚度在30 cm以内就地挖、填土，按平整场地计算。超过上述范围的土、石方，按挖一般土方和一般石方计算。

10. 机械挖土方中如需人工辅助开挖(包括切边、修整成底边和修整沟槽底坡度)，机械挖土土方量按实挖土方量的90%计算。人工挖土土方量按实挖土方量的10%套相应定额乘系数1.5计算。

11. 抓斗式挖泥船的挖深按下式计算：

$$挖深=施工中的平均水位-挖槽底设计标高+设计超挖值-\frac{1}{2}\times平均泥层厚度$$

12. 土壤分类见表6.7所示：

表6.7　土壤分类表

土壤分类	土壤名称	开挖方法
一、二类土	粉土、砂土(粉砂、细砂、中砂、粗砂、砾砂)、粉质黏土、弱中盐渍土、软土(淤泥质土、泥炭、泥炭质土)、软塑红黏土、冲填土	用锹，少许用镐、条锄开挖。机械能全部直接铲挖满载者
三类土	黏土、碎石土(圆砾、角砾)、混合土、可塑红黏土、硬塑红黏土、强盐渍土、素填土、压实填土	主要用镐、条锄，少许用锹开挖。机械需部分刨松方能铲挖满载者或可直接铲挖但不能满载者
四类土	碎石土(卵石、碎石、漂石、块石)、坚硬红黏土、超盐渍土、杂填土	全部用镐、条锄挖掘，少许用撬棍挖掘。机械需普遍刨松方能铲挖满载者

注：本表土的名称及其含义按现行国家标准《岩土工程勘察规范》GB 50021—2001(2009年局部修订版)定义

13. 岩石分类见表6.8所示：

表6.8　岩石分类表

岩石分类	代表性岩石	开挖方法
极软岩	全风化的各种岩石 各种半成岩	部分用手凿工具、部分用爆破法开挖

（续表）

<table>
<tr><th colspan="2">岩石分类</th><th>代表性岩石</th><th>开挖方法</th></tr>
<tr><td rowspan="2">软质岩</td><td>软岩</td><td>强风化的坚硬岩或较硬岩
中等风化—强风化的较软岩
未风化—微风化的页岩、泥岩、泥质砂岩等</td><td>用风镐和爆破法开挖</td></tr>
<tr><td>较软岩</td><td>中等风化—强风化的坚硬岩或较硬岩
未风化—微风化的凝灰岩、千枚岩、泥灰岩、砂质泥岩等</td><td rowspan="3">用爆破法开挖</td></tr>
<tr><td rowspan="2">硬质岩</td><td>较硬岩</td><td>微风化的坚硬岩
未风化—微风化的大理岩、板岩、石灰岩、白云岩、钙质砂岩等</td></tr>
<tr><td>坚硬岩</td><td>未风化—微风化的花岗岩、闪长岩、辉绿岩、玄武岩、安山岩、片麻岩、石英岩、石英砂岩、硅质砾岩、硅质石灰岩等</td></tr>
</table>

注：本表依据现行国家标准《工程岩体分级标准》GB 50218—2014 和《岩土工程勘察规范》GB 50021—2001(2009 年局部修订版)整理

二、打拔工具桩

1. 圆木桩：按设计桩长 L(检尺长)和圆木桩小头直径 D(检尺径)查《木材・立木材积速算表》计算圆木桩体积。

2. 钢板桩：以吨为单位计算。

钢板桩使用费＝钢板桩定额使用量×使用天数×钢板桩使用费标准[元/(t・d)]

3. 凡打断、打弯的桩，均需拔除重打，但不重复计算工程量。

4. 如需计算竖、拆打拔桩架费用，竖、拆打拔桩架次数，按施工组织设计规定计算。无规定时按打桩的进行方向：双排桩每 100 延长米、单排桩每 200 延长米计算一次，不足一次者均各计算一次。

三、围堰工程

1. 围堰工程分别采用立方米和延长米计量。

2. 用立方米计算的围堰工程，按围堰的施工断面乘围堰中心线的长度计算。

3. 以延长米计算的围堰工程，按围堰中心线的长度计算。

4. 围堰高度按施工期内的最高临水面加 0.5 m 计算。

5. 挂竹篱片及土工布按设计面积计算。

四、支撑工程

支撑工程按施工组织设计确定的支撑面积以“m^2”计算。

五、拆除工程

1. 拆除旧路及人行道按实际拆除面积以“m^2”计算。

2. 拆除侧缘石及各类管道按长度以“m”计算。

3. 拆除构筑物及障碍物按体积以“m^3”计算。

4. 伐树、挖树蔸按实挖数以“棵”计算。

5. 路面凿毛、路面铣刨按施工组织设计的面积以“m^2”计算。铣刨路面厚度大于 5 cm

须分层铣刨。

六、脚手架及其他工程

1. 脚手架工程量按墙面水平边线长度乘墙面砌筑高度以“m^2”计算。柱形砌体按图示柱结构外围周长另加3.6 m的和，再乘砌筑高度，以“m^2”计算。浇混凝土用仓面脚手按仓面的水平面积以“m^2”计算。

2. 轻型井点50根为一套，喷射井点30根为一套。井点使用定额单位为“套天”，累计根数不足一套者作一套计算。井管的安装、拆除以“根”计算。

七、护坡、挡土墙及防洪工程

1. 块石护底、护坡以不同平面厚度按“m^3”计算。

2. 浆砌料石、预制块的体积按设计断面以“m^3”计算。

3. 浆砌台阶以设计断面的实砌体积计算。

4. 砂石滤沟按设计尺寸以“m^3”计算。

5. 现浇混凝土压顶、挡土墙按实体积计算工程量，模板按设计接触面积计算工程量。

6. 料石面加工按加工面展开面积计算。

7. 浆砌镶面石按砌筑面积计算。

8. 浆砌硅酸盐块墙按实际砌筑体积计算。

9. 伸缩缝工程量按堤防设计断面的面积以“m^2”计算。防洪墙的墙身钢筋按墙钢筋制作、安装子目计算，墙身下部基底放大部分按基础钢筋安装制作子目计算。

10. 堤防闸门均按设计图规定的质量以“t”计算，定额内已包括电焊条和螺栓的质量。

11. 砌筑或浇筑防洪墙采用双排脚手架。砌筑或浇筑截渗墙自然地面以上采用单排脚手架，自然地面以下不计算脚手架费用。

12. 垫层均按设计要求压实后的断面以“m^3”计算。

13. 砌筑墙体双面勾缝或混凝土墙体双面装饰等如需双面支脚手架时，一面利用砌筑或浇混凝土墙脚手架，另一面按单排脚手架计算。

14. 砌筑或浇筑增体均按设计实体积计算工程量。

15. 现浇混凝土闸墩脚手架按闸墩每边垂直高度乘长度加1.5 m计算脚手架面积，套用单排脚手架定额。

16. 混凝土防洪墙的厚度均以平均厚度计算，指墙的基底放大部分以上或八字角上端以上的平均厚度(压顶扩大部分除外)。

八、临时工程及地基加固

1. 临时便桥搭、拆按桥面面积计算，装配式钢桥按桥长计算。

2. 震动打桩和打粉煤灰桩：按设计桩长(包括桩尖，不扣除桩尖虚体积)另加250 mm的和，再乘桩管标准外径截面积，以“m^3”计算。

6.1.3 例题讲解

【例题6.1】 某市政工程需挖一条管道沟，采用人工挖土，管沟断面如图6.1所示，底宽2 m，挖深3.2 m，槽长120 m，求人工挖管沟工程量。

【解】 人工挖管沟工程量=管沟断面面积×管沟长度

$$=\frac{1}{2}\times(2+3.2\times0.5\times2+2)\times3.2\times120$$

$$=1\ 382.40(\mathrm{m}^3)$$

答：人工挖管沟工程量为 1 382.4 m³。

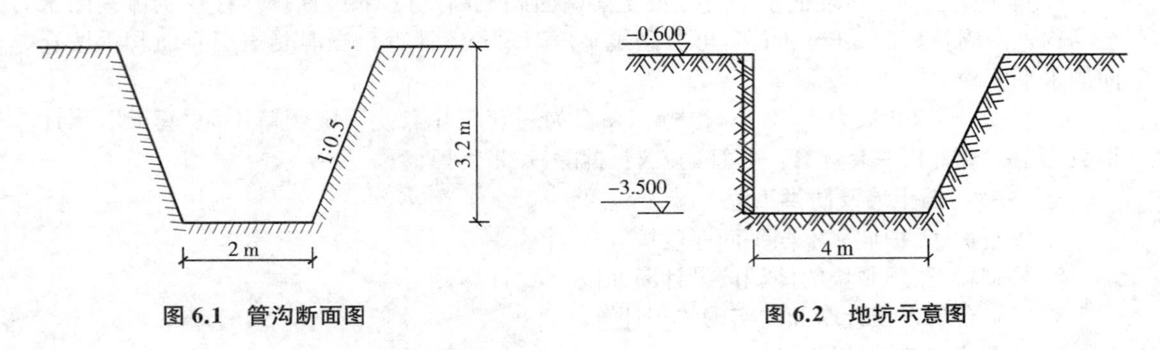

图 6.1　管沟断面图　　　图 6.2　地坑示意图

【例题 6.2】　某市政工程挖地坑，三面支挡土板，一面放坡，放坡系数为 0.33，坑底尺寸为 4 m×4 m，如图 6.2 所示，求其土方工程量及支挡土板工程量。

【解】　土方工程量应考虑挡土板所占地坑体积。

(1) 土方工程量＝基础垫层底面积×管沟长度

$$=(4+0.1)\times(4+0.1\times2)\times(3.5-0.6)+\frac{1}{2}\times(3.5-0.6)\times0.33\times(3.5-0.6)\times(4+0.1\times2)$$
$$=55.77(\mathrm{m}^3)$$

(2) 支挡土板工程量$=4\times(3.5-0.6)+\frac{1}{2}\times[4+4+0.33\times(3.5-0.6)]\times(3.5-0.6)\times2$

$$=37.58(\mathrm{m}^2)$$

答：土方工程量为 55.77 m³，支挡土板工程量为 37.58 m²。

【例题 6.3】　某新建大厦工程，其平面示意图如图 6.3 所示，大厦外埋设一条出户排污管线与主线排污管线相连，大厦外墙地槽采用人工开挖，三类土，如图 6.4 所示，人工支护开挖，采用 $DN500$ 钢筋混凝土管，下埋 0.25 m 的灰石基础，如图 6.5 所示，自卸汽车运土，运距为 5 000 m，试计算定额工程量。

【解】　(1) 场地平整工程量：

$$S=(A+4)\times(B+4)=S_{底}+2L_{外}+16$$
$$=111.6\times56.6+2\times2\times(111.6+56.6)+2\times2\times4=7\ 005.36(\mathrm{m}^2)$$

式中：S——平整场地工程量；

A——建筑物长度方向外墙外边线长度；

B——建筑物宽度方向外墙外边线长度；

$S_{底}$——建筑物底层建筑面积；

$L_{外}$——建筑物外墙外边线周长。

(2) 挖土方工程量

① 挖沟槽土方工程量：

$$V_1 = 1.50 \times 3.00 \times 65 = 292.50(\mathrm{m}^3)$$

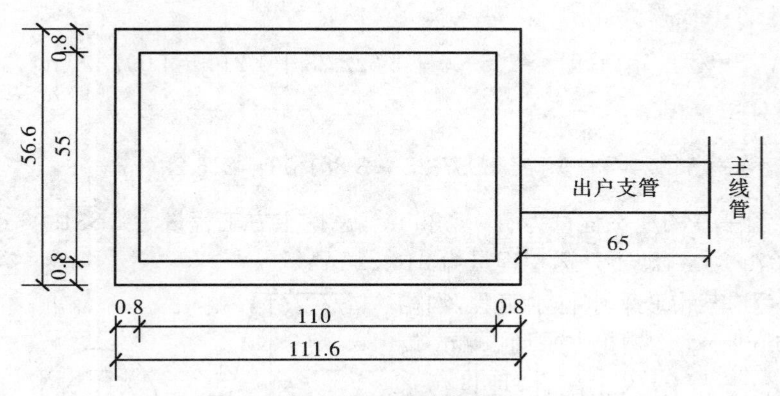

图 6.3　某施工场地示意图(单位：m)

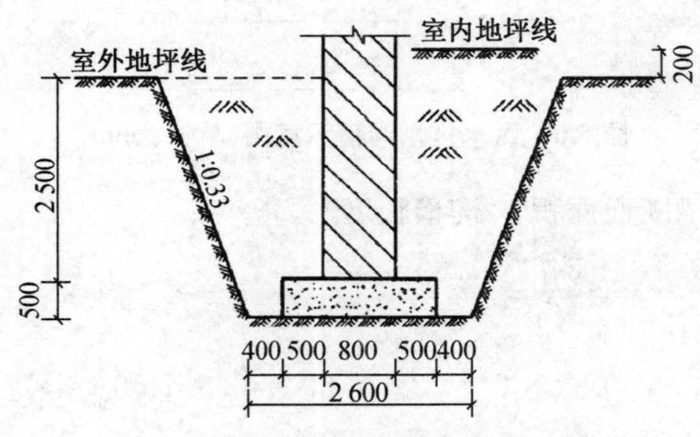

图 6.4　外墙地槽示意图(单位：mm)

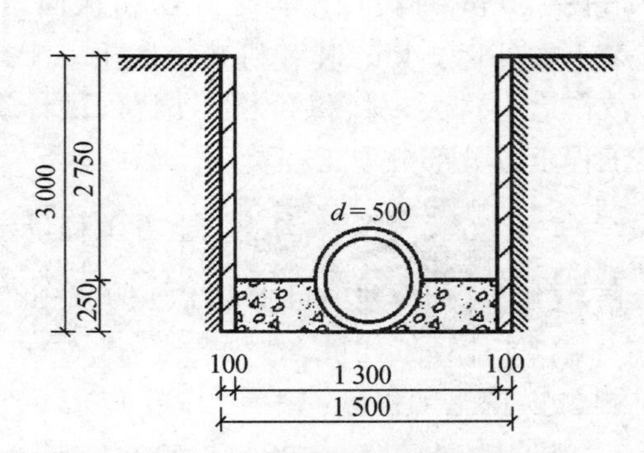

图 6.5　出户排水管沟槽示意图(单位：mm)

② 挖地槽土方工程量：

根据表 6.4 可查得放坡系数为 0.33，则：

$$V_2 = (2.60 + 3.00 \times 0.33) \times 3.00 \times 2 \times (110.8 + 55.8) = 3\,588.56(\mathrm{m}^3)$$

③ 总挖土方工程量：

$$V_3 = V_1 + V_2 = 292.5 + 3\,588.56 = 3\,881.06(\mathrm{m}^3)$$

(3) 土方回填工程量

① 沟槽回填土方工程量：

$$V_4 = V_1 - \left(1.30 \times 0.25 + \frac{\pi}{2} \times 0.25^2\right) \times 65 = 292.50 - 27.50 = 265.00(\mathrm{m}^3)$$

② 地槽回填土方工程量：

$$\begin{aligned} V_5 &= V_2 - (1.8 \times 0.5 + 0.8 \times 2.5) \times (110.8 + 55.8) \times 2 \\ &= 3\,588.56 - 966.28 = 2\,622.28(\mathrm{m}^3) \end{aligned}$$

③ 房心回填土方工程量：

$$V_6 = 110 \times 55 \times 0.2 = 1\,210(\text{m}^3)$$

④ 回填土方工程总量：

$$V_7 = V_4 + V_5 + V_6 = 265.00 + 2\,622.28 + 1\,210 = 4\,097.28(\text{m}^3)$$

(4) 缺土外运工程量：

$$V_8 = V_7 - V_3 = 4\,097.28 - 3\,881.06 = 216.22(\text{m}^3)$$

答：该工程平整场地工程量为 7 005.36 m^2，总挖土方工程量为 3 881.06 m^3，土方回填工程量为 4 097.28 m^3，缺土外运工程量为 216.22 m^3。

【例题 6.4】 某市政污水排水工程，沟槽示意图如图 6.6 所示，沟槽土方采用 1.0 m^3 反铲挖土机开挖，三类土，人工配合，埋设污水管道，采用混凝土管，管外径为 1 500 mm，管道长 300 m，埋设深度为 2.5 m，机械回填，多余土方外运 5 km(装载机装松散土，6 t 自卸汽车运土)，人、材、机价格不调整，试计算该工程土方分部分项工程费用。

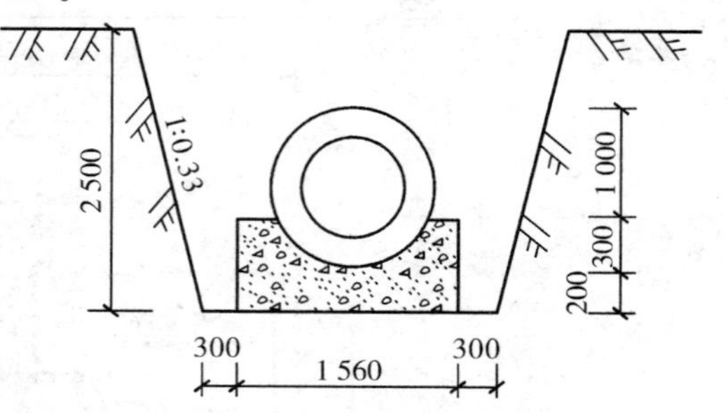

图 6.6 污水排水沟槽示意图(单位：mm)

沟槽挖土方工程量＝沟槽断面面积×沟槽长度

【解】 (1) 列项目 1-222、1-9、1-389、1-245、1-270。

(2) 计算工程量。

① 挖土工程量：$V_1 = (1.56 + 0.3 \times 2 + 2.5 \times 0.33 \times 2) \times 2.5 \times 300 = 2\,857.50\ (\text{m}^3)$

机械挖土：$V_{机械} = 2\,857.50 \times 90\% = 2\,571.75\ (\text{m}^3)$

人工挖土：$V_{人工} = 2\,857.50 \times 10\% = 285.75\ (\text{m}^3)$

② 填土工程量：

混凝土管外径为 1 500 mm，其填土扣除管体积可查表 6.3 得 1.55 m^3/m。

$$管座截面积：S = 1.56 \times 0.5 - \frac{2\arccos\dfrac{0.45}{0.75}}{360} \times \pi \times 0.75^2 + \frac{1}{2} \times \sqrt{0.75^2 - 0.45^2} \times 2 \times 0.45 = 0.53\ (\text{m}^2)$$

管回填土体积：$V_2 = (2\,857.50 - 1.55 \times 300 - 0.53 \times 300) = 2\,233.50\ (\text{m}^3)$

③ 余方运土工程量：

$V_3 = V_1 - V_2 = 2\,857.50 - 2\,233.50 = 624.00\ (\text{m}^3)$

(3) 套定额，计算结果见表 6.9 所示：

表 6.9 计算结果

序号	定额编号	项目名称	单位	工程量	综合单价/元	合价/元
1	1-222	反铲挖掘机(斗容量 1.0 m^3)不装土，三类土	1 000 m^3	2.572	6 356.58	16 349.12
2	[1-9]×1.5	人工挖沟槽土方，三类土，深度在 4 m 以内	100 m^3	2.858	7 963.52	22 759.74

（续表）

序号	定额编号	项目名称	单位	工程量	综合单价/元	合价/元
3	1-389	填土夯实槽、坑	100 m³	22.335	1 298.67	29 005.79
4	1-245	装载机装松散土 装载机 1 m³	1 000 m³	0.624	2 949.89	1 840.73
5	1-270	自卸汽车运土 自卸汽车(6 t 以内) 运距 5 km 以内	1 000 m³	0.624	18 533.87	11 565.13
合计						81 520.51

6.2　市政道路工程

6.2.1　市政道路工程定额说明

一、路床(槽)整形

1. 路床(槽)整形项目的内容,包括平均厚度 10 cm 以内的人工挖高填低、整平路床,使之形成设计要求的纵横坡度,并应经压路机碾出密实。

2. 边沟成型,综合考虑了边沟挖土的土类和边沟两侧边坡培整面积所需的挖土、培土、修整边坡及余土抛出沟外的全过程所需人工。边坡所出余土弃运路基 50 m 以外。

3. 粉喷桩定额中,桩直径取定 50 cm。

二、道路基层

1. 石灰土基、多合土基多层次铺筑时,其基础顶层需进行养生,养生期按七天考虑,其用水量已综合在顶层多合土养生定额内,使用时不得重复计算用水量。

2. 多合土基层中各种材料是按常用的配合比编制的。当设计配合比与定额不符时,有关的材料消耗量可以调整,但人工和机械台班的消耗量不得调整。调整的方法如下:

多合土的配合比为重量比,干紧容重为 D(由实验室测定),定额体积为 V。

$$石灰：粉煤灰：土=14：30：56$$
$$W_{石灰}=D\times V\times 14\%+定额损耗$$
$$W_{粉煤灰}=D\times V\times 30\%+定额损耗$$
$$W_{土}=D\times V\times 56\%+定额损耗$$

配合比中的 $W_{石灰}$ 为熟石灰的重量,熟石灰换算为生石灰的折减系数为 1.2。

3. 石灰土基层中的石灰均为生石灰的消耗量,土为自然方用量。

4. 路床(槽)整形项目中设有“每增减”的子目,适用于压实厚度 20 cm 以内。压实厚度在 20 cm 以上应按两层结构层铺筑。

三、道路面层

1. 水泥混凝土路面,综合考虑了前台的运输工具不同所影响的工效,以及有筋、无筋等不同的工效,施工中无论有筋、无筋及出料机具如何均不换算。水泥混凝土路面中未包括钢筋用量。如设计有筋时,套用水泥混凝土路面钢筋制作项目。

2. 水泥混凝土路面均按现场搅拌机搅拌。如实际采用预拌混凝土，则按总说明中的计算办法计算。

四、人行道侧缘石及其他

采用的人行道板、侧石（立缘石）、花砖等砌料及垫层如与设计不同时，材料量可按设计要求另计算用量，但人工不变。

五、道路交通管理设施工程

1. 道路交通管理设施工程适用于道路、桥梁、隧道、广场及停车场（库）的交通管理设施工程。

2. 定额包括交通标志、交通标线、交通信号设施、交通隔离设施、邮电管线等工程项目，未包括翻挖原有道路结构层及道路修复内容，发生时套用相关定额。

3. 管道的基础及包封参照其他有关子目执行。

4. 基础挖土定额适用于工井。

5. 混凝土基础定额中未包括基础下部预埋件，应另行计算。

6. 工井定额中未包括电缆管接入工井时的封头材料，应按实计算。

7. 电缆保护管铺设定额中已包括连接管数量，但未包括砂垫层，砂垫层可按设计数量套用排水管道工程的相应定额计算。

8. 交通岗位设施：

（1）值勤亭安装定额中未包括基础工程和水电安装工作内容，发生时套用相关定额另行计算。

（2）值勤亭按工厂制作、现场整体吊装考虑。

6.2.2 市政道路工程工程量计算规则

一、路床(槽)整形

1. 道路工程路床（槽）碾压宽度应与路基底层宽度相同。若设计图纸另有要求，则按设计要求计算路床（槽）碾压宽度。

2. 粉喷桩工程量按设计桩长增加 0.5 m 的和，再乘设计横断面面积计算。

二、道路基层

1. 道路工程路基应算至路牙外侧 15 cm。若设计图纸已标明各结构层的宽度，则按设计图纸尺寸计算各结构层的数量。

2. 道路工程石灰土、多合土养生面积按设计基层顶层的面积计算。

3. 道路基层计算不扣除各种井位所占的面积，道路基层设计截面如为梯形时，应按其截面平均宽度计算面积。

4. 道路工程的侧缘（平）石、树池等项目以延长米计算，包括各转弯处的弧形长度。

三、道路面层

1. 水泥混凝土路面以平口为准，如设计为企口时，其用工量按本定额相应项目乘系数1.01。木材摊销量按本定额相应项目摊销量乘系数 1.051。

2. 道路路面工程量为“设计长×设计宽－两侧路沿面积”，不扣除各类井所占面积，单位以“m^2”计算。

3. 伸缩缝以面积为计量单位，此面积为缝的断面积，即“设计宽×设计厚”。

四、人行道侧缘石及其他

人行道板、异型彩色花砖安砌面积按实铺面积计算。

五、道路交通管理设施工程

1. 标杆安装按规格以“直径×长度”表示，以“套”计算。

2. 反光柱安装以“根”计算。

3. 圆形、三角形标志板安装，按设计面积(成品)套用定额，以“块”计算。

4. 减速板安装以“块”计算。

5. 视线诱导器安装以“只”计算。

6. 实线按设计长度计算。

7. 分界虚线按规格以“线段长度×间隔长度”表示，工程量按虚线总长计算。

8. 横道线按实漆面积计算。

9. 停止线、黄格线、导流线、减让线参照横道线定额按实漆面积计算，减让线按横道线定额人工及机械台班数量乘系数1.05。

10. 文字标记按每个文字的外围整体最大高度计算。

11. 交通信号灯安装以“套”计算。

12. 管内穿线长度按内长度与余留长度之和计算。

13. 环线检测线敷设长度按实埋长度与余留长度之和计算。

14. 行车道中心隔离护栏(活动式)底座数量按实计算。

15. 机非隔离护栏分隔墩数量按实计算。

16. 机非隔离护栏的安装长度按整段护栏首尾两只分隔墩的外侧面之间的长度计算。

17. 人行道隔离护栏的安装长度按整段护栏首尾之间的长度计算。

18. 塑料管铺排长度按井中至井中以延长米计算。邮电井、电力井的长度扣除。

6.2.3　例题讲解

【例题6.5】 某道路K0＋000～K0＋300为沥青混凝土结构，K0＋300～K0＋725为水泥混凝土结构，道路结构如图6.7所示，路面宽度为16 m，路肩宽度为1.5 m，为保证压实，两侧各加宽30 cm，路面两边铺路缘石，试计算道路工程量。

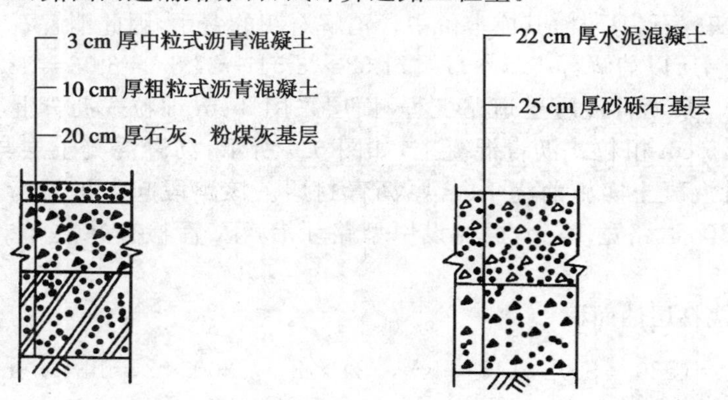

图6.7　道路结构图

【解】 石灰、粉煤灰基层面积＝(16＋1.5×2＋0.3×2)×300＝5 880(m^2)

砂砾石基层面积＝(16＋1.5×2＋0.3×2)×(725－300)＝8 330(m^2)

沥青混凝土面层面积＝300×16＝4 800(m^2)

水泥混凝土面层面积＝(725－300)×16＝6 800(m^2)

路缘石长度＝725×2＝1 450(m)

【例题 6.6】 某混凝土道路工程长 460 m，混合行车道宽 15 m，两侧人行道宽各为 3 m，路面结构见图 6.8 所示，甲型路牙，全线雨、污水检查井 24 座，试计算混合行车道基层和底基层、人行道基层和垫层工程量。

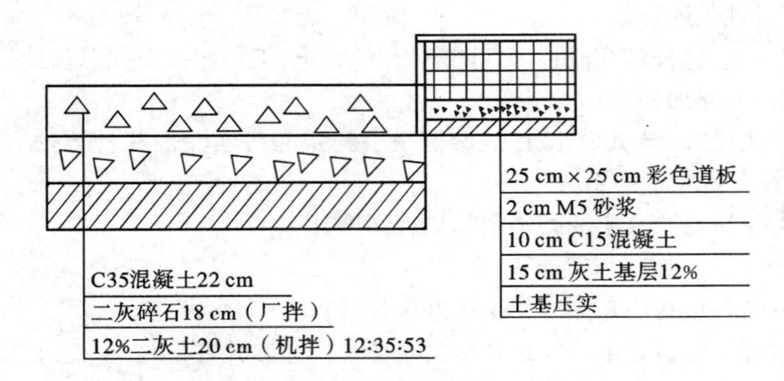

图 6.8 道路结构图(行车道、人行道)

【解】 ① 12%二灰土(20 cm)的面积(机拌 12∶35∶53)

S_1＝460×(15＋0.125×2＋0.15×2)＝7 153(m^2)

② 18 cm 二灰碎石(厂拌)面积

S_2＝460×(15＋0.125×2＋0.15×2)＝7 153(m^2)

③ 12% 15 cm 灰土基层面积

S_3＝460×(3－0.125＋0.15)×2＝2 783(m^2)

④ 顶层多合土养生面积　　S_4＝7 153＋2 783＝9 936(m^2)

⑤ 10 cm C15 混凝土垫层　　V＝460×(3－0.125)×0.10×2＝264.50(m^3)

⑥ 因为二灰碎石为厂拌，其成本价中含消解石灰的费用，因此消解石灰中不含二灰碎石里的石灰含量，所以消解石灰　　G＝71.53×3.54＋27.83×3.06＝338.376(t)

【例题 6.7】 某沥青混凝土道路工程，面层采用 3 cm 细粒式沥青混凝土，4 cm 中粒式沥青混凝土，5 cm 粗粒式沥青混凝土，如图 6.9 所示，沥青混凝土层与层之间浇粘层油，最底层沥青混凝土实施前浇 1 cm 厚沥青封层。该路段起点桩号为 K0＋030，终点桩号为 K0＋530，道路宽 15 m，两侧设甲型路牙沿，雨、污检查井共 27 座，求沥青面层工程量。

【解】 ① 浇粘层油面积

$$S_1＝(530－30)×(15－0.3×2)×2＝7\,200×2＝14\,400(m^2)$$

② 沥青封层面积

$$S_2＝(530－30)×(15－0.3×2)＝7\,200(m^2)$$

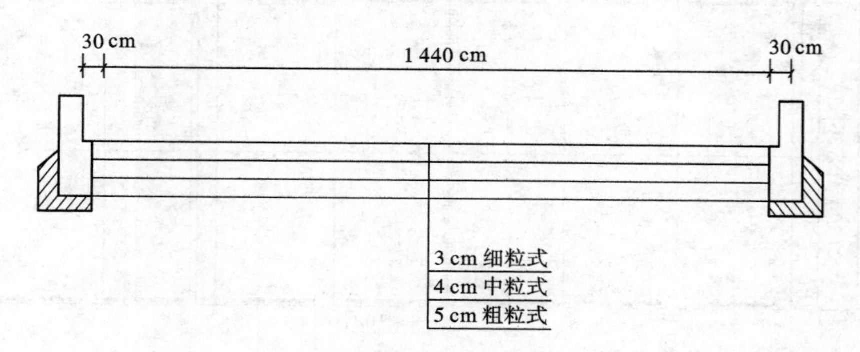

图 6.9　道路结构图

③ 3 cm 细粒式沥青混凝土面积

$$S_3 = (530 - 30) \times (15 - 0.3 \times 2) = 7\,200(\text{m}^2)$$

④ 4 cm 中粒式沥青混凝土面积

$$S_4 = (530 - 30) \times (15 - 0.3 \times 2) = 7\,200(\text{m}^2)$$

⑤ 5 cm 粗粒式沥青混凝土面积

$$S_5 = (530 - 30) \times (15 - 0.3 \times 2) = 7\,200(\text{m}^2)$$

【例题 6.8】　某混凝土路面长 250 m，宽 8 m，采用 C35 混凝土 22 cm 厚，甲型路牙，路面结构及辅助结构如图 6.10～图 6.15 及表 6.10 所示，横向分 2 块板带浇筑施工，各板块宽均为 400 cm，沿纵向每 5 m 板长设一伸缩缝，板角边缘设补强钢筋，横向板带间设拉杆，施工缝处设传力杆。(本工程施工缝拟为一道)试计算混凝土路面工程量。

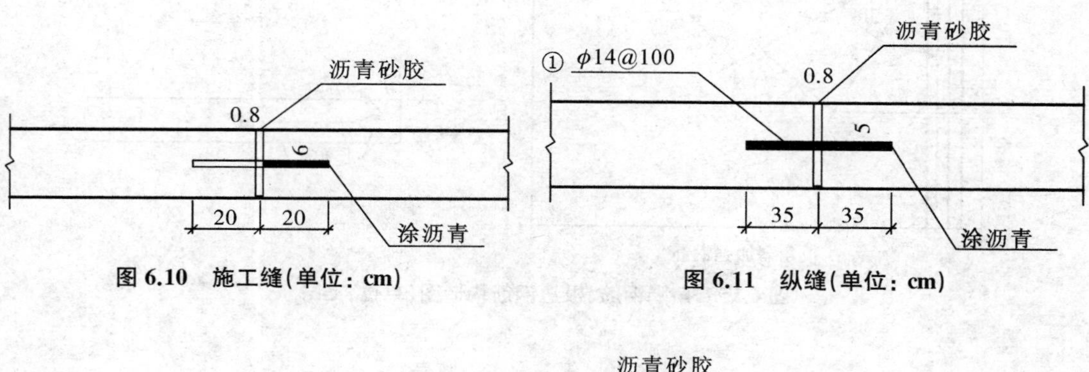

图 6.10　施工缝(单位：cm)　　　　**图 6.11　纵缝(单位：cm)**

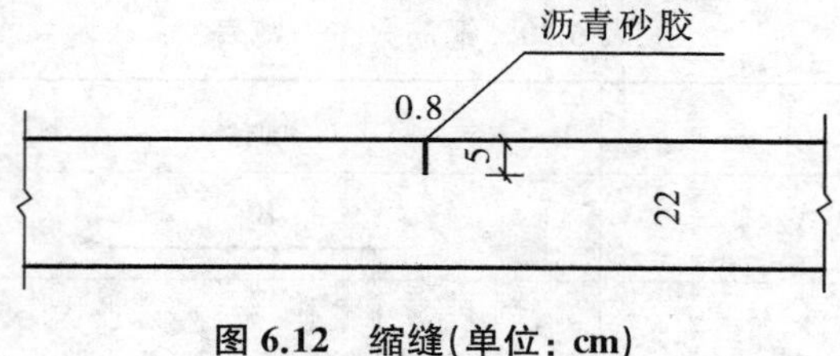

图 6.12　缩缝(单位：cm)

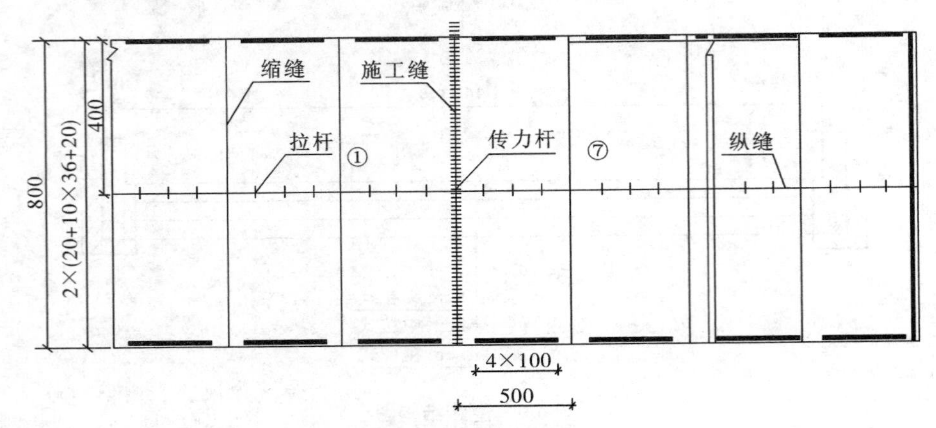

图 6.13　钢筋布置图(单位：cm)

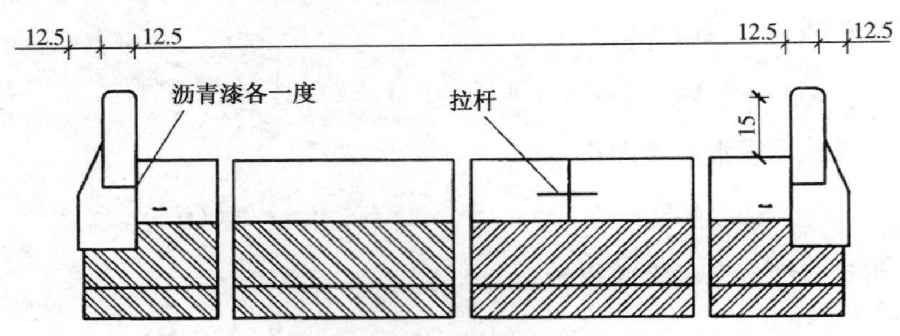

图 6.14　快车道横断面(单位：cm)

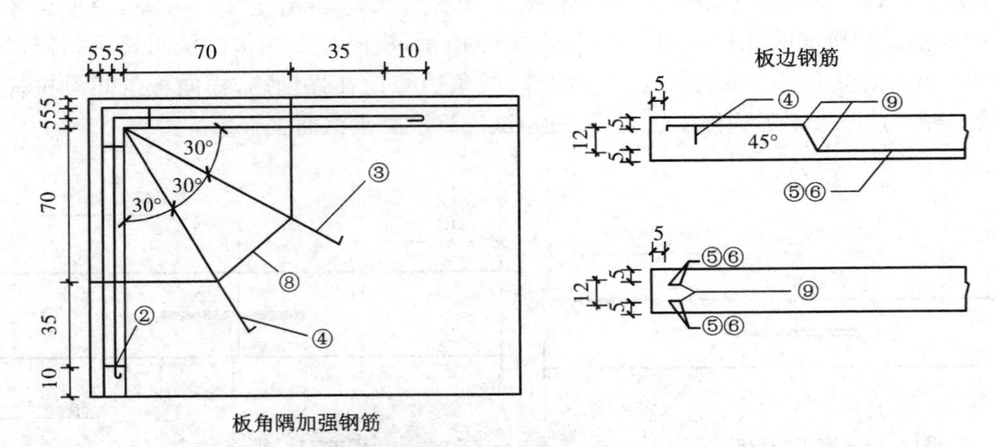

图 6.15　角隅钢筋、板边钢筋构造图(单位：cm)

表 6.10　钢筋分布一览表

编号	名称	简图	每角隅根数
①	纵缝拉杆 ϕ 14	70	10
②	角隅钢筋 ϕ 12	130	1

（续表）

编号	名称	简图	每角隅根数
③	角隅钢筋 ϕ 12	130 130	1
④	角隅支架钢筋 ϕ 6	14 15 14	6
⑤	纵向边缘钢筋 ϕ 12	40 17 372 17 40	2
⑥	横向边缘钢筋 ϕ 12	40 17 247 17 40	2
⑦	传力杆 ϕ 25	40	30
⑧	分布钢筋 ϕ 6	132	1
⑨	连接钢筋 ϕ 6	12	50

【解】（1）22 cm C35 混凝土路面浇筑面积：$S_1=250\times 8=2\,000(\mathrm{m}^2)$

（2）混凝土路面养护及真空吸水面积：$S_2=250\times 8=2\,000(\mathrm{m}^2)$

（3）锯缝机锯缝长度：$L=\left(\frac{250}{5}-1\right)\times 8=392(\mathrm{m})$

（4）缝灌沥青砂胶面积：$S_3=(392+250)\times 0.05+8\times 0.06=32.58(\mathrm{m}^2)$

（5）混凝土熟料运输：$V=20\times 22.44=448.80(\mathrm{m}^3)$

（6）模板制作、安装：$S_4=250\times 0.22\times 3+8\times 0.22\times 3=170.28(\mathrm{m}^2)$

（7）钢筋制作、安装：

① 纵缝拉杆 ϕ 14：$(250+1)\times 0.7\times 1.21\approx 212.60(\mathrm{kg})$

② 角隅钢筋 ϕ 12：$4\times(1.30+6.25\times 0.012)\times 2\times 1\times 0.888=9.768(\mathrm{kg})$

③ 角隅钢筋 ϕ 12：同②号钢筋，为 9.768 kg

④ 角隅支架钢筋 ϕ 6：$4\times 6\times(0.14\times 2+0.15+2\times 6.25\times 0.006)\times 0.222=2.69(\mathrm{kg})$

⑤ 纵向边缘钢筋 ϕ 12：$50\times 2\times 2\times(3.72+0.17\times 2+0.4\times 2+6.25\times 0.012\times 2)\times 0.888=889.78(\mathrm{kg})$

⑥ 横向边缘钢筋 ϕ 12：$4\times 2\times(2.47+0.17\times 2+0.4\times 2+2\times 6.25\times 0.012)\times 0.888=26.71(\mathrm{kg})$

⑦ 传力杆 ϕ 25：$(27+1)\times 0.4\times 3.86=43.23(\mathrm{kg})$

⑧ 分布钢筋 ϕ 6：$4\times 1\times(1.32+2\times 6.25\times 0.006)\times 0.222=1.24(\mathrm{kg})$

⑨ 连接钢筋 ϕ 6：$(50\times 2\times 11\times 0.12+4\times 8\times 0.12)\times 0.222=30.16(\mathrm{kg})$

【例题 6.9】 某道路交叉口为斜交，斜交角为 65°，如图 6.16 所示，试计算指定里程桩号范围内的交叉口路面面积。

说明：斜交交叉口转角处的面积为$R\times R\times\left[\tan\frac{\alpha}{2}-0.008\,73\times\alpha\right]$，注意转弯半径$R$与

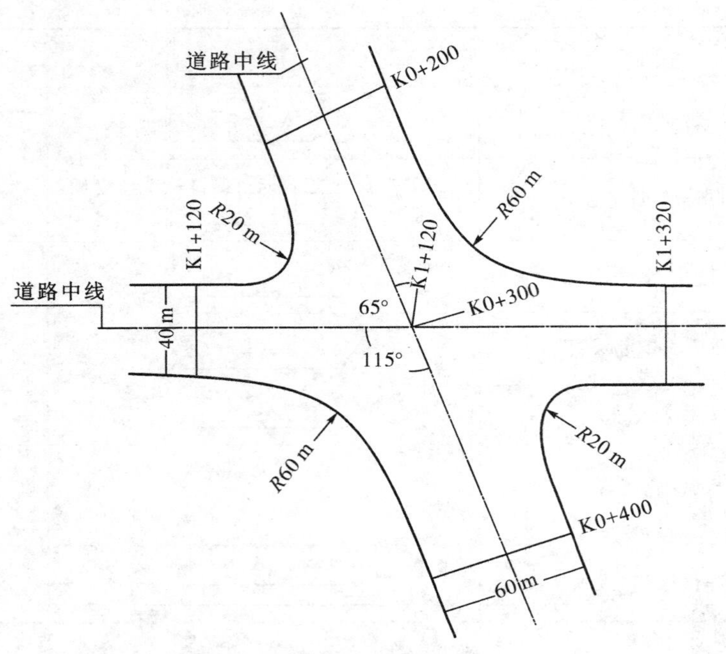

图 6.16　交叉口平面图

转角 α 的对应关系。

【解】 交叉口路面面积工程量计算如下：

假设交叉口直线段面积为 S_1，交叉口路口转角面积为 S_2。

交叉口直线段面积 $S_1 = 200 \times 60 + \left(200 - \dfrac{60}{\cos 25°}\right) \times 40 = 17\,351.89(\text{m}^2)$

交叉口路口转角面积 $S_2 = 2 \times 60 \times 60 \times \left[\tan\left(\dfrac{65°}{2}\right) - 0.008\,73 \times 65\right] + 2 \times 20 \times 20 \times \left[\tan\left(\dfrac{115°}{2}\right) - 0.008\,73 \times 115\right] = 7\,200 \times 0.069\,62 + 800 \times 0.565\,74 = 953.86(\text{m}^2)$

$S = S_1 + S_2 = 17\,351.89 + 953.86 = 18\,305.75(\text{m}^2)$

【例题 6.10】 某道路工程起点桩号K0＋000，终点桩号K0＋480，路面结构为混凝土路面结构，路面宽度为11 m，道路基层为30 cm厚12％的灰土路基，20 cm厚C30水泥混凝土路面，路面两边铺侧石，两侧路肩各宽1 m，灰土路基采用带犁耙的拖拉机拌和，顶层洒水汽车洒水养生，水泥混凝土采用现场机械拌和，需要真空吸水并覆盖草袋养护。如图6.17所示，不考虑土方费用，求该道路工程的分部分项工程费（已知施工缝3道，沿纵向每5 m板长设一缩缝，施工缝、纵缝以及缩缝缝深均为5 cm，缝内

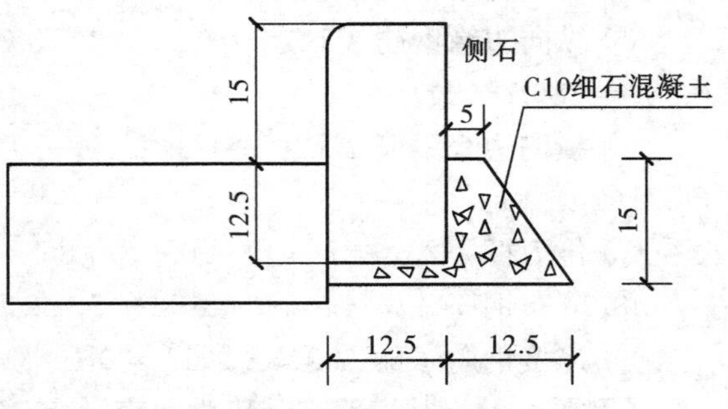

图 6.17　路牙结构详图(单位：cm)

灌沥青砂胶)。

【解】 (1)列项目 2-1、2-53、2-184、2-411、2-327、2-331、2-346、2-350、2-341、2-335、2-5、2-384、2-390、6-1520。

(2)计算工程量。

① 道路基层面积 $S_1=480\times[11+(0.125+0.15)\times 2]=5\,544(m^2)$

② 道路面层、真空吸水及养护面积 $S_2=480\times 11=5\,280(m^2)$

③ 路床整理面积 $S_3=5\,544\ m^2$

④ 路肩面积 $S_4=480\times 1\times 2=960(m^2)$

⑤ 铺设侧石 $L_1=480\times 2=960(m)$

⑥ 锯缝机锯缝的长度 $L_2=\left(\frac{480}{5}-1\right)\times 11=1\,045(m)$

⑦ 沥青砂胶灌缝的面积 $S_5=(1\,045+480\times 2+3\times 11)\times 0.05=101.9(m^2)$

⑧ 消解石灰 $G=55.44\times(4.08\times 2-0.21\times 10)=335.97(t)$

⑨ C10 细石混凝土侧石基础 $V=480\times 2\times[0.05\times 0.125+(0.05+0.125)/2\times 0.15]$
$=960\times 0.019\,375=18.6(m^3)$

⑩ 混凝土路面模板 $S_6=(480\times 4+11\times 2+11\times 3)\times 0.2=395(m^2)$

⑪ 路牙基础模板 $S_7=480\times 2\times\sqrt{0.15^2+(0.125-0.05)^2}=161.00(m^2)$

(3)套定额,计算结果见表 6.11 所示:

表 6.11 计算结果

序号	定额编号	项目名称	单位	工程量	综合单价/元	合价/元
1	2-1	路床(槽)整形路床碾压检验	100 m²	55.440 0	191.53	10 618.42
2	[2-53]×2	拖拉机拌和(带犁耙)厚度 15 cm 含灰量 12%	100 m²	55.440 0	3 648.12	202 251.77
3	2-184	顶层多合土养生洒水车洒水	100 m²	55.440 0	37.27	2 066.25
4	2-411	集中消解石灰	t	335.970 0	47.41	15 928.34
5	2-327	C30 水泥混凝土路面厚度 20 cm	100 m²	52.800 0	8 339.22	440 310.82
6	2-331	混凝土路面模板	m²	395.000 0	50.54	19 963.30
7	2-346	水泥混凝土路面养生草袋养生	100 m²	52.800 0	198.31	10 470.77
8	2-350	混凝土真空吸水 20 cm	10 m²	528.000 0	79.15	41 791.20
9	2-341	伸缩缝锯缝机锯缝	每 10 延长米	104.500 0	111.02	11 601.59

（续表）

序号	定额编号	项目名称	单位	工程量	综合单价/元	合价/元
10	2-335	伸缩缝伸缝内灌沥青砂	每 10 m^2 缝面	10.190 0	433.88	4 421.24
11	2-5	路床（槽）整形整理路肩人工整理	100 m^2	9.600 0	276.07	2 650.27
12	2-384	C10 侧缘石垫层人工铺装混凝土垫层	m^3	18.600 0	371.13	6 903.02
13	2-390	侧缘石安砌混凝土侧石（立缘石）长度 50 cm	100 m	9.600 0	1 001.27	9 612.19
14	6-1520	混凝土基础垫层复合模板	100 m^2	1.610 0	4 689.66	7 550.35
合计						786 139.53

注：① 12% 30 cm 厚灰土基层在套用定额子目时应套用子目[2-53]×2，而不应该套用子目 2-58 加上子目[2-61]×10，因为超过 20 cm 厚的结构应以两个铺筑层计算；
② C10 混凝土侧石基础在套用定额子目时应进行换算，将定额中的 C15 混凝土换算成 C10 混凝土。子目 2-384 中混凝土 C15 单价为 235.54 元/m^3，而混凝土 C10 单价为 232.89 元/m^3；
③ 子目 2-384 的材料费重新计算（换进 C10 混凝土，换出 C15 混凝土）

6.3 市政桥涵工程

6.3.1 市政桥涵工程定额说明

一、打桩工程

1. 定额中土质类别均按甲级土考虑，土质划分见表 6.12。乙级土按甲级土定额人工乘系数 1.3，机械乘系数 1.43；丙级土按甲级土定额人工乘系数 1.75，机械乘系数 2.00。

2. 打桩工程均为打直桩，如打斜桩（包括俯打、仰打）斜率在 1∶6 以内时，人工乘系数 1.33，机械乘系数 1.43。

3. 打桩工程均考虑在已搭置的支架平台上操作，但不包括支架平台。

4. 陆上打桩采用履带式柴油打桩机时，不计陆上工作平台费，可计 20 cm 碎石垫层，面积按陆上工作平台面积计算。

5. 送桩定额按送 4 m 为界，如实际超过 4 m 时，按相应定额乘下列调整系数：

送桩5 m以内，乘系数 1.2；送桩 6 m 以内，乘系数 1.5；送桩 7 m 以内，乘系数 2.0；送桩 7 m 以上，以调整后 7 m 为基础，每超过 1 m 递增系数 0.75。

6. 静压桩定额中土壤级别已综合考虑，执行中不换算。

表 6.12　土质划分表

土壤级别	砂夹层情况	土壤物理力学性能								
	砂层连续厚/m	砂粒种类	砂层中卵石含量/％	孔隙比	天然含水量/％	压缩系数	静力触探值/kPa	动力触探击数/次	每 10 m 纯平均沉桩时间/min	说明
甲级土				＞0.8	＞30	≥0.05	＜30	＜7	15 以内	桩经机械作用易沉入的高压缩性土壤
乙级土	＜2	粉细砂		0.6～0.8	25～30	0.05～0.01	30～60	7～15	25 以内	土壤中夹有较薄的细砂层，桩经机械作用较易沉入中压缩性土壤
丙级土	＞2	中粗砂	＞15	＜0.6		＜0.01	＞60	＞15	25 以外	土壤中夹有较厚的粗砂层或卵石层，桩经机械作用较难沉入的低压缩性土壤

二、钻孔灌注桩工程

1. 钻孔土质分为以下八种：

（1）砂土：粒径不大于 2 mm 的砂类土，包括淤泥、轻亚黏土。

（2）黏土：亚黏土、黏土、黄土，包括土状风化。

（3）砂砾：粒径 2～20 mm 的角砾、圆砾含量小于或等于 50％，包括礓石黏土及粒状风化。

（4）砾石：粒径 2～20 mm 的角砾、圆砾含量大于 50％，有时还包括粒径为 20～200 mm的碎石、卵石，其含量在 50％以内，包括块状风化。

（5）卵石：粒径 20～200 mm 的碎石、卵石含量大于 10％，有时还包括块石、漂石，其含量在 10％以内，包括块状风化。

（6）软石：各种松软、胶结不紧、节理较多的岩石及较坚硬的块石土、漂石土。

（7）次坚石：硬的各类岩石，包括粒径大于 500 mm，含量大于 10％的较坚硬的块石、漂石。

（8）坚石：坚硬的各类岩石，包括粒径大于 1 000 mm，含量大于 10％的坚硬的块石、漂石。

2. 成孔定额按孔径、深度和土质划分项目，若超过定额使用范围，应另行计算。

3. 埋设钢护筒定额中钢护筒按摊销量计算，若在深水作业，钢护筒无法拔出时，经建设单位签证后，可按钢护筒实际用量（或参考表 6.13 质量）减去定额数量一次增列计算，但该部分费用作为独立费。

表 6.13　钢护筒延米用量计算表

桩径/mm	800	1 000	1 200	1 500	2 000
每米护筒质量/($kg \cdot m^{-1}$)	155.06	184.87	285.93	345.09	554.60

4. 灌注桩混凝土均考虑混凝土水下施工，按机械搅拌，在工作平台上导管倾注混凝土，定额中已包括设备（如导管等）所需混凝土摊销及扩孔增加的混凝土数量，不得另行计算。

三、砌筑工程

1. 砌筑工程适用于砌筑高度在 8 m 以内的桥涵砌筑工程，未列的砌筑项目，可套用本章 6.1 节“通用项目”有关定额。

2. 砌筑定额中未包括垫层、拱背和台背的填充项目。如发生这些项目，可套用有关定额。

3. 拱圈底模定额中不包括拱盔和支架。

4. 定额中调制砂浆，均按砂浆拌和机拌和，如采用人工拌制时，定额不予调整。

5. 挡墙适用于桥涵及其引道范围。

四、钢筋工程

1. 定额中钢筋按 ϕ10 以内及 ϕ10 以外两种分列，钢板均按 Q235 钢板计列，预应力钢筋采用Ⅳ级钢、钢绞线和高强钢丝。因设计要求采用钢材与定额不符时，可予以调整。

2. 因束道长度不等，故定额中未列锚具数量，但已包括锚具安装的人工费。

3. 先张法预应力钢筋制作、安装定额，未包括张拉台座，该部分可套相应定额。

4. 压浆管道定额中的铁皮管、波纹管均已包括套管及三通管安装费用，但未包括三通管材料费用，可另行计算。

5. 钢绞线按 ϕ15.20、束长在 40 m 以内考虑，如规格不同或束长超过 40 m 时，应另行计算。

五、现浇混凝土工程

1. 现浇混凝土工程定额适用于桥涵工程现浇各种混凝土构筑物。

2. 嵌石混凝土的块石含量如与设计不同时，可以换算，但人工及机械不得调整。

3. 承台分有底模及无底模两种，应按不同的施工方法套用相应项目。

4. 定额中混凝土按常用强度等级列出，如设计要求不同时可以换算。

5. 模板以木模、工具式钢模为主（除防撞护栏采用定型钢模外）。

6. 现浇梁、板等模板定额中均已包括铺筑底模内容，但未包括支架部分。

六、预制混凝土工程

1. 预制混凝土工程定额适用于桥涵工程现场制作的预制构件。

2. 定额均未包括预埋铁件，如设计要求预埋铁件时，可按设计用量套用钢筋工程有关项目。

3. 定额不包括地模、胎模费用，需要时可套用临时工程有关定额计算。胎模、地模的占用面积按施工组织设计方案确定。

七、立交箱涵工程

1. 立交箱涵工程定额适用于现浇箱涵工程、穿越城市道路及铁路的顶进现浇立交箱涵工程。

2. 定额中未包括箱涵顶进的后靠背设施等，其发生费用另行计算。

3. 定额中未包括深基坑开挖、支撑及井点降水的工作内容，可套用有关定额计算。

4. 立交桥引道的结构及路面铺筑工程，根据施工方法套用有关定额计算。

八、安装工程

1. 安装工程定额适用于桥涵工程混凝土构件的安装等项目。

2. 小型构件安装已包括 150 m 场内运输，其他构件均未包括场内运输。

3. 安装预制构件定额中，均未包括脚手架，如构件安装需要用脚手架时，可套用本章 6.1 节“通用项目”相应定额项目。

4. 安装预制构件，应根据施工现场具体情况，采用合理的施工方法，套用相应定额。

5. 除安装梁分陆上、水上安装外，其他构件安装均未考虑船上吊装，发生时可增计船只费用。

九、临时工程

1. 支架平台适用于陆上、支架上打桩及钻孔灌注桩。支架平台分水上平台与陆上平台两类，其划分范围如下：

(1) 水上支架平台：凡河道施工期河岸线向陆地延伸 2.5 m 范围，均可套用水上支架平台。

(2) 陆上支架平台：除水上支架平台以外的陆地部分均可套陆上支架平台。

2. 桥涵拱盔、支架均不包括底模及地基加固在内。

3. 组装、拆卸船排定额中未包括压舱费用。压舱材料取定为大石块，并按船排总吨位的 30%计取(包括装、卸在内 150 m 的二次运输费)。

4. 打桩机械锤重的选择见表 6.14 所示：

表 6.14　打桩机械锤重选择

桩类别	桩长度/m	桩截面积 S/m^2 或管径 ϕ /mm	柴油桩机锤重/kg
钢筋混凝土方桩及板桩	$L \leqslant 8.00$	$S \leqslant 0.05$	600
	$L \leqslant 8.00$	$0.05 < S \leqslant 0.105$	1 200
	$8.00 < L \leqslant 16.00$	$0.105 < S \leqslant 0.125$	1 800
	$16.00 < L \leqslant 24.00$	$0.125 < S \leqslant 0.160$	2 500
	$24.00 < L \leqslant 28.00$	$0.160 < S \leqslant 0.225$	4 000
	$28.00 < L \leqslant 32.00$	$0.225 < S \leqslant 0.250$	5 000
	$32.00 < L \leqslant 40.00$	$0.250 < S \leqslant 0.300$	7 000

（续表）

桩类别	桩长度/m	桩截面积 S/m^2 或管径 ϕ /mm	柴油桩机锤重/kg
钢筋混凝土管桩	$L \leqslant 25.00$	ϕ400	2 500
	$L \leqslant 25.00$	ϕ550	4 000
	$L \leqslant 25.00$	ϕ600	5 000
	$L \leqslant 50.00$	ϕ600	7 000
	$L \leqslant 25.00$	ϕ800	5 000
	$L \leqslant 50.00$	ϕ800	7 000
	$L \leqslant 25.00$	ϕ1 000	7 000
	$L \leqslant 50.00$	ϕ1 000	8 000

注：钻孔灌注桩工作平台按 $\phi \leqslant 1\,000$，套用锤重 1 800 kg 打桩工作平台；$\phi > 1\,000$，套用锤重 2 500 kg 打桩工作平台

5. 搭、拆水上工作平台定额中，已综合考虑了组装、拆卸船排及组装、拆卸打拔桩架工作内容，不得重复计算。

十、装饰工程

1. 镶贴面层定额中，贴面材料与定额不同时，可以调整换算。但人工与机械台班消耗量不变。

2. 水质涂料不分面层类别，均按本定额计算，由于涂料种类繁多，如采用其他涂料时，可以调整换算。但人工与机械台班消耗量不变。

3. 水泥白石子浆抹灰定额，均未包括颜料费用，如设计需要颜料调制时，应增加颜料费用。

4. 油漆定额按手工操作计取，如采用喷漆时，应另行计算。定额中油漆种类与实际不同时，可以调整换算。但人工与机械台班消耗量不变。

5. 定额中均未包括施工脚手架，发生时可套用 6.1 节通用项目的相应定额项目。

十一、构件运输

1. 构件场内运输已包括装车、船费用在内，凡属桥涵工程的混凝土构件，均可视不同的运输方法分别套用有关定额子目。

2. 构件场外运输按各市有关规定另行计算。

6.3.2 市政桥涵工程工程量计算规则

一、打桩工程

1. 打桩

(1) 钢筋混凝土方桩、板桩按桩长度（包括桩尖长度）乘桩断面面积计算，不扣除桩尖虚体积。

(2) 钢筋混凝土管桩按桩长度（包括桩尖长度）乘桩断面面积计算，减去空心部分体积。

(3) 钢管桩按成品桩考虑。以“t”为单位计算。

2. 送桩

(1) 陆上打桩时，以原地面平均标高增加 1 m 为界线，界线以下至设计桩顶标高之间的打桩实体体积为送桩工程量。

(2) 支架上打桩时，以当地施工期间的最高潮水位增加 0.5 m 为界线，界线以下至设计桩顶标高之间的打桩实体体积为送桩工程量。

(3) 船上打桩时，以当地施工期间的平均水位增加 1 m 为界线，界线以下至设计桩顶标高之间的打桩实体体积为送桩工程量。

二、钻孔灌注桩工程

1. 灌注桩成孔工程量按入土深度计算。定额中的孔深 H 是指护筒顶至桩底的深度，成孔定额中同一孔内的不同土质，不论其所在的深度如何，均执行总孔深定额。

2. 人工挖桩孔土方工程量按护壁外缘包围的面积乘深度计算。

3. 灌注桩水下混凝土工程量按设计桩长度加上桩尖设计超灌高度的和，再乘设计横断面面积计算，桩顶超灌高度无设计要求的则按 1 m 计算。

4. 灌注桩工作平台按临时工程有关项目计算。

5. 钻孔灌注桩钢筋按设计图纸计算，套用钢筋工程有关项目。

6. 钻孔灌注桩需要使用预埋铁件时，套用钢筋工程有关项目。

7. 制备泥浆的数量按钻机所钻孔体积的 3 倍以 10 m^3 计算。

8. 泥浆外运工程量按钻孔体积计算。

9. 截除余桩拆除工程量按成柱截除体积计算。

三、砌筑工程

1. 砌筑工程量按设计砌体尺寸以体积计算，嵌入砌体中的钢管、沉降缝、伸缩缝以及单孔面积 0.3 m^2 以内的预留孔所占体积不予扣除。

2. 拱圈底模工程量按模板接触砌体的面积计算。

四、钢筋工程

1. 钢筋按设计数量套用相应定额计算(损耗已包括在定额中)。设计未包括施工用钢筋经建设单位签证后可另计。

2. T 形梁连接钢板项目按设计图纸，以“t”为单位计算。

3. 锚具工程量按设计用量乘下列系数计算：

锥形锚，1.02；OVM 锚，1.02；墩头锚，1.00。

4. 管道压浆不扣除预应力钢筋体积。

5. 钢桩尖以“t”为单位计算。

五、现浇混凝土工程

1. 混凝土工程量按设计尺寸以实体积计算(不包括空心板、梁的空心体积)，不扣除钢筋、铁丝、铁件、预留压浆孔道和螺栓所占的体积。

2. 模板工程量按模板接触混凝土的面积计算。内模套用木模板定额时，定额已考虑内模支撑及支架，不再另计内模支撑及支架。

3. 现浇混凝土墙、板上单孔面积在 0.3 m^2 以内的孔洞体积不予扣除，洞侧壁模板面积亦不再计算；单孔面积在 0.3 m^2 以上时，应予扣除。洞侧壁模板面积并入墙、板模板工程量之内计算。

六、预制混凝土工程

1. 混凝土工程量计算：

(1) 预制桩工程量按桩长度(包括桩尖长度)乘桩横断面面积计算。

(2) 预制空心构件按设计图尺寸扣除空心体积，以实体体积计算。空心梁板的堵头板体积不计入工程量内，其消耗量已在定额中考虑。

(3) 预制空心板梁，凡采用橡胶囊做内模的，考虑其压缩变形因素，可增加混凝土数量，当梁长在 16 m 以内时，可按设计计算体积增加 7%，若梁长大于 16 m 时，则按设计计算体积增加 9%计算。若设计图已注明考虑橡胶囊变形，不得再增加体积进行计算。

(4) 预应力混凝土构件的封锚混凝土数量并入构件混凝土工程量计算。

2. 模板工程量计算：

(1) 预制构件中预应力混凝土构件及 T 形梁、箱形梁、I 形梁、双曲拱、桁架拱等构件均按模板接触混凝土的面积(包括侧模、底模)计算。

(2) 灯柱、端柱、栏杆等小型构件按平面投影面积计算。

(3) 预制构件中非预应力构件按模板接触混凝土的面积计算，不包括胎、地模。

(4) 空心板梁中空心部分，本定额均采用橡胶囊抽拔，其摊销量已包括在定额中，不再计算空心部分模板工程量。

(5) 预制箱梁中空心部分，可按模板接触混凝土的面积计算工程量。

3. 预制构件中的钢筋混凝土桩、梁及小型构件，可按混凝土定额的 2%计算其运输、堆放、安装损耗。

七、立交箱涵工程

1. 箱涵滑板下的肋楞，其工程量并入滑板内计算。

2. 箱涵混凝土工程量，不扣除单孔面积 0.3 m^2 以内的预留孔所占的体积。

3. 顶柱、中继间护套及挖土支架均属专用周转性金属构件，定额中已按摊销量计列，不得重复计算。

4. 箱涵顶进定额分空顶、无中继间实土顶和有中继间实土顶三类，其工程量计算如下：

(1) 空顶工程量按空顶的单节箱涵质量乘箱涵位移距离计算。

(2) 实土顶工程量按被顶箱涵的质量乘箱涵位移距离分段累计计算。

5. 气垫只考虑在预制箱涵底板上使用，按箱涵底面积计算。气垫的使用天数由施工组织设计确定。但采用气垫后在套用顶进定额时应乘系数 0.7。

6. 箱涵外壁及滑板面处理按设计图示表面积，以“m^2”计算。

八、安装工程

安装预制构件以“m^3”为计量单位的，均按构件混凝土实体体积(不包括空心部分)计算。

九、临时工程

1. 搭拆打桩工作平台面积计算：

(1) 桥梁打桩：　$F = N_1F_1 + N_2F_2$

每座桥台(桥墩)：　$F_1 = (5.5 + A + 2.5) \times (6.5 + D)$

每条通道：　$F_2 = 6.5 \times [L - (6.5 + D)]$

(2) 钻孔灌注桩：　$F = N_1F_1 + N_2F_2$

每座桥台(桥墩)：　$F_1 = (A + 6.5) \times (6.5 + D)$

每条通道：　$F_2 = 6.5 \times [L - (6.5 + D)]$

式中：F ——工作平台总面积；

F_1——每座桥台(桥墩)工作平台面积;

F_2——桥台至桥墩间或桥墩至桥墩间通道工作平台面积;

N_1——桥台和桥墩总数量;

N_2——通道总数量;

D ——最外侧二排桩之间的距离(m);

L ——桥梁跨径或护岸的第一根桩中心至最后一根桩中心之间的距离(m);

A ——桥台(桥墩)每排桩的第一根桩中心至最后一根桩中心之间的距离(m)。

2. 凡台与墩或墩与墩之间不能连续施工时(如不能断航、断交通或拆迁工作不能配合),每个墩、台可计一次组装、拆卸柴油打桩架及设备运输费,但需扣除相应通道面积。

3. 桥涵拱盔、支架空间体积计算:

(1) 桥涵拱盔体积按起拱线以上弓形侧面积乘(桥宽+2 m)计算。

(2) 桥涵支架体积为结构底至原地面(水上支架为水上支架平台顶面)平均标高乘纵向距离,再乘(桥宽+2 m)计算。

十、装饰工程

除金属面油漆以"t"计算外,其余项目均按装饰面积计算。

十一、构件运输

运距按场内运输范围(150 m 内)构件堆放中心至起吊点的距离计算,超出该范围按场外运输计算。

6.3.3 例题讲解

【例题 6.11】 某桥梁工程中所采用的桥墩如图 6.18 所示为圆台式,采用 C20 混凝土,石料最大粒径 20 mm,计算其工程量。

【解】 $V_{圆台} = \dfrac{1}{3}\pi l(R^2 + r^2 + rR) = \dfrac{1}{3} \times 3.14 \times 10 \times (4^2 + 3^2 + 3 \times 4)$

$= 387.27(\text{m}^3)$

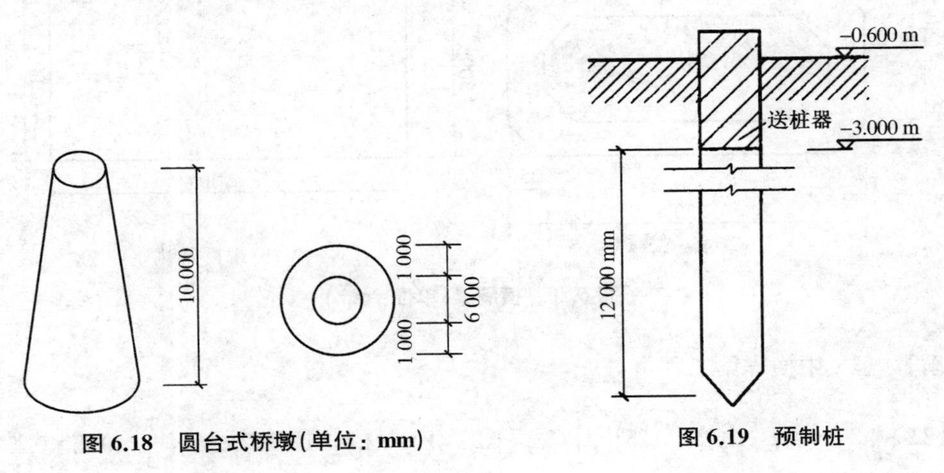

图 6.18 圆台式桥墩(单位: mm)　　图 6.19 预制桩

【例题 6.12】 某桥涵打桩工程,如图 6.19 所示,设计为钢筋混凝土预制方桩,截面为 350 mm×350 mm,每根桩长 12 m(6+6),焊接接桩,共 60 根。桩顶面标高−3.000 m,设计室外地面标高−0.600 m，陆上施工。计算打桩、接桩及送桩工程量，并根据计价定额计算定额综合单价及合价(不考虑价差)。

【解】 (1) 列项目：陆上打预制混凝土方桩桩长 16 m 以内(3-19)、焊接接头(3-65)、陆上送预制混凝土方桩 0.125 m^2 以内(3-81)。

(2) 计算工程量。

打桩工程量：V = 桩截面面积 × 设计桩长 × 个数

$=0.35\times0.35\times12\times60=88.20(m^3)$

接桩工程量：接头数量 60 个

送桩工程量：V' = 桩截面面积 × (桩顶到自然地坪高度 + 1 m) × 根数

$=0.35\times0.35\times(3-0.6+1)\times60=24.99(m^3)$

(3) 套定额，计算结果见表 6.15 所示：

表 6.15 计算结果

序号	定额编号	项目名称	计量单位	工程量	综合单价/元	合价/元
1	3-19	陆上打预制混凝土方桩桩长 16 m 以内	10 m^3	8.82	1 549.04	13 662.53
2	3-65	焊接接头	个	60	496.11	29 766.60
3	3-81	陆上送预制混凝土方桩 0.125 m^2	10 m^3	2.499	5 381.43	13 448.19
合计						56 877.32

【例题 6.13】 某 T 形预应力混凝土梁桥的横隔梁如图 6.20 所示，隔梁厚 200 mm，计算单横隔梁的工程量。

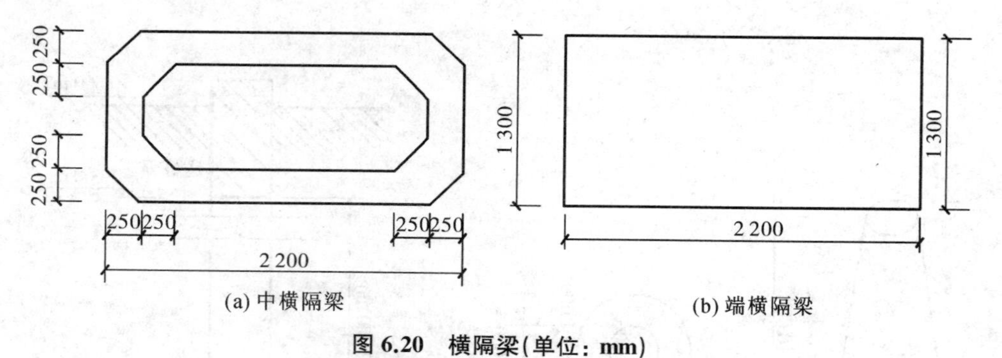

图 6.20 横隔梁(单位：mm)

【解】 (1) 中横隔梁工程量：

$$V_1=\left\{\left(2.2\times1.3-4\times\frac{1}{2}\times0.25\times0.25\right)-\left[(2.2-0.25\times2)\times(1.3-0.25\times2)-4\times\frac{1}{2}\times0.25\times0.25\right]\right\}\times0.2$$

$=(2.735-1.235)\times0.2=0.30(m^3)$

(2) 端横隔梁工程量:

$$V_2 = 2.2 \times 1.3 \times 0.2 = 0.57(\mathrm{m}^3)$$

【例题 6.14】 某城市桥梁具有双棱形花纹的栏杆,如图 6.21 所示,计算其工程量。

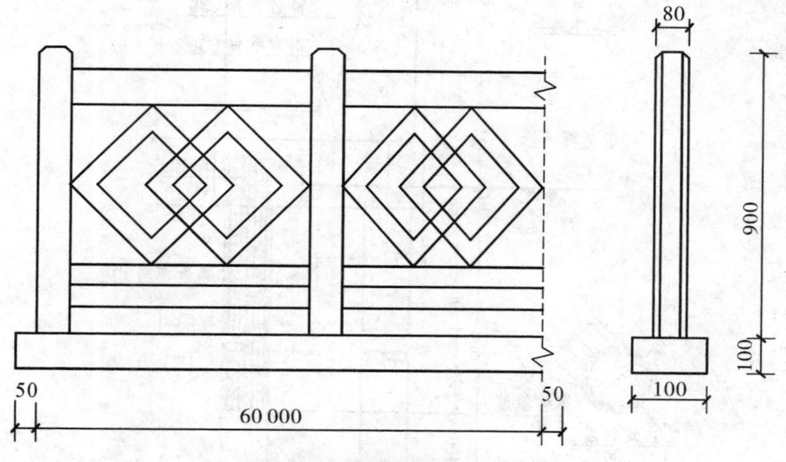

图 6.21　双棱形花纹栏杆(单位: mm)

【解】 $V_1 = (60 + 2 \times 0.05) \times 0.1 \times 0.1 = 0.60(\mathrm{m}^3)$

$V_2 = 60 \times 0.08 \times 0.9 = 4.32(\mathrm{m}^3)$

$V = V_1 + V_2 = (0.60 + 4.32) = 4.92(\mathrm{m}^3)$

说明: 防撞混凝土护栏的清单工程量以长度计算,而定额工程量以其实际体积(除去空心部分体积)计算。

【例题 6.15】 某单跨混凝土简支梁桥,桥宽 43.5 m,桥台基础采用 ϕ 100 钻孔灌注桩 $C30$ 水下混凝土基础,如图 6.22 所示,回旋钻机钻孔。地质为砂黏土层,桩基施工时采用围堰抽水施工。根据计价定额的有关规定,计算该桥梁工程一个桥台钻孔灌注桩计价定额工程量并计算合价。

假设: ①承台与桥同宽,纵横向桩距相同,灌注桩 30 根/台,每根钢护筒埋设深度为 2.5 m。

② 一个桥台灌注桩基础钢筋用量为 18.658 t。

③ 竖拆桩架不考虑。

【解】 (1) 列项目 3-565、3-113、3-136、3-212、3-213、3-216、3-252、3-596、1-448。

(2) 计算工程量。

① 搭、拆桩基础陆上支架　$F = (A + 6.5) \times (6.5 + D)$

$= (43.5 - 0.75 \times 2 + 6.5) \times (6.5 + 1.5 \times 2)$

$= 48.5 \times 9.5 = 460.75(\mathrm{m}^3)$

② 埋设 $\phi \leqslant 1\,000$ 钢护筒 $2.5 \times 30 = 75(\mathrm{m})$

③ 回旋钻机钻孔 $15.5 \times 30 = 465(\mathrm{m})$

④ 泥浆制作 $3.14 \times 0.5 \times 0.5 \times 465 \times 3 = 1\,095.08(\mathrm{m}^3)$

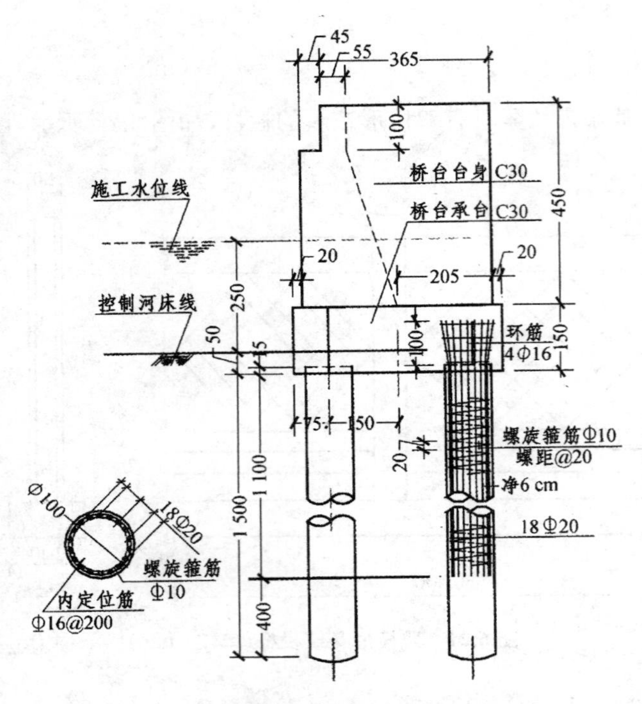

图 6.22 灌注桩钢筋图(单位：cm)

⑤ 泥浆运输 $3.14\times0.5\times0.5\times465=365.03(\mathrm{m}^3)$

⑥ C30 灌注桩混凝土 $3.14\times0.5\times0.5\times[(15.15+1)\times30]=380.33(\mathrm{m}^3)$

⑦ 凿除桩顶混凝土 $3.14\times0.5\times0.5\times(0.5\times1)\times30=11.78(\mathrm{m}^3)$

⑧ 钢筋 18.658 t

⑨ 废料弃置：视施工组织设计要求的运距计算，量一般为拆除量。

(3) 套定额，计算结果见表 6.16 所示：

表 6.16 计算结果

序号	定额编号	项目名称	单位	工程量	综合单价/元	合价/元
1	3-565	搭、拆桩基础支架平台 陆上支架 锤重 1 800 kg	100 m²	4.607 5	4 795.53	22 095.40
2	3-113	埋设钢护筒 陆上 $\phi\leqslant1\,000$	10 m	7.500 0	3 780.54	28 354.05
3	3-136	回旋钻机钻孔 $\phi\leqslant1\,000$ $H\leqslant40$ m 砂土、黏土	10 m	46.500 0	2 792.50	129 851.25
4	3-212	泥浆制作	10 m³	109.508 0	301.96	33 067.04
5	3-213	泥浆运输 运距 5 km 以内	10 m³	36.503 0	1 527.50	55 758.33

（续表）

序号	定额编号	项目名称	单位	工程量	综合单价/元	合价/元
6	3-216	C30 灌注桩 混凝土回旋钻孔	10 m^3	38.033 0	5 935.71	225 752.86
7	3-252	钢筋制作、安装 钻孔桩钢筋笼制作、安装	t	18.658 0	5 416.08	101 053.22
8	3-596	凿除桩顶钢筋混凝土 钻孔灌注桩	10 m^3	1.178 0	1 941.31	2 286.86
9	1-448	自卸汽车运石碴 自卸汽车(8 t 以内) 运距 5 km 以内	1 000 m^3	0.011 8	29 857.19	352.31
合计						598 571.32

6.4 市政隧道工程

6.4.1 市政隧道工程定额说明

一、土质隧道

1. 土质隧道开挖(含各种管沟、洞室)，普通土类别为Ⅰ至Ⅲ级，强度系数 $f=0.5\sim1$；硬土类别为Ⅳ至Ⅴ级，$f=1\sim2$；软石类别为Ⅵ级，$f=2\sim4$。

2. 土质隧道是按平硐出土考虑的，隧道出土须通过竖井时，可依批准的施工组织设计工程量，加计隧道竖井出土子目。

3. 洞内材料须通过竖井运输时，可依据施工组织设计工程量加计竖井进料子目，超前小导管和超前大管棚已考虑材料运输，不得另计材料平硐及竖井进料运输费用。

4. 钻孔压降、预留孔、压浆指隧道开挖工作面周围加固压浆或衬砌背后压降，衬砌背后压浆隧道衬砌及模筑衬砌之间压实注浆，当浆液和浆液配合比变化时，可按实调整。

二、岩石隧道开挖与出碴

1. 岩石分类，详见表 6.8 所示。

2. 平硐全断面开挖 4 m^2 以内和斜井、竖井全断面开挖 5 m^2 以内的最小断面不得小于2 m^2。

3. 平硐全断面开挖的坡度在 5°以内，斜井全断面开挖的坡度在 15°～30°范围内。平硐开挖与出碴定额，适用于独头开挖和出碴长度在 500 m 内的隧道。若工作面距硐口长度超过 500 m，人工及机械台班数量乘系数 1.05。斜井和竖井开挖与出碴定额，适用于长度在 50 m 以内。

4. 开挖定额均按光面爆破制定，如采用一般爆破开挖，其开挖定额应乘系数 0.935。

5. 平硐各断面开挖的施工方法，斜井的上行和下行开挖，竖井的正井和反井开挖，均已综合考虑，施工方法不同时不得换算。

6. 爆破材料仓库的选址由公安部门确定，2 km 内爆破材料的领退运输用工已包括在定额内，超过 2 km 时，其运输费用另行计算。

7. 出碴定额中，岩石类别已综合取定，石质不同时不予调整。

8. 平硐出碴“人力、机械装碴，轻轨斗车运输”子目中，重车上坡，坡度在 2.5%以内的工效降低因素已综合在定额内，实际在 2.5%以内的不同坡度，定额不得换算。

9. 斜井和竖井出碴定额均包括洞口外 50 m 内的人工推斗车运输。若出硐后运距超过 50 m，运输方式也与本运输方式相同，超过部分可执行平硐出碴、轻轨斗车运输，每增加 50 m 运距的定额；若出硐后改变了运输方式，应执行相应的运输定额。

10. 各开挖子目是按电力起爆编制的，若采用火雷管导火索起爆，可按如下规定换算：电雷管换为火雷管，数量不变，将子目中的两种胶质线扣除，换为导火索，导火索的长度按每个雷管 2.12 m 计算；若采用非电毫秒雷管起爆，可按如下规定换算：电雷管改为非电毫秒雷管带导爆索 3 m，数量不变，将子目中的两种胶质线扣除。

11. 开挖操作平台，按实际搭设平台的最外立杆（或最外平杆）之间的水平投影面积以“m^2”计算，套用喷射平台子目。

三、临时工程

临时工程定额按年摊销量计算，“一年内”不足一年按一年计算，超过一年按“每增一季”定额增加，不足一季（三个月）按一季计算（不分月）。

四、岩石隧道内衬

1. 现浇混凝土及钢筋混凝土边墙，拱部均考虑了施工操作平台，竖井采用的脚手架，已综合考虑在定额内，不另计算。喷射混凝土定额中未考虑喷射操作平台费用，若施工中需搭设操作平台，执行喷射平台定额。

2. 混凝土及钢筋混凝土边墙、拱部衬砌，已综合了先拱后墙、先墙后拱的衬砌比例，因素不同时不另计算。边墙若为弧形，其弧形段每 10 m^3 衬砌体积按相应定额增加人工 1.3 工日。

3. 定额中的模板是以钢拱架、钢模板计算的。

4. 定额中的钢筋是以机制手绑、机制电焊综合考虑的（包括钢筋除锈），实际施工不同时，不做调整。

5. 料石砌拱部，不分拱跨大小和拱体厚度，均执行本定额。

6. 隧道内衬施工中，凡处理地震、涌水、流砂、坍塌等特殊情况所采取的必要措施，必须做好签证和隐蔽验收手续，所增加的人工、材料、机械等费用另行计算。

五、隧道沉井

1. 沉井定额按矩形和圆形综合取定，无论采用何种形状的沉井，定额不做调整。

2. 定额中列有几种沉井下沉方法，套用何种沉井下沉定额由批准的施工组织设计确定。挖土下沉不包括土方外运费，水力出土不包括砌筑集水坑及排泥水处理。

3. 水力机械出土下沉及钻吸法吸泥下沉等子目均包括井内、外管路及附属设备的费用。

六、盾构法掘进

1. 盾构及车架安装是指现场吊装及试运行，适用于 ϕ 7 000 以内的隧道施工，拆除是指拆卸装车。ϕ 7 000 以上盾构及车架安拆按实计算。盾构及车架场外运输费按实计算。

2. 盾构掘进机选型，应根据地质报告，隧道复土层厚度、地表沉降量要求及掘进机技术性能等条件，由批准的施工组织设计确定。

3. 盾构掘进在穿越不同区域土层时，根据地质报告确定的盾构正掘面含砂性土的比例，按表6.17系数调整该区域的人工、机械费（不含盾构的折旧及大修理费）。

表6.17 人工、机械费调整系数表

盾构正掘面土质	隧道横断面含砂性土比例	调整系数
一般软黏土	≤25%	1.0
黏土夹层砂	25%～50%	1.2
砂性土（干式出土盾构掘进）	＞50%	1.5
砂性土（水力出土盾构掘进）	＞50%	1.3

4. 盾构掘进在穿越密集建筑群、古文物建筑或堤防、重要管线时，对地表升降有特殊要求者，按表6.18系数调整该区域的掘进人工、机械费（不含盾构的折旧及大修理费）。

表6.18 人工、机械费调整系数表

盾构直径/mm	允许地表升降量/mm			
	±250	±200	±150	±100
$\phi \geqslant 7\,000$	1.0	1.1	1.2	
$\phi < 7\,000$			1.0	1.2

注：① 允许地表升降量是指复土层厚度大于1倍盾构直径处的轴线上方地表升降量；
② 如第3、第4条所列两种情况同时发生，调整系数相加减1计算

5. 采用干式出土掘进，其土方以吊出井口装车止。采用水力出土掘进，其排放的泥浆水以送至沉淀池止，水力出土所需的地面部分取水、排水的土建及土方外运费用另计。水力出土掘进用水按取用自然水源考虑，不计水费，若采用其他水源需计算水费时可另计。

6. 盾构掘进定额中已综合考虑了管片的宽度和成环块数等因素，执行定额时不得调整。

7. 盾构掘进定额中含贯通测量费用，不包括设置平面控制网、高程控制网、过江水准及方向、高程传递等测量，如发生时费用另计。

8. 预制混凝土管片采用高精度钢模和高标号混凝土，定额中已含钢模摊销费，管片预制场地费另计，管片场外运输费另计。

七、垂直顶升

1. 垂直顶升预算定额适用于管节外壁断面小于4 m²、每座顶升高度小于10 m的不出土垂直顶升。

2. 预制管节制作混凝土已包括内模摊销费及管节制成后的外壁涂料。管节中的钢筋已归入顶升钢壳制作的子目中。

3. 阴极保护安装不包括恒电位仪、阳极、参比电极的原值。

4. 滩地揭顶盖只适用于滩地水深不超过0.5 m的区域，本定额未包括进出水口的围护工程，发生时可套用相应定额计算。

八、地下连续墙

1. 地下连续墙成槽的护壁泥浆采用比重为1.055的普通泥浆。若需取用重晶石泥浆，可按不同比重泥浆单价进行调整。护壁泥浆使用后的废浆处理另行计算。

2. 钢筋笼制作包括台模摊销费，定额中预埋件用量与实际用量有差异时允许调整。

3. 大型支撑基坑开挖定额适用于地下连续墙、混凝土板桩、钢板桩等作围护的跨度大于8 m的深基坑开挖。定额中已包括湿土排水，若需采用井点降水或支撑安拆需打拔中心稳定桩等，其费用另行计算。

4. 大型支撑基坑开挖由于场地狭小只能单面施工时，挖土机械按表6.19调整。

表6.19　挖土机械调整表

宽度	两边停机施工/t	单边停机施工/t
基坑宽15 m内	15	25
基坑宽15 m外	25	40

九、地下混凝土结构

1. 定额中混凝土浇捣未含脚手架费用。

2. 圆形隧道路面以大型槽形板作底模，如采用其他形式时定额允许调整。

3. 隧道内衬施工未包括各种滑模、台车及操作平台费用，可另行计算。

4. 设计钢筋数量与钢筋定额含量不同时，可按钢筋调整表调整。

十、地基加固、监测

1. 分层注浆加固的扩散半径为0.8 m，压密注浆加固半径为0.75 m，双重管、三重管高压旋喷的固结半径分别为0.4 m、0.6 m。浆体材料(水泥、粉煤灰、外加剂等)用量按设计含量计算，若设计未提供含量要求时，按批准的施工组织设计计算。检测手段只提供注浆前后 N 值之变化。

2. 定额中不包括泥浆处理和微型桩的钢筋费用，为配合土体快速排水需打砂井的费用另计。

十一、金属构件制作

1. 定额中钢支撑按 ϕ 600考虑，采用12 mm厚钢板卷管焊接而成，若采用成品钢管时定额不做调整。

2. 钢管片制作已包括台座摊销费，侧面环板燕尾槽加工不包括在内。

3. 复合管片钢壳包括台模摊销费，钢筋在复合管片混凝土浇捣子目内。

4. 垂直顶升管节钢骨架已包括法兰、钢筋和靠模摊销费。

5. 构件制作均按焊接计算，不包括安装螺栓在内。

6.4.2　市政隧道工程工程量计算规则

一、岩石隧道开挖与出碴

1. 隧道的平硐、斜井和竖井开挖与出碴工程量，按设计图开挖断面尺寸，另加允许超挖量以“m^3”计算。本定额光面爆破允许超挖量：拱部为15 cm，边墙为10 cm；若采用一般爆破，其允许超挖量：拱部为20 cm，边墙为15 cm。

2. 隧道内地沟的开挖和出碴工程量，按设计断面尺寸，以“m^3”计算，不得另行计算允许超挖量。

3. 平硐出碴的运距，按装碴重心至卸碴重心的直线距离计算，若平硐的轴线为曲线时，硐内段的运距按相应的轴线长度计算。

4. 斜井出碴的运距，按装碴重心至斜井口摘钩点的斜距离计算。斜井出碴定额中已包括平硐出碴的工作内容，不得再重复计算。

5. 竖井的提升运距，按装碴重心至井口吊斗摘钩点的垂直距离计算。竖井出碴定额中已包括平硐出碴的工作内容，不得再重复计算。

二、临时工程

1. 粘胶布通风筒及铁风筒按每一洞口施工长度减 30 m 计算。

2. 风、水钢管按硐长加 100 m 计算。

3. 照明线路按硐长计算，如施工组织设计规定需要安装双排照明时，应按实际双线部分增加。

4. 动力线路按硐长加 50 m 计算。

5. 轻便轨道以施工组织设计所布置的起止点为准，定额为单线，如实际为双线应加倍计算，对所设置的道岔，每处按相应轨道折合 30 m 计算。

6. 硐长＝主硐＋支硐（均以硐口断面为起止点，不含明槽）。

三、岩石隧道内衬

1. 隧道内衬现浇混凝土和石料衬砌的工程量，按施工图所示尺寸加允许超挖量（拱部为 15 cm，边墙为 10 cm）以“m^3”计算，混凝土部分不扣除单孔面积为 0.3 m^2 以内孔洞所占的体积。

2. 隧道衬砌边墙与拱部连接时，以拱部起拱点的连线为分界线，以下为边墙，以上为拱部。边墙底部的扩大部分工程量（含附壁水沟），应并入相应厚度边墙体积内计算。拱部两端支座，先拱后墙的扩大部分工程量，应并入拱部体积内计算。

3. 喷射混凝土数量及厚度按设计图计算，不另增加超挖、填平补齐的数量。

4. 混凝土初喷 5 cm 为基本层，每增 5 cm 按增加定额计算，不足 5 cm 按 5 cm 计算，若作临时支护可按一个基本层计算。

5. 喷射混凝土定额已包括混合料 200 m 运输，超过 200 m 时，材料运费另计。运输吨位按初喷 5 cm 拱部 26 t/100 m^2，边墙 23 t/100 m^2；每增厚 5 cm 拱部 16 t/100 m^2，边墙 14 t/100 m^2。

6. 锚杆按 ϕ22 计算，若实际不同时，定额人工、机械应按表 6.20 所列系数调整，锚杆按净重计算不加损耗。

表 6.20　不同锚杆直径人工、机械费用调整表

锚杆直径/mm	ϕ28	ϕ25	ϕ22	ϕ20	ϕ18	ϕ16
调整系数	0.62	0.78	1.00	1.21	1.49	1.89

7. 钢筋工程量按图示尺寸以“t”计算。现浇混凝土中固定钢筋位置的支撑钢筋、双层钢筋用的架立筋（铁马），伸出构件的锚固钢筋均按钢筋计算，并入钢筋工程量内。钢筋的搭接用量，设计图纸已注明的钢筋接头，按图纸规定计算。设计图纸未注明的通长钢筋接头，

ϕ 25以内的，每8 m计算1个接头，ϕ 25以上的，每6 m计算1个接头，搭接长度按规范计算。

8. 模板工程量按模板与混凝土的接触面积以"m^2"计算。

9. 喷射平台工程量，按实际搭设平台的最外立杆（或最外平杆）之间的水平投影面积以"m^2"计算。

四、隧道沉井

1. 沉井工程的井点布置及工程量，接批准的施工组织设计计算，套用6.1节通用项目的相应定额。

2. 基坑开挖的底部尺寸，按沉井外壁每侧加宽2.0 m计算，套用本章6.1节"通用项目"中的基坑挖土定额。

3. 沉井基坑砂垫层及刃脚基础垫层工程量，按批准的施工组织设计计算。

4. 刃脚的计算高度，按刃脚踏面至井壁外凸口计算，如沉井井壁没有外凸口，则从刃脚踏面至底板顶面为准。底板下的地梁并入底板计算。框架梁的工程量包括切入井壁部分的体积。井壁、隔墙或底板混凝土中，不扣除单孔面积0.3 m^2以内的孔洞所占的体积。

5. 沉井制作的脚手架安、拆，不论分几次下沉，其工程量均按井壁中心线周长与隔墙长度之和，再乘井高计算。

6. 沉井下沉的土方工程量，按沉井外壁所围的面积乘下沉深度（预制时刃脚底面至下沉后设计刃脚底面的高度），并分别乘土方回淤系数计算。回淤系数：排水下沉深度大于10 m取1.05；不排水下沉深度大于15 m取1.02。

7. 沉井触变泥浆的工程量，按刃脚外凸口的水平面积乘高度计算。

8. 沉井砂石料填心、混凝土封底的工程量，按设计图纸或批准的施工组织设计计算。

9. 钢封门安、拆工程量，按施工图用量计算。钢封门制作费另计，拆除后应回收70%的主材原值。

五、盾构法掘进

1. 掘进过程中的施工阶段划分：

(1) 负环段掘进：从拼装后靠管片起至盾尾离开出洞井内壁止。

(2) 出洞段掘进：从盾尾离开出洞井内壁至盾尾离开出洞井内壁40 m止。

(3) 正常段掘进：从出洞段掘进结束至进洞段据进开始的全段掘进。

(4) 进洞段掘进：按盾构切口距进洞井外壁5倍盾构直径的长度计算。

2. 掘进定额中盾构机按摊销考虑，若遇下列情况时，可将定额中盾构掘进机台班内的折旧费和大修理费扣除，保留其他费用作为盾构使用费台班进入定额，盾构掘进机费用按不同情况另行计算。

(1) 顶端封闭采用垂直顶升方法施工的给排水隧道。

(2) 单位工程掘进长度≤800 m的隧道。

(3) 采用进口或其他类型盾构机掘进的隧道。

(4) 由建设单位提供盾构机掘进的隧道。

3. 衬砌压浆量根据盾尾间隙，由施工组织设计确定。

4. 柔性接缝环适合于盾构工作井洞门与圆隧道接缝处理，长度按管片中心圆周长计算。

5. 预制混凝土管片工程量按实体体积加1%损耗量计算，管片试拼装以每100环管片拼装1组(3环)计算。

六、垂直顶升

1. 复合管片不分直径，管节不分大小，均执行本定额。

2. 顶升车架及顶升设备的安拆，以每顶升一组出口为安拆一次计算。顶升车架制作费按顶升一组摊销50%计算。

3. 顶升管节外壁如需压浆时，则套用分块压浆定额计算。

4. 垂直顶升管节试拼装工程量按所需顶升的管节数计算。

七、地下连续墙

1. 地下连续墙成槽土方量按连续墙设计长度、宽度和槽深(加超深0.5 m)计算。混凝土浇筑量同连续墙成槽土方量。

2. 锁口管及清底置换以段为单位(段指槽壁单元槽段)，锁口管吊拔按连续墙段数加1段计算，定额中已包括锁口管的摊销费用。

八、地下混凝土结构

1. 现浇混凝土工程量按施工图计算，不扣除单孔面积0.3 m^2 以内的孔洞所占的体积。

2. 有梁板的柱高，自柱基础顶面至梁、板顶面计算，梁高以设计高度为准。梁与柱交接，梁长算至柱侧面(即柱间净长)。

3. 结构定额中未列预埋件费用，可另行计算。

4. 隧道路面沉降缝、变形缝套用6.2节市政道路工程相应定额，其人工、机械乘系数1.1。

九、地基加固、监测

1. 地基注浆加固以孔为单位的子目，定额按全区域加固编制，若加固深度与定额不同时可内插计算；若采取局部区域加固，则人工和钻机台班不变，材料(注浆阀管除外)和其他机械台班按加固深度与定额深度同比例调减。

2. 地基注浆加固以“m^3”为单位的子目，已按各种深度综合取定，工程量按加固土体的体积计算。

3. 监测点布置分为地表和地下两部分，其中地表测孔深度与定额不同时可内插计算。工程量由施工组织设计确定。

4. 监控测试以一个施工区域内监控三项或六项测定内容划分步距，以组日为计量单位，监测时间由施工组织设计确定。

十、金属构件制作

1. 金属构件的工程量按设计图纸的主材(型钢、钢板、方钢、圆钢等)的质量以“t”计算，不扣除孔眼、缺角、切肢、切边的质量。圆形和多边形的钢板按方形和矩形计算。

2. 支撑由活络头、固定头和本体组成，本体按固定头单价计算。

6.4.3 例题讲解

【例题6.16】 某隧道工程长为500 m，洞门形状如图6.23所示，端墙采用M10号水泥砂浆砌片石，翼墙采用M7.5号水泥砂浆砌片石，外露面用片石镶面并勾平缝，衬砌水泥砂浆砌片石厚6 cm，试计算洞门砌筑工程量。

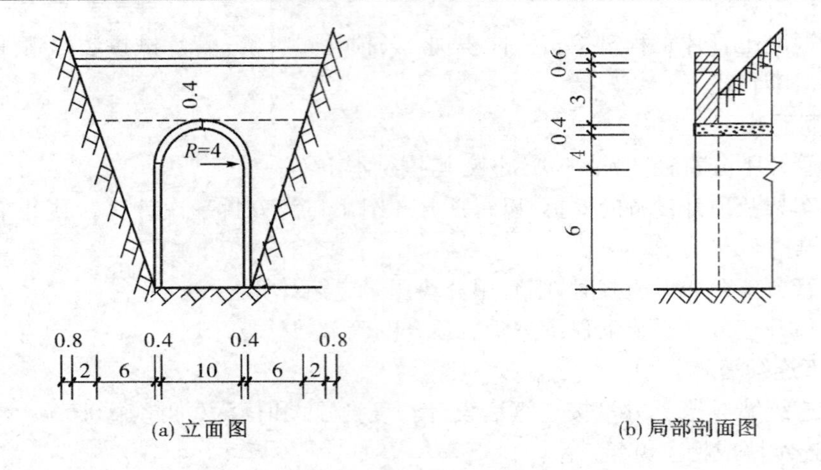

(a) 立面图

(b) 局部剖面图

图 6.23　端墙式洞门示意图(单位：m)

【解】　端墙工程量 $=(3+0.6)\times[(10+6\times2+2\times2+0.4\times2+0.8\times2)+(10+6\times2+0.4\times2)]\times\frac{1}{2}\times0.06$

$=3.6\times(28.4+22.8)\times\frac{1}{2}\times0.06$

$=5.53\ (m^3)$

翼墙工程量 $=\left\{(6+4+0.4)\times\frac{1}{2}\times[(10+0.4\times2)+(10+6\times2+0.4\times2)]-6\times(10+0.4\times2)-\pi(4+0.4)^2\times\frac{1}{2}\right\}\times0.06$

$=[10.4\times\frac{1}{2}\times(10.8+22.8)-6\times10.8-4.4^2\pi\times\frac{1}{2}]\times0.06$

$=4.77\ (m^3)$

洞门砌筑工程量 $=5.53+4.77=10.30(m^3)$

【例题 6.17】　某市某道路隧道长 100 m，洞口桩长为 K1＋200～K1＋300，其中 K1＋240～K1＋280 段岩石为普坚石，此断面设计图如图 6.24 所示，设计开挖断面积 88.87 m^2，拱部衬砌断面积 20.27 m^2，边墙断面积 4.85 m^2，试计算隧道 K1＋240～K1＋280 段的隧道开挖和衬砌工程量。

【解】　(1) 拱部工程量：

拱部混凝土工程量＝拱部截面积 × 长度

$=\frac{1}{2}\times\pi\times[(5.5+0.8)^2-5.5^2]\times(280-240)=592.832(m^3)$

超挖充填混凝土工程量＝拱部允许超挖部分截面积 × 长度

$=\frac{1}{2}\times\pi\times[(5.5+0.8+0.15)^2-(5.5+0.8)^2]\times(280-240)$

$=120.105(m^3)$

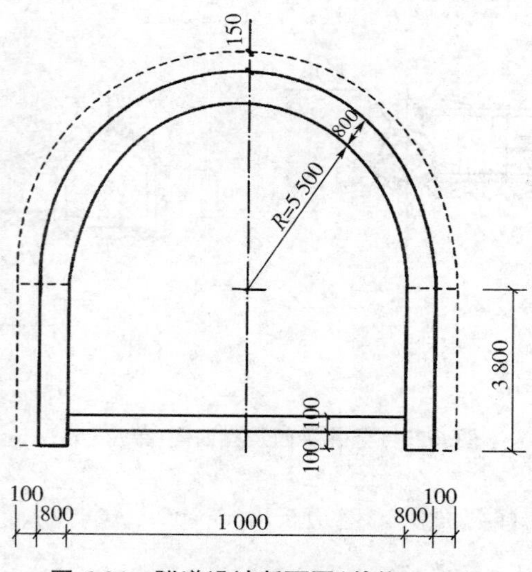

图 6.24　隧道设计断面图(单位：mm)

拱部施工衬砌工程量＝拱部混凝土工程量＋超挖充填混凝土工程量

$=592.832+120.105=712.937(\mathrm{m}^3)$

(2) 边墙衬砌工程量：

边墙断面工程量＝边墙断面截面积×长度

$=2\times3.8\times0.8\times(280-240)=243.20(\mathrm{m}^3)$

超挖充填断面工程量＝边墙允许超挖部分截面积×长度

$=2\times0.1\times3.8\times(280-240)=30.40(\mathrm{m}^3)$

施工衬砌工程量＝边墙断面工程量＋超挖充填断面工程量

$=243.20+30.40=273.60(\mathrm{m}^3)$

(3) 主洞开挖工程量：

开挖断面工程量＝隧道断面面积×隧道长度

$$=\left[\frac{1}{2}\times\pi\times(5.5+0.8)^2+3.8\times(1+0.8\times2)\right]\times(280-240)$$

$$=2\,887.732(\mathrm{m}^3)$$

超挖工程量＝拱部超挖工程量＋边墙超挖工程量

$=120.105+30.40=150.505(\mathrm{m}^3)$

施工开挖工程量$=150.505+2\,887.732=3\,038.237(\mathrm{m}^3)$

【例题 6.18】　某市某隧道工程在 K2＋150～K2＋200 段设有竖井开挖，该段无地下水，采用一般爆破开挖，岩石类别为普坚石，出渣运输用挖掘机装渣，自卸汽车运输，将废渣运至距洞口 30 m 处的废弃场，竖井布置如图 6.25 所示，试计算其工程量。

【解】　因此隧道工程采用一般爆破开挖，所以隧道拱部允许超挖量为 20 cm，边墙为 15 cm，定额工程量应乘系数 0.935。

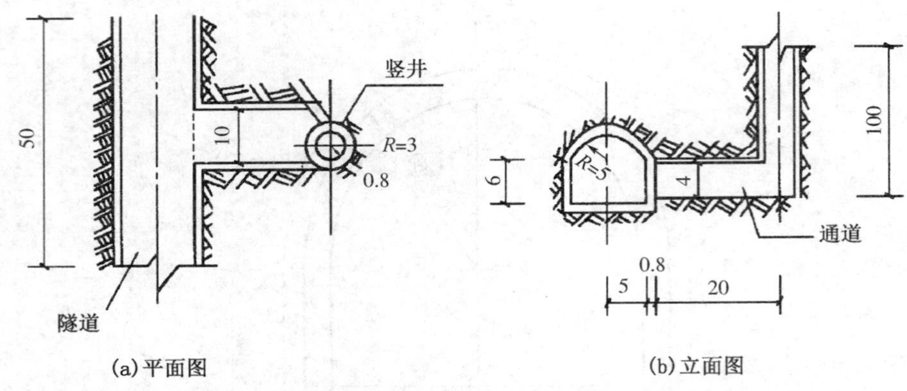

(a) 平面图　　(b) 立面图

图 6.25　竖井平面及立面图(单位: m)

隧道工程量=隧道的横截面积×隧道长度

$$=\left[(5+0.8+0.15)\times 2\times 6+(5+0.8+0.2)^2\pi\times\frac{1}{2}\right]\times 50\times 0.935$$

$$=5\,980.26(\mathrm{m}^3)$$

通道工程量=通道的横截面积×通道长度

$$=(10+0.8\times 2)\times(4+0.8)\times(20-3.8)\times 0.935=843.38(\mathrm{m}^3)$$

竖井工程量=竖井的横截面积×竖井长度

$$=\pi\times(3+0.8)^2\times 100\times 0.935=4\,239.44(\mathrm{m}^3)$$

出渣工程量 $=5\,980.26+843.38+4\,239.44=11\,063.08(\mathrm{m}^3)$

6.5　市政给水工程

6.5.1　市政给水工程定额说明

一、管道安装

1. 管节长度是综合取定的,实际不同时不做调整。

2. 套管内的管道铺设按相应的管道安装人工、机械乘系数 1.2。

3. 混凝土管安装不需要接口时,按排水工程相应定额执行。

4. 新旧管线连接项目所指的管径是指新旧管中最大的管径。

5. 管道安装定额不包括以下内容:

(1) 管道试压、消毒冲洗、新旧管道连接的排水工作内容,按批准的施工组织设计另计。

(2) 新旧管连接所需的工作坑及工作坑垫层、抹灰,马鞍卡子、盲板安装中,工作坑及工作坑垫层、抹灰,执行排水工程有关定额。马鞍卡子、盲板安装执行管道安装有关定额。

6. 管道安装总工程量不足 50 m 时,管径小于等于 300 mm 的,其人工和机械耗用量均乘系数 1.67;管径大于 300 mm 的,其人工和机械耗用量均乘系数 2.00;管径大于600 mm 的,其人工和机械耗用量乘系数 2.50。

二、管道防腐

管道防腐综合考虑了现场和厂内集中防腐两种施工方法。

三、管件安装

1. 铸铁管件安装适用于铸铁三通、弯头、套管、乙字管、渐缩管、短管的安装。并综合考虑了承口、插口、带盘的接口。与盘连接的阀门或法兰应另计。

2. 铸铁管件安装(胶圈接口)也适用于球墨铸铁管件的安装。

3. 马鞍卡子安装所列直径是指主管直径。

4. 法兰式水表组成与安装定额内无缝钢管、焊接弯头所采用壁厚与设计不同时,允许调整其材料预算价格,其他不变。

5. 管件安装定额不包括以下内容:

(1) 与马鞍卡子相连的阀门安装,执行本章的6.7节“市政燃气及集中供热工程”中有关定额。

(2) 分水栓、马鞍卡子、二合三通安装的排水内容,应按批准的施工组织设计另计。

四、管道附属构筑物

1. 井深是指垫层顶面至铸铁井盖顶面的距离,井深大于1.5 m时,应按排水工程有关项目计取脚手架搭拆费。如按《国家建筑标准设计图集》(07MS101)编制的管道附属构筑物,所指井深是钢筋混凝土底板顶面至钢筋混凝土盖板底面的距离。

2. 井盖、井座是按普通铸铁井盖、井座考虑的,如设计要求采用球墨铸铁或复合型材料制作的井盖、井座,其材料预算价格可以换算,其他不变。

3. 排气阀井,可套用阀门井的相应定额。

4. 矩形卧式阀门井筒每增0.2 m定额,包括2个井筒同时增0.2 m。

5. 管道附属构筑物定额不包括以下内容:

(1) 模板安装拆除、钢筋制作安装。如发生时,执行排水工程有关定额。

(2) 圆形排泥湿井的进水管、溢流管的安装,执行管道附属构筑物有关定额。

五、取水工程

1. 大口井内套管安装:

(1) 大口井套管为井底封闭套管,按法兰套管全封闭接口考虑。

(2) 大口井底作反滤层时,执行渗渠滤料填充项目。

2. 取水工程定额不包括以下内容,发生时按以下规定执行:

(1) 辐射井管的防腐,执行《全国统一安装工程预算定额》有关项目。

(2) 模板的制作安装和拆除、钢筋制作安装、沉井工程。发生时执行排水工程有关定额,其中渗渠制作的模板安装拆除人工按相应项目乘系数1.2。

(3) 土石方开挖、回填、脚手架搭拆、围堰工程执行本章6.1节“通用项目”有关定额。

(4) 船上打桩及桩的制作,执行本章6.3节“市政桥涵工程”有关项目。

(5) 水下管线铺设,执行本章6.7节“市政燃气及集中供热工程”中有关项目。

六、管道穿越工程及其他

1. 拖管过河采用直线拖拉式。

2. 不论制作与吊装、牵引,管道穿越工程及其他确定的人工、材料、机械均不得调整。

3. 各种含量的确定:

(1) 单拱跨管桥管段组焊：按每 10 m 含 4.494 个口综合取定，有出入时定额人工、材料、机械台班乘下列调整系数：

$$调整系数=\frac{每10\text{ m}实际含口数}{4.494}$$

(2) 附件制作安装：包括固定支座、加强筋板、预埋钢板，每项单拱跨工程只允许套用一次定额，管段组焊按设计长度套用定额。

(3) "门形"管桥制作：$\phi \leqslant 273$ 时，含 2 个 45°弯头(4D)及附件，基段 4 个口；$\phi \geqslant 325$ 时，含 4 个 45°弯头(4D)及附件，基段 8 个口。加强筋板制作及地脚螺栓安装的人工、材料、机械台班已列入基段定额，使用时不准调整。

4. 小于 40 m 的穿越管段组焊及拖管过河，不包括水下稳管。

5. 制作穿越拖管头所用的主材钢管与穿越管段的钢管，如管径、壁厚不同时，可以换算，其余材料和人工、机械台班均不得换算。

6.5.2 市政给水工程工程量计算规则

一、管道安装

1. 管道安装均按施工图中心线的长度计算(支管长度从主管中心开始计算到支管末端交接处的中心)，管件、阀门所占长度已在管道施工损耗中综合考虑，计算工程量时均不扣除其所占长度。

2. 管道安装均不包括管件(指三通、弯头、异径管)、阀门的安装。管件安装执行管道安装的有关定额。

3. 遇有新旧管连接时，管道安装工程量计算到碰头的阀门处，但阀门及与阀门相连的承(插)盘短管、法兰盘的安装均包括在新旧管连接定额内，不再另计。

二、管道防腐

管道内外防腐按施工图中心线长度计算，计算工程量时不扣除管件、阀门所占的长度，但管件、阀门的内防腐也不另行计算。

三、管件安装

管件、分水栓、马鞍卡子、二合三通、水表的安装按施工图数量以"个"或"组"为单位进行计算。

四、管道附属构筑物

1. 各种井均按施工图数量，以"座"为单位。

2. 管道支墩按施工图以实体体积计算，不扣除钢筋、铁件所占的体积。

五、取水工程

大口井内套管、辐射井管安装按设计图中心线长度计算。

六、管道穿越工程及其他

1. 穿越管段拖管过河的宽度，应根据设计或施工组织设计确定的穿越管段长度计算。

2. 穿越管段的拖管质量，指管段总质量，包括管段本身质量及保护层质量。

6.5.3 例题讲解

【例题 6.19】 某给水工程蓄水池池壁上厚 20 cm，下厚 25 cm，高 16 m，直径 16 m，池壁材料用钢筋混凝土，池盖壁厚为 25 cm，其尺寸如图 6.26 所示，试计算此池池壁及池盖体积和制作安装体积。

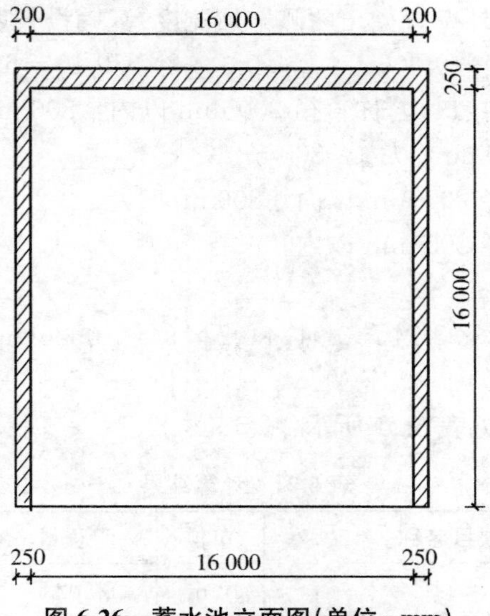

图 6.26　蓄水池立面图(单位：mm)

【解】 (1) 池壁上薄下厚，以平均厚度计算，池壁高度由池底板面算至池盖下面，则壁平均厚度和平均半径分别为

$$\widehat{h}=\frac{0.25+0.20}{2}=0.225(\mathrm{m})$$

$$\widehat{R_1}=(16+0.225\times 2)\times\frac{1}{2}=8.225(\mathrm{m})$$

则池壁体积为外圆柱体积与内圆柱体积之差

$$\begin{aligned}V&=\pi\widehat{R}_1^2H-\pi r^2H\\&=3.14\times 8.225^2\times 16-3.14\times 8^2\times 16\\&=183.41(\mathrm{m}^3)\end{aligned}$$

(2) 池盖为一高度很小的圆柱体，其体积按圆柱体计算。即

$$\begin{aligned}V&=\pi\widehat{R_2}H=3.14\times\left[\frac{16+0.2\times 2}{2}\right]^2\times 0.25\\&=52.78(\mathrm{m}^3)\end{aligned}$$

【例题 6.20】 某随路建设的给水管道工程采用 *DN*200 球墨铸铁管，管道长度为 800 m，胶圈接口。管道垫层采用 10 cm 中粗砂，球墨铸铁管出厂时厂家已做防腐处理。管道需消毒冲洗和水压试验。*DN*200 球墨铸铁管壁厚 6.4 mm。砖砌内径 1.2 m、深 1.5 m 的阀门井 9 座，井盖座采用 ϕ700 轻型铸铁井盖、井座。公称直径 *DN*200 mm、压力要求为 1.6 MPa的明杆法兰闸阀 9 个。不考虑土方挖填费用和沟槽排水。试计算定额工程量并计算合价。

【解】 (1) 列项目6-823、5-60、5-160、5-178、7-653、5-421、6-1519。

(2) 计算工程量。

垫层砂工程量=(管道外壁直径+两侧增加宽度)×铺设长度

垫层砂 $V=800\times(0.2+0.0064\times2+0.3\times2)\times0.10=65.024(m^3)$

球墨铸铁管安装(胶圈接口)公称直径 200 mm 以内　800 m

管道试压公称直径 200 mm 以内　800 m

管道消毒冲洗公称直径 200 mm 以内　800 m

法兰阀门安装公称直径 200 mm 以内　9 个

砖砌阀门井 9 座

混凝土基础垫层木模 $2\times3.14\times0.94\times0.2\times9=10.626(m^2)$

木制井字架井深 2 m 以内　9 座

(3) 套定额,计算结果见表 6.21 所示:

表 6.21　计算结果

序号	定额编号	项目名称	单位	工程量	综合单价/元	合价/元
1	6-823	垫层砂	10 m^3	6.502 4	1 749.10	11 373.35
2	5-60	球墨铸铁管安装(胶圈接口)公称直径 200 mm 以内	10 m	80	2 725.48	218 038.40
3	5-160	管道试压公称直径 200 mm 以内	100 m	8	378.50	3 028.00
4	5-178	管道消毒冲洗公称直径 200 mm 以内	100 m	8	307.74	2 461.92
5	7-653	焊接法兰阀门安装公称直径 200 mm 以内	个	9	2 072.96	18 656.64
6	5-421	M7.5 砖砌圆形阀门井(直筒式)井内径 1.2 m、深 1.5 m	座	9	2 087.45	18 787.05
7	6-1519	混凝土基础垫层木模	100 m^2	0.106 3	4 138.78	439.95
合计						272 785.31

6.6　市政排水工程

6.6.1　市政排水工程定额说明

一、定型混凝土管道基础及铺设

1. D600～D700 混凝土管铺设分为人工下管和人机配合下管,D800～D2400 为人机配合下管。

2. 如在无基础的槽内铺设管道,其人工、机械耗用量均乘系数 1.18。

3. 如遇有特殊情况,必须在支撑下串管铺设,人工、机械耗用量均乘系数 1.33。

4. 自(予)应力胶圈接口混凝土管采用给水工程的相应定额项目。

5. 实际管座角度与定额不同时，采用非定型管座定额项目。

6. 企口管的膨胀水泥砂浆接口和石棉水泥接口适于 360°，其他接口均是按管座 120°和 180°列项的。若管座角度不同，按相应材质的接口做法，以管道接口调整表进行调整，见表 6.22 所示：

表 6.22　管道接口调整表

序号	项目名称	实做角度	调整基数或材料	调整系数
1	水泥砂浆抹带接口	90°	120°定额基价	1.330
2	水泥砂浆抹带接口	135°	120°定额基价	0.890
3	钢丝网水泥砂浆抹带接口	90°	120°定额基价	1.330
4	钢丝网水泥砂浆抹带接口	135°	120°定额基价	0.890
5	企口管膨胀水泥砂浆抹带接口	90°	定额中 1：2 水泥砂浆	0.750
6	企口管膨胀水泥砂浆抹带接口	120°	定额中 1：2 水泥砂浆	0.670
7	企口管膨胀水泥砂浆抹带接口	135°	定额中 1：2 水泥砂浆	0.625
8	企口管膨胀水泥砂浆抹带接口	180°	定额中 1：2 水泥砂浆	0.500

注：现浇混凝土外套环，变形缝接口，通用于平口、企口管

7. 定额中的水泥砂浆抹带、钢丝网水泥砂浆接口不包括内抹口，如设计要求内抹口时，被抹口周长每 100 延长米增加水泥砂浆 0.042 m^3、人工 9.22 工日计算。

8. 如工程项目的设计要求与本定额所采用的标准图集不同时，套用非定型的相应项目。

二、定型井

1. 定型井包括各种定型的砖砌检查井、收水井，适用于 D700～D2400 间混凝土雨水、污水及合流管道所设的检查井和收水井。

2. 混凝土过梁的制作与安装，当小于 0.04 m^3/件时，套用小型构件项目；当大于 0.04 m^3/件时，套用定型井项目。

3. 各类检查井，当井深大于 1.50 m 时，可视井深、井字架材质套用模板、钢筋、井字架工程的相应项目。

4. 如遇三通、四通井，执行非定型井项目。

三、非定型井、渠、管道基础及砌筑

1. 该项目均不包括脚手架，当井深超过 1.50 m 时，套用井字脚手架项目；砌墙高度超过 1.20 m，抹灰高度超过 1.50 m，所需脚手架套用本章 6.1 节“通用项目”的相应项目。

2. 收水井的混凝土过梁制作、安装套用小型构件的相应项目。

3. 跌水井跌水部位的抹灰，按流槽抹面项目执行。

4. 混凝土枕基和管座不分角度均按相应定额执行。

5. 干砌、浆砌出水口的平坡、锥坡、翼墙按本章 6.1 节：“通用项目”的相应项目执行。

6. 小型构件是指单件体积在 0.04 m^3 以内的构件。凡大于 0.04 m^3 的检查井过梁，执行混凝土过梁制作安装项目。

7. 拱(弧)型混凝土盖板的安装,按相应体积的矩形板定额人工、机械耗用量均乘系数1.15执行。

8. 定额只计列了井内抹灰的子目。如井外壁需要抹灰,砖、石井均按井内侧抹灰项目人工乘系数0.80,其他不变。

9. 砖砌检查井的升高,执行检查井筒砌筑相应项目,降低则执行本章6.1节“通用项目”的拆除构筑物相应项目。

10. 石砌体均按块石考虑,如采用片石或平石时,块石与砂浆用量分别乘系数1.09和1.19,其他不变。

11. 给排水构筑物的垫层执行本章定额相应项目,其中人工乘系数0.87,其他不变;若构筑物池底混凝土垫层需要找坡时,其人工不变。

四、顶管工程

1. 工作坑垫层、基础采用非定型井、渠、管道基础及砌筑相应项目,人工乘系数1.10,其他不变。如果方(拱)涵管需设滑板和导向装置时,另行计算。

2. 工作坑挖土方是按土壤类别综合计算的,土壤类别不同,不允许调整。

3. 工作坑内管(涵)明敷,应根据管径、接口作法套用本章6.1节“通用项目”的相应项目,人工、机械耗用量均乘系数1.10,其他不变。

4. 顶进施工的方(拱)涵断面大于4 m^2 的,按箱涵顶进项目或规定执行。

5. 管道顶进项目中的顶镐均为液压自退式,如采用人力顶镐,人工乘系数1.43;如系人力退顶(回镐),则人工乘系数1.20,其他不变。

6. 人工挖土顶管设备、千斤顶,高压油泵台班单价中已包括了安拆及场外运费,执行中不得重复计算。

7. 顶管工程中,管径 ϕ 1 650以内敞开式顶进在100 m以内、封闭式顶进(不分管径)在50 m以内的,顶进定额中的人工费与机械费均乘系数1.30。

8. 顶管采用中继间顶进的,顶进定额中的人工费与机械费均乘下列系数分级计算,见表6.23所示:

表6.23 中继间顶进分级换算表

中继间顶进分级	一级顶进	二级顶进	三级顶进	四级顶进	超过四级
人工费、机械费调整系数	1.36	1.64	2.15	2.80	另计

9. 顶管工程中的材料是按50 m水平运距、坑边取料考虑的,如因场地等情况取用料水平运距超过50 m时,根据超过距离和相应定额另行计算。

10. 牵引管子目中已考虑造斜段及曲线消耗因素,采用塑料管时,消耗量应为10.50/10 m。回拖布管人工、机械含量除以系数1.15。

11. 牵引管扩孔孔径按需铺管管径的1.35倍已考虑在子目中。

12. 牵引各类绑扎在一起的塑料管时,按理论总管径套用相应子目中相同管径进行计算。

13. 一次性回拖距离超过300 m,回拖布管人工、机械含量均乘系数1.30,塑料管在其人工、机械含量基础上均乘系数1.20。

五、给排水构筑物

1. 沉井

(1) 沉井工程系按深度 12 m 以内、陆上排水沉井考虑的。水中沉井、陆上水冲法沉井以及离河岸边近的沉井，需要采取地基加固等特殊措施者，可执行隧道工程相应项目。

(2) 沉井下沉项目中已考虑了沉井下沉的纠偏因素，但不包括压重助沉措施，若发生可另行计算。

(3) 沉井制件不包括外渗剂，若使用外渗剂时可按当地有关规定执行。

2. 现浇钢筋混凝土池类

(1) 池壁遇有附壁柱时，按相应柱定额项目执行，其中人工乘系数 1.05，其他不变。

(2) 无梁盖柱包括柱帽及柱座。

(3) 井字梁、框架梁均执行连续梁项目。

(4) 混凝土池壁、柱(梁)、池盖是按在地面以上 3.60 m 以内施工考虑的，若超过 3.60 m 者按：采用卷扬机施工的，每 10 m^3 混凝土增加卷扬机(带塔)和人工见表 6.24 所示；采用塔式起重机施工的，每 10 m^3 混凝土增加塔式起重机台班，按相应项目中搅拌机台班用量的 50%计算。

表 6.24　人工、台班调整表

序号	项目名称	增加人工工日	增加卷扬机(带塔)台班
1	池壁、隔墙	8.70	0.59
2	柱、梁	6.10	0.39
3	池盖	6.10	0.39

(5) 池盖定额项目中不包括进人孔，应按安装预算定额相应项目执行。

(6) 格型池池壁执行直型池壁相应项目(指厚度)人工乘系数 1.15，其他不变。

(7) 悬空落泥斗按落泥斗相应项目人工乘系数 1.40，其他不变。

3. 预制混凝土构件

(1) 预制混凝土滤板中已包括了所设置预埋件 ABS 塑料滤头的套管用工，不得另计。

(2) 集水槽若需留孔时，按每 10 个孔增加 0.5 个工日计。

(3) 除混凝土滤板、铸铁滤板、支墩安装外，其他预制混凝土构件安装均执行异型构件安装项目。

4. 施工缝

(1) 各种材质填缝的断面取定如表 6.25 所示：

表 6.25　各种材质填缝的断面取定表

序号	项目名称	断面尺寸
1	建筑油膏、聚氯乙烯胶泥	3 cm×2 cm
2	油浸木丝板	2.5 cm×15 cm
3	紫铜板止水带	展开宽 45 cm
4	氯丁橡胶止水带	展开宽 30 cm
5	其余均为	15 cm×3 cm

(2) 如实际设计的施工缝断面与表 6.25 不同时,材料用量可以换算,其他不变。

5. 井、池渗漏试验

(1) 井、池渗漏试验容量在 500 m^3 以内是指井或小型池槽。

(2) 井、池渗漏试验注水采用电动单级离心清水泵,定额项目中已包括了泵的安装与拆除用工,不再另计。

(3) 若构筑物池容量较大,需从一个池子向另一个池注水作渗漏试验采用潜水泵时,其机械台班单价可以换算,其他均不变。

六、给排水机械设备安装

1. 设备的安装是按无外围护条件下施工考虑的,如在有外围护的施工条件下施工,定额人工及机械应乘系数 1.15,其他不变。

2. 一般起重机具的摊销费,按起重机具的净重 585.20 元/t 计取。

3. 其他有关说明:

(1) 投药、消毒设备:管式药液混合器以两节为准,如为三节,乘系数 1.30;水射器安装以法兰式连接为准,不包括法兰及短管的焊接安装;加氯机为膨胀螺栓固定安装;溶药搅拌设备以混凝土基础为准考虑。

(2) 水处理设备:曝气机以带有公共底座考虑,如无公共底座时,定额基价乘系数1.30,如需制作安装钢制支承平台时,应另行计算。曝气管的分管以闸阀划分为界,包括钻孔。塑料管为成品件,如需粘接和焊接时,可按相应规格项目的定额基价分别乘系数 1.20 和 1.30。卧式表曝机包括泵(E)型、平板型、倒伞型和 K 型叶轮。

(3) 排泥、撇渣及除砂机械:排泥设备的池底找平由土建负责,如需钳工配合,另行计算。吸泥机以虹吸式为准,如采用泵吸式,定额基价乘系数 1.30。

(4) 闸门及驱动装置:铸铁圆闸门包括升杆式和暗杆式,其安装深度按 6 m 以内考虑;铸铁方闸门以带门框座为准,其安装深度按 6 m 以内考虑;铸铁堰门安装深度按 3 m 以内考虑;螺杆启闭机安装深度按手轮式为 3 m、手摇式为 4.5 m、电动式为 6 m、汽动式为 3 m 以内考虑。

(5) 堰板制作安装:碳钢、不锈钢矩形堰执行齿型堰相应项目,其中人工乘系数 0.60,其他不变;金属齿型堰板安装方法是按有连接板考虑的,非金属堰板安装方法是按无连接板考虑的,如实际安装方法不同,定额不做调整;金属堰板安装项目是按碳钢考虑的,不锈钢堰板按金属堰板安装相应项目基价乘系数 1.20,主材另计,其他不变;非金属堰板安装项目适用于玻璃钢和塑料堰板。

七、模板、钢筋、井字架工程

1. 模板安、拆以槽(坑)深 3 m 为准,超过 3 m 时,人工增加 8%系数,其他不变。

2. 现浇混凝土梁、板、柱、墙的模板,支模高度是按 3.6 m 考虑的,超过 3.6 m 时,超过部分的工程量另按超高的项目执行。

3. 模板的预留洞按水平投影面积计算,小于 0.3 m^2 的,圆形洞每 10 个增加 0.72 工日,方形洞每 10 个增加 0.62 工日。

4. 小型构件是指单件体积在 0.04 m^3 以内的构件,地沟盖板项目适用于单块体积在 0.3 m^3 内的矩形板,井盖项目适用于井口盖板,井室盖板按矩形板项目执行,预留口按以上第 3 条规定执行。

5. 钢筋加工定额是按现浇、预制混凝土构件、预应力钢筋分别列项的，工作内容包括加工制作、绑扎（焊接）成型、安放及浇捣混凝土时的维护用工等全部工作，除另有说明外均不允许调整。

6. 各项目中的钢筋规格是综合计算的，子目中的"××以内"系指主筋最大规格，凡小于 ϕ10 的构造筋均执行 ϕ10 以内子目。

7. 定额中非预应力钢筋加工，现浇混凝土构件是按手工绑扎，预制混凝土构件是按手工绑扎、点焊综合计算的，加工操作方法不同不予调整。

8. 钢筋加工中的钢筋接头、施工损耗，绑扎铁丝及成型点焊和接头用的焊条均已包括在定额内，不得重复计算。

9. 后张法钢筋的锚固是按钢筋绑条焊，U 形插垫编制的，如采用其他方法锚固，应另行计算。

10. 定额中已综合考虑了先张法张拉台座及其相应的夹具、承力架等合理的周转摊销费用，不得重复计算。

11. 非预应力钢筋不包括冷加工，若设计要求冷加工时另行计算。

12. 构件钢筋、人工和机械增加系数如表 6.26 所示：

表 6.26　构件钢筋、人工和机械增加系数表

项目	计算基数	现浇构件钢筋		构筑物钢筋	
		小型构件	小型池槽	矩形	圆形
增加系数	人工和机械	100%	152%	25%	50%

6.6.2　市政排水工程工程量计算规则

一、定型混凝土管道基础及铺设

1. 各种角度的混凝土基础、混凝土管、塑料管铺设按井中至井中的中心扣除检查井长度，以延长米计算工程量。每座检查井扣除长度按表 6.27 计算。

表 6.27　检查井扣除长度表

检查井规格/mm	扣除长度/m	检查井类型	扣除长度/m
ϕ700	0.40	各种矩形井	1.00
ϕ1 000	0.70	各种交汇井	1.20
ϕ1 250	0.95	各种扇形井	1.00
ϕ1 500	1.20	圆形跌水井	1.60
ϕ2 000	1.70	矩形跌水井	1.70
ϕ2 500	2.20	阶梯式跌水井	按实扣

2. 管道接口区分管径和做法，以实际接口个数计算工程量。

3. 管道闭水试验，以实际闭水长度计算，不扣各种井所占长度。

4. 管道出水口区分形式、材质及管径，以"处"为单位计算。

二、定型井

1. 各种井按不同井深、井径以“座”为单位计算。

2. 各类井的井深按井底基础以上至井盖顶计算。

三、非定型井、渠、管道基础及砌筑

1. 各项目的工程量均以施工图为准计算。其中：

(1) 砌筑按体积计算，以“10 m^3”为单位计算。

(2) 抹灰、勾缝以“100 m^2”为单位计算。

(3) 各种井的预制构件以实体体积“m^3”计算，安装以“套”为单位计算。

(4) 井、渠垫层、基础按实体体积以“10 m^3”计算。

(5) 沉降缝应区分材质按沉降缝的断面积或铺设长度分别以“100 m^2”和“100 m”计算。

(6) 各类混凝土盖板的制作按实体体积以“m^3”计算，安装应区分单件(块)体积，以“10 m^3”计算。

2. 检查井筒的砌筑适用于混凝土管道井深不同的调整和方沟井筒的砌筑，区分高度以“座”为单位计算，高度与定额不同时采用每增减 0.50 m 计算。

3. 方沟(包括存水井)闭水试验的工程量，按实际闭水长度的用水量，以“100 m^3”计算。

四、顶管工程

1. 工作坑土方区分挖土深度，按挖方体积以“m^3”计算。

2. 各种材质管道的顶管工程量，按实际顶进长度，以“延长米”计算。

3. 顶管接口应区分操作方法、接口材质分别以口的个数和管口断面积计算工程量。

4. 钢板内、外套环的制作，按套环质量以“t”为单位计算。

5. 水平定向钻进敷设钻孔导向、扩孔工程量及回拖布管工程量按图示管道尺寸以“延长米”计算。

五、给排水构筑物

1. 沉井

(1) 沉井垫木按刃脚中心线以“100 延长米”为单位计算。

(2) 沉井井壁及隔墙的厚度不同，如上薄下厚，可按平均厚度执行相应定额。

2. 现浇钢筋混凝土池

(1) 钢筋混凝土各类构件均按图示尺寸，以混凝土实体体积计算，不扣除单孔面积 0.30 m^2 以内的孔洞体积。

(2) 各类池盖中的进人孔、透气孔盖以及与盖相连接的结构，工程量合并在池盖中计算。

(3) 平底池的池底体积，应包括池壁下的扩大部分。池底带有斜坡时，斜坡部分应按坡底计算。锥形底应算至壁基梁底面，无壁基梁者算至锥底坡的上口。

(4) 池壁分别按不同厚度计算体积，如壁上薄下厚，以平均厚度计算。池壁高度应自池底板面算至池盖下面。

(5) 无梁盖柱的柱高，应自池底上表面算至池盖的下表面，并包括柱座、柱帽的体积。

(6) 无梁盖应包括与池壁相连的扩大部分的体积；肋形盖应包括主、次梁及盖部分的体积；球形盖应自池壁顶面以上，包括边侧梁的体积在内。

(7) 沉淀池水槽，系指池壁上的环形溢水槽及纵横 U 形水槽，但不包括与水槽相连接的矩形梁，矩形梁可执行梁的相应项目。

3. 预制混凝土构件

（1）预制钢筋混凝土滤板按图示尺寸区分厚度以“10 m^3”计算，不扣除滤头套管所占体积。

（2）除钢筋混凝土滤板外其他预制混凝土构件均按图示尺寸以“m^3”计算，不扣除单孔面积 0.3 m^2 以内孔洞所占的体积。

4. 拆板、壁板制作安装

（1）拆板安装区分材质均按图示尺寸以“m^2”计算。

（2）稳流板安装区分材质不分断面匀按图示长度以“延长米”计算。

5. 滤料铺设

各种滤料铺设均按设计要求的铺设平面乘铺设厚度以“m^3”计算，锰砂、铁矿石滤料以“10 t”计算。

6. 防水工程

（1）各种防水层按实铺面积，以“100 m^2”计算，不扣除单孔面积 0.30 m^2 以内孔洞所占的面积。

（2）平面与立面交接处的防水层，其上卷高度超过 500 mm 时，按立面防水层计算。

7. 施工缝

各种材质的施工缝填缝及盖缝均不分断面，按设计缝长以“延长米”计算。

8. 井、池渗漏试验

井、池的渗漏试验区分井、池的容量范围，以“1 000 m^3”水容量计算。

六、给排水机械设备安装

1. 机械设备类

（1）格栅除污机、滤网清污机、搅拌机械、曝气机、生物转盘、带式压滤机均区分设备质量，以“台”为单位计算。设备质量均包括设备带有的电动机的质量在内。

（2）螺旋泵、水射器、管式混合器、辊压转鼓式污泥脱水机、污泥造粒脱水机均区分直径，以“台”为单位计算。

（3）排泥、撇渣和除砂机械，均区分跨度或池径，按“台”为单位计算。

（4）闸门及驱动装置，均区分直径或长×宽，以“座”为单位计算。

（5）曝气管不分曝气池和曝气沉砂池，均区分管径和材质，按“延长米”为单位计算。

2. 其他项目

（1）集水槽制作安装分别按碳钢、不锈钢，区分厚度按“10 m^2”为单位计算。

（2）集水槽制作、安装以设计断面尺寸乘相应长度，以“m^2”计算，断面尺寸应包括需要折边的长度，不扣除出水孔所占面积。

（3）堰板制作分别按碳钢、不锈钢，区分厚度按“10 m^2”为单位计算。

（4）堰板安装分别按金属和非金属区分厚度，按“10 m^2”为单位计算。金属堰板适用于碳钢、不锈钢，非金属堰板适用于玻璃钢和塑料。

（5）齿型堰板制作安装按堰板的设计宽度乘长度，以“m^2”为单位计算，不扣除齿型间隔空隙所占面积。

（6）穿孔管钻孔项目区分材质，按管径以“100 个孔”为单位计算。钻孔直径是综合考虑取定的，不论孔径大与小，均不做调整。

(7) 斜板、斜管安装仅是安装费，按“10 m^2”为计量单位。

(8) 格栅制作安装区分材质，按格栅质量以“t”为单位计算，制作所需的主材应区分规格、型号，分别按定额中规定的使用量计算。

七、模板、钢筋、井字架工程

1. 现浇混凝土构件模板按构件与模板的接触面积以“m^2”计算，其中小型池槽木模按构件的实体体积以“m^3”计算。

2. 预制混凝土构件模板，按构件的实体体积以“m^3”计算。

3. 砖、石拱圈的拱盔和支架均以拱盔与圈孤弧形接触面积计算，并执行桥涵工程的相应项目。

4. 各种材质的地模胎膜，按施工组织设计的工程量，并应包括操作等必要的宽度以“m^2”计算，执行桥涵工程相应项目。

5. 井字架区分材质和搭设高度以“架”为单位计算，每座井计算一次。

6. 井底流槽按浇筑的混凝土流槽与模板的接触面积计算。

7. 钢筋工程，应区别现浇、预制，分别按设计长度乘单位质量，以“t”计算。

8. 计算钢筋工程量时，设计已规定搭接长度的，按规定搭接长度计算；设计未规定搭接长度的，已包括在钢筋的损耗中，不另计算搭接长度。

9. 先张法预应力钢筋，按构件外形尺寸计算长度，后张法预应力钢筋按设计图规定的预应力钢筋预留孔道长度，并区别不同锚具，分别按下列规定计算：

(1) 钢筋两端采用螺杆锚具时，预应力的钢筋按预留孔道长度减 0.35 m，螺杆另计。

(2) 钢筋一端采用镦头插片，另一端采用螺杆锚具时，预应力钢筋长度按预留孔道长度计算。

(3) 钢筋一端采用镦头插片，另一端采用帮条锚具时，增加 0.15 m；如两端均采用帮条锚具，预应力钢筋共增加长度 0.30 m。

(4) 采用后张混凝土自锚时，预应力钢筋共增加长度 0.35 m。

10. 钢筋混凝土构件预埋铁件，按设计图示尺寸以“t”为单位计算工程量。

6.6.3 例题讲解

【例题 6.21】 某排水工程雨水主干管长 506 m，采用 ϕ 600 混凝土管，135°混凝土基础(省标)，规格为 ϕ 1250 的雨水检查井 10 座，单室雨水井 20 座，雨水口接入管采用 ϕ 225UPVC 加筋管，共 10 道，每道 8 m；污水主干管 511 m，采用 ϕ 400 玻璃钢管，规格为 ϕ 1000 的污水检查井 12 座，预留污水支管为 ϕ 300UPVC 加筋管，共 6 道，每道 10 m。求各种管道的基础及铺设长度以及各种井的座数、闭水试验长度(玻璃钢管和 UPVC 加筋管管道基础为砂垫层，本题不计)。

【解】 (1) ϕ 600 混凝土管道基础(135°)及铺设工程量：

$$L_1 = \text{管道长度} - \text{检查井扣除长度} \times \text{检查井数量}$$
$$= 506 - 0.95 \times 10 = 496.50(\text{m})$$

(2) ϕ 400 玻璃钢管铺设工程量：

$$L_2 = \text{管道长度} - \text{检查井扣除长度} \times \text{检查井数量}$$

$=511-12\times0.70=502.60$(m)

(3) ϕ 225UPVC 加筋管铺设工程量：

$$L_3=(\text{加筋管长度}-\text{检查井扣除长度的一半})\times\text{根数}$$
$$=10\times8-10\times0.95/2=75.25\text{(m)}$$

(4) ϕ 300UPVC 加筋管铺设工程量：

$$L_4=(\text{加筋管长度}-\text{检查井扣除长度的一半})\times\text{根数}$$
$$=6\times10-6\times0.70/2=57.90\text{(m)}$$

(5) ϕ 1250 雨水检查井：10 座

(6) ϕ 1000 污水检查井：12 座

(7) 单室雨水井：20 座

(8) ϕ 400 以内管道闭水试验：511 m，ϕ 600 以内管道闭水试验：506 m

【例题 6.22】 某雨水管线纵断面如图 6.27 所示，图中地面线粗线表示设计地面线，细线表示现状地面线，地面线及相应标高均表示道路中线处的线形和标高，雨水检查井位于路中，均为 ϕ 1 000 检查井，其中 Y2 井、Y4 井和 Y6 井为落底式检查井(落底 40 cm)，雨水主管为 ϕ 600 钢筋混凝土管 135°混凝土基础，管道壁厚 6 cm，求雨水检查井的座数及井深。

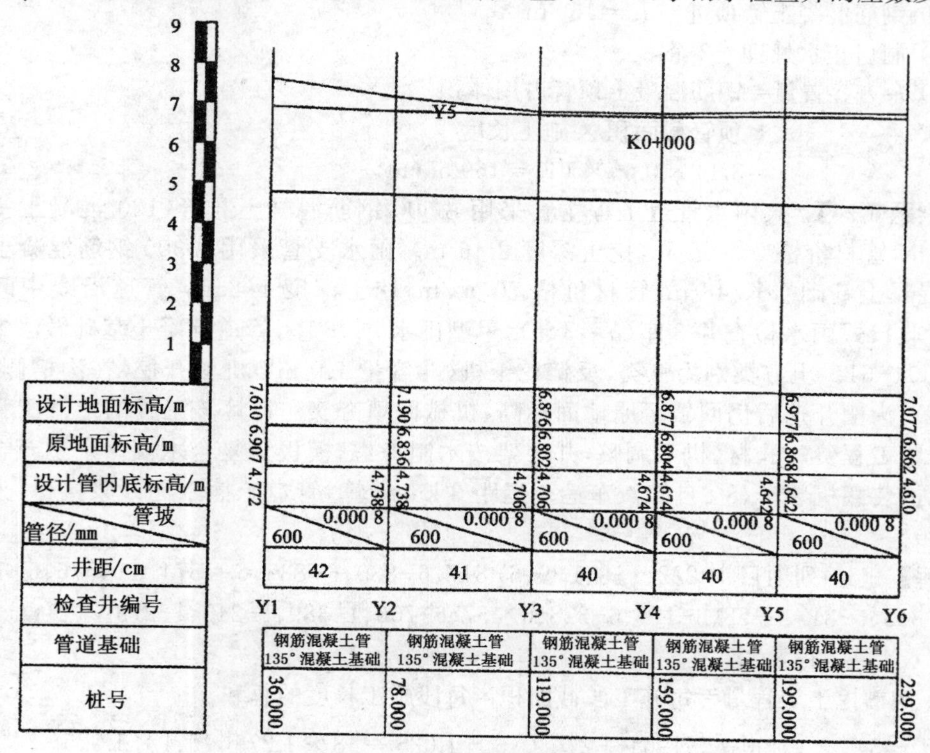

图 6.27　某雨水管线纵断面图

【解】 (1)雨水检查井为 ϕ 1 000 检查井，共 6 座(Y1～Y6)

(2) 雨水检查井的井深

平均设计地面标高　$h_1=(7.610+7.190+6.876+6.877+6.977+7.077)\div6$

$=7.101$(m)

平均设计管内底标高　$h_2=(4.772+4.610)\div 2=4.691$(m)

流槽式井深为　$h_1-h_2=7.101-4.691=2.410$(m)

落底式井深为　$2.410+0.400=2.810$(m)

因为本题流槽式井与落底式井相等,都是3座

所以雨水检查井的平均井深为　$(2.410+2.810)\div 2=2.610$(m)

【例题6.23】 某污水管道工程,由于局部地段紧邻高层建筑,不适宜采用沟槽大开挖,设计人员通过现场勘察,并征得建设单位的同意,决定采用 ϕ1 000 钢筋混凝土顶管(长度2 000 mm),钢筋混凝土顶管壁厚10 cm,顶管总长150 m,工作坑、接收坑暂不考虑,试求顶管有关工程量。

【解】 (1) 顶进后座及坑内工作平台搭拆　1坑

(2) 顶进设备安拆　1坑

(3) 中继间安拆　150 m

(4) 套环安装　套环安装个数=施工总长度÷顶管长度

$150\div 2=75$ 个口

(5) 钢筋混凝土管顶进　$L=150$ m

(6) 洞口止水处理　2个

(7) 余方弃置量=钢筋混凝土顶管占用体积

=顶管截面积×施工长度

$=3.14\times 0.6^2\times 150=169.56$(m³)

【例题6.24】 某雨水管道工程主管采用 ϕ600 钢筋混凝土Ⅱ管(120°混凝土基础),长340 m,管材价格200元/m,挖土深度2.46 m。雨水支管采用 ϕ300 钢筋混凝土Ⅱ管(120°混凝土基础),长48 m,管材价格70元/m,挖土深度1.4 m。管道沿线中间布设 ϕ1000 收口式雨水检查井8座(h=3 m),甲型雨水井16座,管道混凝土基础做法参见苏S01-2004-61。土方类别为三类,反铲挖土机(斗容量1.0 m³)机械开挖(在沟槽侧、坑边上作业),沟槽开挖后仍回填至原地面标高,机械回填夯实。计算该工程的定额工程量及分部分项工程费(人、材、机不调整,井字架按木制考虑,模板为复合木模。余土弃置或缺方内运按装载机装车、8 t自卸汽车运土运距3 km计算,管道承插水泥砂浆接口,人机配合下管)。

【解】 (1) 列项目1-222、1-8、1-9、6-817、6-830、6-837、6-1574、6-1576、6-180、6-333、6-343、6-817、6-58、6-177、6-328、6-457、6-706、1-389、1-245、1-279。

(2) 计算工程量。

① 沟槽挖土工程量=每施工段截面积×每段施工长度的总和

$V_{挖}=340\times(1.90+5.196)\div 2\times 2.46\times 1.025+48\times 1.275\times 1.4\times 1.025$

$=3\,041.736+87.822=3\,129.56$(m³)

其中:$V_{机械}=3\,129.56\times 90\%=2\,816.60$(m³)

$V_{人工}=3\,129.56\times 10\%=312.96$(m³)

② ϕ600 钢筋混凝土管道基础、铺设、接口工程量

=管道长度-检查井扣除长度×检查井数量

$$L_1 = 340 - 8 \times 0.7 = 334.40(\text{m})$$

碎石垫层 $V_1 = 334.4 \times 0.9 \times 0.1 = 30.096(\text{m}^3)$

C15 混凝土基础 $V_2 = 334.4 \times 0.172 = 57.517(\text{m}^3)$

C15 混凝土基础（管座）$V_3 = V_2 - V_1 = 57.517 - 30.096 = 27.421(\text{m}^3)$

接口 $334.40 \div 2 = 167.20$（取 168 个口）

管道基础模板（平基）$S_1 = 334.40 \times 0.1 \times 2 = 66.88(\text{m}^2)$

管道基础模板（管座）$S_2 = 334.40 \times 0.18 \times 2 = 120.384(\text{m}^2)$

③ ϕ 300 钢筋混凝土管道基础、铺设、接口

$$L_2 = 48 - 8 \times 0.7 = 42.40(\text{m})$$

碎石垫层 $V_4 = 42.40 \times 0.475 \times 0.1 = 2.014(\text{m}^3)$

接口 $42.40 \div 2 = 21.2$（取 22 个口）

管道基础模板（平基）$S_3 = 42.40 \times 0.1 \times 2 = 8.48(\text{m}^2)$

管道基础模板（管座）$S_4 = 42.40 \times 0.09 \times 2 = 7.632(\text{m}^2)$

④ ϕ 1000 雨水检查井 8 座（$h = 3$ m）

⑤ 甲型雨水井 16 座

⑥ 闭水试验 ϕ 600 钢筋混凝土管 $L = 340$ m

⑦ 搭设井字架 8 座

⑧ 沟槽回填夯实工程量＝沟槽挖土工程量－管道、基础等占用体积

$$\begin{aligned} V_{回填} &= 3\,129.56 - 334.40 \times (0.09 + 0.172 + 3.14 \times 0.36 \times 0.36) - \\ &\quad 42.40 \times (0.048 + 0.07 + 3.14 \times 0.18 \times 0.18) - \\ &\quad 16 \times 0.5 - 8 \times 6.65 \\ &= 3\,129.56 - 223.69 - 9.32 - 8 - 53.2 = 2\,835.35(\text{m}^3) \end{aligned}$$

⑨ 缺方内运 $V_{弃置} = 2\,835.35 \times 1.15 - 3\,129.56 = 131.09(\text{m}^3)$

(3) 套定额，计算结果见表 6.28 所示：

表 6.28　计算结果

序号	定额编号	项目名称	单位	工程量	综合单价/元	合价/元
1	1-222	反铲挖土机（斗容量 1.0 m^3）不装车　三类土	1 000 m^3	2.816 6	6 356.58	17 903.94
2	1-8 备注 3	人工挖沟、槽土方　三类土深度在 2 m 以内	100 m^3	0.087 8	6 682.96	586.76
3	1-9 备注 3	人工挖沟、槽土方　三类土深度在 4 m 以内	100 m^3	3.041 7	7 963.52	24 222.64
4	6-817	垫层　碎石　干铺	10 m^3	3.009 6	1 918.22	5 773.07
5	6-830	C15 渠（管）道基础混凝土平基	10 m^3	3.009 6	4 339.41	13 059.89

（续表）

序号	定额编号	项目名称	单位	工程量	综合单价/元	合价/元
6	6-837	C15 渠(管)道基础 混凝土管座	10 m^3	2.742 1	4 840.59	13 273.38
7	6-1574	管、渠道平基　复合木模	100 m^2	0.668 8	3 432.98	2 295.98
8	6-1576	管座　复合木模	100 m^2	1.203 8	4 657.69	5 606.93
9	6-180	承插式(ϕ200～ϕ600) 人机配合下管 管径 600 mm 以内	100 m	3.344 0	22 185.17	74 187.21
10	6-333	水泥砂浆承插接口 管径 600 mm 以内	10 个口	16.800 0	78.28	1 315.10
11	6-343	管道闭水试验 管径 600 mm 以内	100 m	3.400 0	513.65	1 746.41
12	6-817	垫层　碎石　干铺	10 m^3	0.201 4	1 918.22	386.33
13	6-58	C15 承插口管道基础(120°) 管径 300 mm 以内	100 m	0.424 0	3 260.38	1 382.40
14	6-177	承插式(ϕ200～ϕ600) 人机配合下管 管径 300 mm 以内	100 m	0.424 0	8 178.69	3 467.76
15	6-328	水泥砂浆承插接口 管径 300 mm 以内	10 个口	2.200 0	54.79	120.54
16	6-1574	管、渠道平基　复合木模	100 m^2	0.084 8	3 432.98	291.12
17	6-1576	管座　复合木模	100 m^2	0.076 3	4 657.69	355.38
18	6-457	M7.5 收口雨水检查井 井径 1 000 mm　适用管径 200～600 mm　井深 3.0 m 以内	座	8	2 255.08	18 040.64
19	6-706	M10 甲型雨水口 铸铁箅(h=0.9，H=1.4)	座	16	1 084.14	17 346.24
20	1-389	填土夯实　槽、坑	100 m^3	28.353 5	1 298.67	36 821.84
21	1-245	装载机装松散土　装载机 1 m^3	1 000 m^3	0.131 1	2 949.89	386.73
22	1-279	自卸汽车运土 自卸汽车(8 t 以内)运距 3 km 以内	1 000 m^3	0.131 1	14 032.78	1 839.70
合计						240 409.99

6.7　市政燃气及集中供热工程

6.7.1　市政燃气及集中供热工程定额说明

一、管道安装

1. 管道安装包括碳钢管、直埋式预制保温管、碳素钢板卷管、铸铁管(机械接口)、塑料管以及套管内铺设钢板卷管和铸铁管(机械接口)等各种管道安装。

2. 管道安装内容除各节另有说明外,均包括沿沟排管、清沟底、外观检查及清扫管材。

二、管件制作、安装

1. 异径管安装以大口径为准,长度已确定。

2. 中频煨弯不包括煨制时胎具更换。

3. 挖眼接管加强筋已综合考虑。

三、法兰阀门安装

电动阀门安装不包括电动机的安装。

四、燃气用设备安装

燃气用设备安装包括凝水缸制作、安装,调节器、过滤器、萘油分离器安装,安全水封、检漏管、煤气调长器安装。

五、集中供热用容器具安装

1. 碳钢波纹补偿器是按焊接法兰考虑的,如直接焊接时,应减掉法兰安装用材料,其他不变。

2. 法兰用螺栓按螺栓用量表选用,见表 6.29 和表 6.30 所示。

六、管道试压、吹扫、置换

1. 管道压力试验,不分材质和作业环境均执行本定额。试压水如需加温,热源费用及排水设施另行计算。

2. 强度试验、气密性试验项目,均包括了一次试压的人工、材料和机械台班的耗用量。

3. 液压试验是按普通水考虑的,如试压介质有特殊要求,介质可按实调整。

4. 管道干燥、通球等项目在实际施工中发生时另计。

七、其他项目

金属管道焊缝无损探伤定额内已综合考虑了高层作业降效因素,但不包括固定射线探伤仪器使用的各种支架的制作。

6.7.2　市政燃气及集中供热工程工程量计算规则

一、管道安装

1. 各种管道的工程量均按延长米计算,管件、阀门、法兰所占长度已在管道施工损耗中综合考虑,计算工程量时均不扣除其所占长度。

2. 埋地钢管使用套管时(不包括顶进的套管),按套管管径套用同一安装项目。套管封堵的材料费可按实际耗用量另行计算。

3. 铸铁管安装按 N1 和 X 型接口计算,如采用 N 型和 SMJ 型接口,人工乘系数 1.05。

4. 管道安装总工程量不足 50 m 时，管径小于等于 300 mm 时其人工和机械耗用量均乘系数1.67；管径大于 300 mm 时其人工和机械耗用量均乘系数 2.00。

5. 塑料管安装中如铺设保护盖板，人工增加 10%。

二、法兰阀门安装

1. 阀门解体、检查和研磨，已包括一次试压，超过一次的试压按实际发生的数量，套相应项目执行。

2. 阀门压力试验介质是按水考虑的，如设计要求其他介质，可按实调整。

3. 定额内垫片均按橡胶石棉板考虑，如垫片材质与实际不符时，可按实调整。

4. 中压法兰、阀门安装套用低压相应项目，其人工乘系数 1.20。

5. 各种法兰、阀门安装，定额中只包括一个垫片，不包括螺栓使用量，螺栓用量参考表 6.29 和表 6.30。

表 6.29　平焊法兰安装用螺栓用量表

外径×壁厚	规格	质量/kg	外径×壁厚	规格	质量/kg
57×4.0	M12×50	0.319	377×10.0	M20×75	3.906
76×4.0	M12×50	0.319	426×10.0	M20×80	5.420
89×4.0	M16×55	0.635	478×10.0	M20×80	5.420
108×5.0	M16×55	0.635	529×10.0	M20×85	5.840
133×5.0	M16×60	1.338	630×8.0	M22×85	8.890
159×6.0	M16×60	1.338	720×10.0	M22×90	10.668
219×6.0	M16×65	1.404	820×10.0	M27×95	19.962
273×8.0	M16×70	2.208	920×10.0	M27×100	19.962
325×8.0	M20×70	3.747	1 020×10.0	M27×105	24.633

表 6.30　对焊法兰安装用螺栓用量表

外径×壁厚	规格	质量/kg	外径×壁厚	规格	质量/kg
57×3.5	M12×50	0.319	325×8.0	M20×75	3.906
76×4.0	M12×50	0.319	377×9.0	M20×75	3.906
89×4.0	M16×60	0.669	426×9.0	M20×75	5.208
108×4.0	M16×60	0.669	478×9.0	M20×75	5.208
133×4.5	M16×65	1.404	529×9.0	M20×80	5.420
159×5.0	M16×65	1.404	630×9.0	M22×80	8.250
219×6.0	M16×70	1.472	720×9.0	M22×80	8.900
273×8.0	M16×75	2.310	820×10.0	M27×85	18.804

三、燃气用设备安装

1. 凝水缸安装：碳钢凝水缸安装未包括缸体、套管、抽水管的刷油、防腐，应按不同设计要求另行套用其他定额相应项目计算。

2. 各种调压器安装

(1) 雷诺式调压器、T 型调压器(TMJ、TMZ)安装是指调压器成品安装，调压站内组装的各种管道、管件、阀门根据不同设计要求，套用相应的定额项目另行计算。

(2) 箱式调压器(用户调压器)安装是指调压器主体安装，定额已包括调压器的箱、托(支)架等安装用人工，材料未计。

(3) 各类型调压器成品若不包括过滤器、萘油分离器(脱萘筒)、安全放散装置(包括水封)，则可套用本定额相应项目另行计算。

(4) 本定额过滤器、萘油分离器均按成品件考虑。

3. 检漏管安装是按在套管上钻眼攻丝安装考虑的，已包括小井砌筑。

4. 煤气调长器是按焊接法兰考虑的，如采用直接对焊时，应减掉法兰安装用材料，其他不变。

5. 煤气调长器是按三波考虑的，如安装三波以上的，其人工乘系数 1.33，其他不变。

四、管道试压、吹扫、置换

1. 强度试验、气密性试验项目，分段试验合格后，如需总体试压和发生二次或二次以上试压时，应再套用本定额相应项目计算试压费用。

2. 管线总长度未满 100 m 的，以 100 m 计，超过 100 m 的按实际长度计算。

3. 管道总试压按每 1 km 为一个打压次数，执行本定额一次项目，不足 0.5 km 按实计算，超过 0.5 km 计算一次。

4. 高压管道压力试验套用低中压相应定额，其人工乘系数 1.30。

五、其他项目

1. 管道防腐长度按管道设计长度计算。

2. 管道防腐保护层缠绕塑料布，外表面积(m^2)用量，详见表 6.31 所示：

表 6.31　缠绕塑料布用量换算表　　单位：m^2

管径/mm	45	57	76	80	108	159	219	273
二油一布	0.17	0.21	0.27	0.31	0.37	0.53	0.72	0.89
三油二布	0.18	0.22	0.28	0.32	0.38	0.54	0.73	0.90
四油三布	0.19	0.23	0.29	0.33	0.39	0.55	0.74	0.91

管径/mm	325	426	529	630	720	820	920	1 020	1 220
二油一布	1.05	1.37	1.69	2.01	2.29	2.60	2.92	3.23	3.86
三油二布	1.06	1.38	1.70	2.02	2.30	2.61	2.93	3.24	3.87
四油三布	1.07	1.39	1.71	2.03	2.31	2.63	2.94	3.25	3.88

3. 各种管道的管件、阀件和设备上的人孔管口及凹凸部分均已综合考虑在定额内，不得另行计算。

4. 金属面刷油已综合考虑了手工除锈所需工料，不得另行计算。
5. 带气操作时增加的费用，按人工费的10%计算。

6.7.3 例题讲解

【例题6.25】 有两个煤气管道工程，一个是低压煤气管道，另一个是中压煤气管道。试根据图6.28中标示尺寸提取低压煤气管道工程量和设备管件的数量。

【解】 低压煤气管道工程工程量汇总见表6.32所示：

表6.32 低压煤气管道工程量

工程项目	规格型号	单位	数量
铸铁管	Dg200	m	223
凝水缸	Dg200	套	1
接轮	Dg200	个	3
曲管	200×90	个	1
丁字管	200×200	件	1

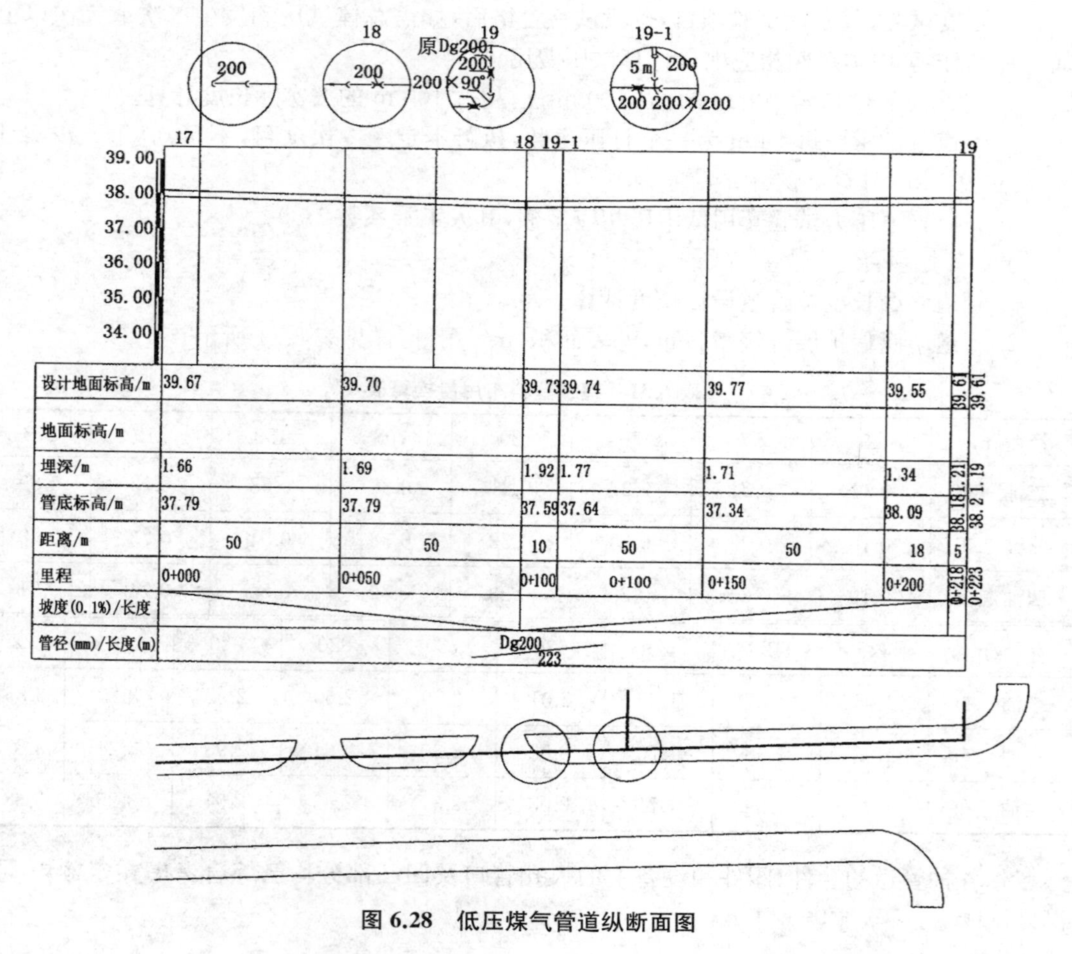

图6.28 低压煤气管道纵断面图

6.8 市政路灯工程

6.8.1 市政路灯工程定额说明

一、变配电设备工程

1. 变压器安装用的枕木、绝缘导线、石棉布是按一定的折旧率摊销的，实际摊销量与定额不符时不做换算。

2. 变压器油按设备带来考虑，但施工中变压器油的过滤损耗及操作损耗已包括在有关定额中。

3. 高压成套配电柜安装定额是综合考虑编制的，执行中不做换算。

4. 配电及控制设备安装，均不包括支架制作和基础型钢制作安装，也不包括设备元件安装及端子板外部接线，应另执行相应定额。

5. 铁构件制作安装适用于本定额范围的各种支架制作安装，但铁构件制作安装均不包括镀锌。轻型铁构件是指厚度在 3 mm 以内的构件。

6. 路灯的各项设备安装均未包括接线端子及二次接线。

二、架空线路工程

1. 架空线路工程定额按平原条件编制的，如在丘陵、山地施工时，其人工和机械乘表 6.33 所列地形调整系数。

表 6.33 丘陵、山地施工地形调整系数

地形类别	丘陵	一般山地
调整系数	1.2	1.6

2. 线路一次施工工程量按 5 根以上电杆考虑，5 根以内（含 5 根）的其人工和机械均乘系数 1.20。

3. 横担安装定额已包括金具及绝缘子安装人工。

4. 架空导线中的导线均按铝芯导线架设考虑，钢芯电缆架设按相应截面定额的人工和机械均乘系数 1.40。

5. 如利用供电线路杆架设路灯线路，在不停电情况下施工，人工和机械均乘系数 1.50。

6. 单个体积在 0.2 m^3 以下的无筋混凝土项目（比如基础包封），且单个项目施工距离相隔 20 m 以上，由于人工和机械消耗大，因此人工和机械均乘系数 3。

三、电缆工程

1. 电缆在山地、丘陵地区直埋敷设时，人工乘系数 1.30。该地段所需的材料如固定桩、夹具等按实计算。

2. 电缆敷设定额中均未考虑波形增加长度及预留等富余长度，该长度应计入工程量之内。电缆在杆座内预留长度 2 m（电缆沟底至地面 0.8 m，地面以上 1.2 m）。

3. 电缆工程未包括隔热层、保护层的制作安装，以及电缆的冬季施工加温工作内容。

4. 电缆头制作安装均按铝芯考虑的，铜芯电缆头制作安装，其人工和机械消耗量均乘系数 1.20。

5. 电力电缆敷设定额均按三芯（包括三芯连地）考虑的，五芯电力电缆敷设定额乘系数 1.30，六芯电力电缆乘系数 1.60，每增加一芯定额增加 0.3，依此类推。单芯电力电缆敷设按同截面电缆定额乘系数 0.67。

四、照明器具安装工程

1. 定额中已考虑了高度在 10 m 以内的高空作业因素，如安装高度超过 10 m，其定额人工乘系数 1.40。

2. 定额中已包括利用仪表测量绝缘及一般灯具的试亮工作。

3. 定额中未包括电缆接头的制作及导线的焊压接线端子。如实际使用时，可套用相关的定额。

五、防雷接地装置工程

1. 防雷接地装置工程定额适用于高杆灯杆防需接地、变配电系统接地、路灯灯杆接地及避雷针接地装置。

2. 接地母线敷设定额是按自然地坪和一般土质考虑的，包括地沟的挖填土和夯实工作，不应再计算土方量。如遇有石方、矿渣、积水、障碍物等情况可另行计算。

3. 不适用于采用爆破法施工敷设接地线、安装接地极，也不包括高土壤电阻率地区采用换土或化学处理的接地装置及接地电阻的测试工作。

4. 避雷针安装、避雷引下线的安装均已考虑了高空作业的因素。

5. 避雷针是按成品件考虑的。

六、路灯灯架制作安装工程

路灯灯架制作安装工程主要适用于灯架施工的型钢煨制，钢板卷材开卷与平直、型钢胎具制作，金属无损探伤检验工作。

6.8.2 市政路灯工程工程量计算规则

一、变配电设备工程

1. 变压器安装，按不同容量以“台”为单位计算。一般情况下不需要变压器干燥，如确实需要干燥，可执行《江苏省安装工程计价定额》相应项目。

2. 变压器油过滤，不论过滤多少次，直到过滤合格为止，以“t”为单位计算工程量，变压器油的过滤量可按制造厂提供的油量计算。

3. 高压成套配电柜和组合箱式变电站安装，以“台”为单位计算，均未包括基础槽钢、母线及引下线的配置安装。

4. 各种配电箱、柜安装均按不同半周长以“套”为单位计算。

5. 铁构件制作安装按施工图示，以“100 kg”为单位计算。

6. 盘、箱、柜的外部进出电线预留长度按表 6.34 计算。

7. 各种接线端子按不同导线截面积，以“10 个”为单位计算。

表 6.34 盘、箱、柜的外部进出电线预留长度

序号	项目	预留长度(m/根)	说明
1	各种箱、柜、盘、板、盒	高+宽	盘面尺寸
2	单独安装的铁壳开关、自动开关、刀开关、启动器、箱式电阻器、变阻器	0.5	从安装对象中心起算
3	继电器、控制开关、信号灯、按钮、熔断器等小电器	0.3	
4	分支接头	0.2	分支线预留

二、架空线路工程

1. 底盘、卡盘、拉线盘,按设计用量以“个”为单位计算。

2. 各种电线杆组立,分材质与高度,按设计数量以“根”为单位计算。

3. 拉线制作安装,按施工图设计规定,分不同形式以“组”为单位计算。

4. 横担安装,按施工图设计规定,分不同线数以“组”为单位计算。

5. 导线架设,分导线类型与截面,按 1 km/单线计算,导线预留长度规定见表 6.35 所示:

表 6.35 架空导线预留长度

项目名称		长度/(m/根)
高压	转角	2.5
	分支、终端	2.0
低压	分支、终端	0.5
	交叉跳线转交	1.5
与设备连接		0.5
进户线		2.5
注:导线长度按线路总长加预留长度计算		

6. 导线跨越架设,指越线架的搭设、拆除和越线架的运输以及因跨越施工难度而增加的工作量,以“处”为单位计算,每个跨越间距是按 50 m 以内考虑的,大于 50 m 且小于 100 m 时,按 2 处计算。

7. 路灯设施编号按“100 个”为单位计算;开关箱号不满 10 只,按 10 只计算;路灯编号不满 15 只按 15 只计算;钉粘贴号牌不满 20 个按 20 个计算。

8. 混凝土基础制作以“m^3”为单位计算。

9. 绝缘子安装以“10 个”为单位计算。

三、电缆工程

1. 直埋电缆的挖、填土(石)方,除特殊要求外,可按表 6.36 计算土方量。

表 6.36 直埋电缆的挖、填土(石)方

项目	电缆根数	
	1～2	每增 1 根
单位沟挖方量/(m^3/m)	0.45	0.153

2. 电缆沟盖板揭、盖定额，按每揭盖一次以“延长米”计算。如又揭又盖，则按两次计算。

3. 电缆保护管长度，除按设计规定长度计算外，遇有下列情况，应按以下规定增加保护管长度。

(1) 横穿道路，按路基宽度两端各加 2 m。

(2) 垂直敷设时管口离地面加 2 m。

(3) 穿过建筑物外墙时，按基础外缘以外加 2 m。

(4) 穿过排水沟，按沟壁外缘以外加 1 m。

4. 电缆保护管埋地敷设时，其土方量有施工图注明的，按施工图计算；无施工图的，一般按沟深 0.9 m，沟宽按最外边的保护管两侧边缘外各加 0.3 m 工作面计算。

5. 电缆敷设按单根延长米计算。

6. 电缆敷设长度应根据敷设路径的水平和垂直敷设长度，另加表 6.37 规定附加长度计算。

表 6.37 电缆敷设附加长度

序号	项目	预留(附加)长度/m	说明
1	电缆敷设弧度、波形弯度、交叉	2.5%①	按电缆全长计算
2	电缆进入建筑物	2.0	规范规定最小值
3	电缆进入沟内或吊架时引上(下)预留	1.5	规范规定最小值
4	变电所进线、出线	1.5	规范规定最小值
5	电力电缆终端头	1.5	检修余量最小值
6	电缆中间接头盒	两端各留 2.0	检修余量最小值
7	电缆进控制、保护屏及模拟盘等	高+宽	按盘面尺寸
8	高压开关柜及低压配电盘、箱	2.0	盘下进出线
9	电缆至电动机	0.5	从电动机接线盒算起
10	厂用变压器	3.0	从地坪算起
11	电缆绕过梁柱等增加长度	按实计算	按被绕物的断面情况计算增加长度

注：电缆附加及预留长度是电缆敷设长度的组成部分，应计入电缆长度工程量之内；
① 2.5%不需要单位“m”

7. 电缆终端头及中间头均以“个”为单位计算。一根电缆按两个终端头，中间头设计有图示的按图示确定，没有图示的按实际计算。

四、配管配线工程

1. 各种配管的工程量计算，应区别不同敷设方式、敷设位置、管材材质、规格，以“延长米”为单位计算，不扣除管路中间的接线箱(盒)、灯盒、开关盒所占长度。

2. 定额中未包括钢索架设及拉紧装置、接线箱(盒)、支架的制作安装，其工程量另行计算。

3. 管内穿线定额工程量计算，应区别线路性质、导线材质、导线截面积，按单线“延长米”计算。线路的分支接头线的长度已综合考虑在定额中，不再计算接头长度。

4. 塑料护套线明敷设工程量计算，应区别导线截面积、导线芯数、敷设位置，按单线路“延长米”计算。

5. 钢索架设工程量计算，应区分圆钢、钢索直径，按图示墙柱内缘距离，按“延长米”计算，不扣除拉紧装置所占长度。

6. 母线拉紧装置及钢索拉紧装置制作安装工程量计算，应区别母线截面积、花篮螺栓以“10套”为单位计算。

7. 带形母线安装工程量计算，应区分母线材质、母线截面积、安装位置，按“延长米”计算。

8. 接线盒安装工程量计算，应区别安装形式，以及接线盒类型，以“10个”为单位计算。

9. 配线进入箱、柜、板的预留长度(每一根线)按表6.38计算。

表6.38 配线进入箱、柜、板的预留长度

序号	项目	预留长度/m	说明
1	各种开关、柜、板	高+宽	盘面尺寸
2	单独安装(无箱、盘)的铁壳开关、闸刀开关、启动器、线槽进出线盒等	0.3	从安装对象中心算起
3	由地面管子出口引至动力接线箱	1.0	从管口算起
4	电源与管内导线连接(管内穿线与软、硬母线接点)	1.5	从管口算起

10. 带形母线配置安装预留长度按表6.39计算。

表6.39 带形母线配置安装预留长度

序号	项目	预留长度/m	说明
1	带形母线终端	0.3	从最后一个支持点算起
2	带形母线与分支线连接	0.5	分支线预留
3	带形母线与设备连接	0.5	从设备端子接口算起
4	接地母线、引下线附加长度	3.9%①	按接地母线、引下线全长计算

注：① 3.9%不需要单位“m”

五、照明器具安装工程

1. 各种悬挑灯、广场灯、高杆灯灯架分别以“10 套”或“套”为单位计算。

2. 各种灯具、照明器件安装分别以“10 套”或“套”为单位计算。

3. 灯杆座安装以“10 只”为单位计算。

六、防雷接地装置工程

1. 接地极制作安装以“根”为计量单位计算，其长度按设计长度计算，设计无规定时，按每根 2.5 m 计算，若设计有管冒，管冒另按加工件计算。

2. 接地母线敷设，按设计长度以“10 m”为计量单位计算。接地母线、避雷线敷设，均按“延长米”计算，其长度按施工图设计水平和垂直规定长度另加 3.9%的附加长度(包括转弯、上下波动、避绕障碍物、搭接头所占长度)。计算主材费时另加规定的损耗率。

3. 接地跨接线以“10 处”为计量单位计算。按规程规定凡需作接地跨接线的工作内容，每跨接一次按一处计算。

七、路灯灯架制作安装工程

1. 路灯灯架制作安装按每组质量及灯架直径，以“t”为单位计算。

2. 型钢煨制胎具，按不同钢材、煨制直径以“个”为单位计算。

3. 焊缝无损探伤按被探件厚度不同，分别以“10 张”或“10 m”为单位计算。

7 工程量清单计价概述

7.1 概述

2013 计价规范总结了《建设工程工程量清单计价规范》(GB 50500—2008)实施以来的经验,针对执行中存在的问题,为进一步适应建设市场计量、计价的需要,对《建设工程工程量清单计价规范》(GB 50500—2008)附录 A 建筑工程部分、附录 B 装饰装修工程进行修订并增加新项目。修订过程中,编制组在全国范围内广泛征求意见,与正在实施和正在修订的有关国家标准进行了协调。经多次讨论、反复修改,最终形成本规范。

2013 计价规范经中华人民共和国住房和城乡建设部批准为国家标准,于 2013 年 7 月 1 日正式施行。

7.1.1 清单计价及计算规范组成

2013 版清单法计价规范共计十册,分别为《建设工程工程量清单计价规范》(GB 50500—2013,简称《计价规范》),以及《房屋建筑与装饰工程工程量计算规范》(GB 50854—2013)、《仿古建筑工程工程量计算规范》(GB 50855—2013)、《通用安装工程工程量计算规范》(GB 50856—2013)、《市政工程工程量计算规范》(GB 50857—2013)、《园林绿化工程工程量计算规范》(GB 50858—2013)、《矿山工程工程量计算规范》(GB 50859—2013)、《构筑物工程工程量计算规范》(GB 50860—2013)、《城市轨道交通工程工程量计算规范》(GB 50861—2013)、《爆破工程工程量计算规范》(GB 50862—2013)(简称《计算规范》)。

计价规范正文部分由总则、术语、一般规定、工程量清单编制、招标控制价、投标报价、合同价款约定、工程计量、合同价款调整、合同价款期中支付、竣工结算与支付、合同解除的价款结算与支付、合同价款争议的解决、工程造价鉴定、工程计价资料与档案、工程计价定额表格等章节组成;附录包括:附录 A 物价变化合同价款调整办法、附录 B 工程计价文件封面、附录 C 工程计价文件扉页、附录 D 工程计价总说明、附录 E 工程计价汇总表、附录 F 分部分项工程和措施项目计价定额、附录 G 其他项目计价定额、附录 H 规费、税金项目计价定额、附录 J 工程计量申请(核准)表、附录 K 合同价款支付申请(核准)表、附录 L 主要材料、工程设备一览表等组成。

各册计算规范正文部分均由总则、术语、工程计量、工程量清单编制等章节组成;附录则根据各专业工程特点分别设置。

《市政工程工程量计算规范》(GB 50857—2013)附录包括:附录 A 土石方工程、附录 B 道路工程、附录 C 桥涵工程、附录 D 隧道工程、附录 E 管网工程、附录 F 水处理工程、附录 G

生活垃圾处理工程、附录H路灯工程、附录J钢筋工程、附录K拆除工程、附录L措施项目等。

7.1.2 清单计价及计算规范的编制原则

1. 清单计价规范

(1) 依法原则

建设工程计价活动受《中华人民共和国合同法》等多部法律、法规的管辖。因此，计价规范对规范条文做到依法设置。例如，有关招标控制价的设置，就遵循了《中华人民共和国政府采购法》的相关规定；有关招标控制价投诉的设置，就遵循了《中华人民共和国招标投标法》的相关规定；有关合理工期的设置，就遵循了《建设工程质量管理条例》的相关规定；有关工程结算的设置，就遵循了《中华人民共和国合同法》以及相关司法解释的相关规定。

(2) 权责对等原则

在建设工程施工活动中，不论发包人还是承包人，有权利就必然有责任。计价规范仍然坚持这一原则，杜绝只有权利没有责任的条款。

(3) 公平交易原则

建设工程计价从本质上讲，就是发包人与承包人之间的交易价格，在社会主义市场经济条件下应做到公平进行。计价规范关于计价风险合理分担的条文，及其在条文说明中对于计价风险的分类和风险幅度的指导意见，就得到了工程建设各方的认同，因此，计价规范将其正式条文化。

(4) 可操作性原则

计价规范尽量避免条文点到为止，十分重视条文有无可操作性。例如招标控制价的投诉问题，2008计价规范仅规定可以投诉，但没有操作方面的规定，2013计价规范对投诉时限、投诉内容、受理条件、复查结论等做了较为详细的规定。

(5) 从约原则

建设工程计价活动是发承包双方在法律框架下签约、履约的活动。因此，遵从合同约定，履行合同义务是双方的应尽之责。计价规范在条文上坚持"按合同约定"的规定，但在合同约定不明或没有约定的情况下，发承包双方发生争议时不能协商一致，规范的规定就会在处理争议方面发挥积极作用。

2. 计算规范

(1) 项目编码唯一性原则

2013计价规范虽然按专业计算规范分开编制，房屋建筑与装修工程合编为15个计算规范，但项目编码仍按2008计价规范设置的方式保持不变。前两位定义为每本计算规范的代码，使每个项目清单的编码都是唯一的，没有重复。

(2) 项目设置简明适用原则

计算规范在项目设置上以符合工程实际、满足计价需要为前提，力求增加新技术、新工艺、新材料的项目，删除技术规范已经淘汰的项目。

(3) 项目特征满足组价原则

计算规范在项目特征描述上，凡能体现项目自身价值的都做出规定，不以工作内容已有，而不在项目特征描述中做出要求。

(4) 计量单位方便计量原则

计量单位应以方便计量为前提,注意与现行工程定额的规定衔接。若有两个或两个以上计量单位均可满足某一工程项目计量要求的,均予以标注,由招标人根据工程实际情况选用。

(5) 工程量计算规则统一原则

计算规范不使用“估算”之类的词语,对使用两个或两个以上计量单位的,分别规定了不同计量单位的工程量计算规则;对易引起争议的,用文字说明。

7.1.3 实行工程量清单计价的目的、意义

1. 实行工程量清单计价,是工程造价深化改革的产物

长期以来,我国承发包计价、定价以工程预算定额为主要依据。1992年,为了适应建设市场改革的要求,针对工程预算定额编制和使用中存在的问题,提出了“控制量、指导价、竞争费”的改革措施,工程造价管理由静态管理模式逐步变为动态管理模式。其中对工程预算定额改革的主要思路和原则是:将工程预算定额中的人工、材料、机械台班的消耗量和相应的单价分离,人、材、机的消耗量是国家根据有关规范、标准以及社会的平均水平来确定的。控制量的目的就是保证工程质量,指导价就是要逐步走向市场形成价格,这一措施在我国实行社会主义市场经济初期起到了积极的作用。但随着建设市场化进程的发展,这种做法仍然难以改变工程预算定额在我国指令性的状况,难以满足招标投标和评标的要求。因为,控制的量是反映的社会平均消耗水平,不能准确地反映各个企业的实际消耗量(个体水平),既不能全面地体现企业技术装备水平、管理水平和劳动生产率,也不能充分体现市场公平竞争,而工程量清单计价将改革以工程预算定额为计价依据的计价模式。

2. 实行工程量清单计价,是规范建设市场秩序,适应社会主义市场经济发展的需要

工程造价是工程建设的核心内容,也是建设市场运行的核心内容,建设市场中存在许多不规范行为,大多与工程造价有关。过去的工程预算定额在工程发包与承包工程计价中调节双方利益、反映市场价格等方面显得滞后,特别是在公开、公平、公正竞争方面,缺乏合理完善的机制,甚至出现了一些漏洞。实现建设市场的良性发展除了法律法规和行政监督以外,发挥市场规律中“竞争”和“价格”的作用也是治本之策。工程量清单计价是市场形成工程造价的主要形式,工程量清单计价有利于发挥企业自主报价的能力,实现政府定价的转变,也有利于规范业主在招标中的行为,有效改变招标单位在招标中盲目压价的行为,从而真正体现公开、公平、公正的原则,反映市场经济规律。

3. 实行工程量清单计价,是促进建设市场有序竞争和企业健康发展的需要

采用工程量清单计价模式招标投标,对发包单位,由于工程量清单是招标文件的组成部分,招标单位必须编制出准确的工程量清单,并承担相应的风险,促进招标单位提高管理水平。由于工程量清单是公开的,因此可以避免工程招标中的弄虚作假、暗箱操作等不规范行为。对承包企业,采用工程量清单报价,必须对单位工程成本、利润进行分析,统筹考虑、精心选择施工方案,并根据企业的定额合理确定人工、材料、施工机械等要素的投入与配置,优化组合,合理控制现场费用和施工技术措施费用,确定投标价。改变过去过分依赖国家发布定额的状况,企业根据自身的条件编制出自己的企业定额。

工程量清单计价的实行,有利于规范建筑市场计价行为,规范建设市场秩序,促进建设

市场有序竞争；有利于控制建设项目投资，合理利用资源；有利于促进技术进步，提高劳动生产率；有利于提高造价工程师的素质，使其成为懂技术、懂经济、懂管理的全面发展的复合型人才。

4. 实行工程量清单计价，有利于我国工程造价管理政府职能的转变

按照政府部门“真正履行经济调节、市场监管、社会管理和公共服务”职能的要求，政府对工程造价政府管理的模式要相应改变，将推行政府宏观调控、企业自主报价、市场竞争形成价格、社会全面监督的工程造价管理思路。实行工程量清单计价，将会有利于我国工程造价政府管理职能的转变，由过去政府控制的指令性定额转变为制定适应市场经济规律需要的工程量清单计价方法，由过去行政直接干预转变为对工程造价依法监管，有效地强化政府对工程造价的宏观调控。

5. 实行工程量清单计价，是适应我国加入 WTO，融入世界大市场的需要

随着我国改革开放的进一步加快，中国经济日益融入全球市场，特别是我国加入 WTO 后，行业壁垒下降，建设市场将进一步对外开放。国外的企业以及投资的项目越来越多地进入国内市场，我国企业走出国门在海外投资和经营的项目也在增加。为了适应这种对外开放建设市场的形势，就必须与国际通行的计价方法相适应，为建设市场主体创造一个与国际惯例接轨的市场竞争环境。工程量清单计价是国际通行的计价做法，在我国实行工程量清单计价，有利于提高国内建设各方主体参与国际化竞争的能力，有利于提高工程建设的管理水平。

7.1.4 市政工程计算规范附录共性问题的说明

1. 工程量计算除依据计算规范各项规定外，还应依据以下文件：

(1) 经审定通过的施工设计图纸及其说明；

(2) 经审定通过的施工组织设计或施工方案；

(3) 经审定通过的其他有关技术经济文件。

2. 工程实施过程中的计量应按照现行国家标准《建设工程工程量清单计价规范》(GB 50500—2013)的相关规定执行。

3. 计算规范附录中有两个或两个以上计量单位的，应结合拟建工程项目的实际情况，确定其中一个为计量单位。同一工程项目的计量单位应一致。

4. 工程计量时每一项目汇总的有效位数应遵守下列规定：

(1) 以“t”为单位，保留小数点后三位数字，第四位小数四舍五入；

(2) 以“m”“m^2”“m^3”“kg”等为单位，保留小数点后两位数字，第三位小数四舍五入；

(3) 以“个”“件”“根”“组”“系统”等为单位，取整数。

5. 计算规范各项目仅列出了主要工作内容，除另有规定和说明外，应视为已经包括完成该项目所列或未列的全部工作内容。

6. 市政工程涉及房屋建筑和装饰装修工程的项目，按照现行国家标准《房屋建筑与装饰工程工程量计算规范》(GB 50854—2013)的相应项目执行；涉及电气、给排水、消防等安装工程的项目，按照现行国家标准《通用安装工程工程量计算规范》(GB 50856—2013)的相应项目执行；涉及园林绿化工程的项目，按照现行国家标准《园林绿化工程工程量计算规范》(GB 50858—2013)的相应项目执行；采用爆破法施工的石方工程按照现行国家标准《爆

破工程工程量计算规范》(GB 50862—2013)的相应项目执行。具体划分界限确定如下：

(1) 计算规范管网工程与现行国家标准《通用安装工程工程量计算规范》(GB 50856—2013)中工业管道工程的界定:给水管道以厂区入口水表井为界;排水管道以厂区围墙外第一个污水井为界;热力和燃气管道以厂区入口第一个计量表(阀门)为界。

(2) 计算规范管网工程与现行国家标准《通用安装工程工程量计算规范》(GB 50856—2013)中给排水、采暖、燃气工程的界定:室外给排水、采暖、燃气管道以与市政管道碰头井为界;厂区、住宅小区的庭院喷灌及喷泉水设备安装按现行国家标准《通用安装工程工程量计算规范》(GB 50856—2013)中的相应项目执行;市政庭院喷灌及喷泉水设备安装按计算规范的相应项目执行。

(3) 计算规范水处理工程、生活垃圾处理工程与现行国家标准《通用安装工程工程量计算规范》(GB 50856—2013)中设备安装工程的界定:计算规范只列了水处理工程和生活垃圾处理工程专用设备的项目,各类仪表、泵、阀门等标准、定型设备应按现行国家标准《通用安装工程工程量计算规范》(GB 50856—2013)中相应项目执行。

(4) 计算规范路灯工程与现行国家标准《通用安装工程工程量计算规范》(GB 50856—2013)中电气设备安装工程的界定:市政道路路灯安装工程、市政庭院艺术喷泉等电气安装工程的项目,按计算规范路灯工程的相应项目执行;厂区、住宅小区的道路路灯安装工程、庭院艺术喷泉等电气设备安装工程按现行国家标准《通用安装工程工程量计算规范》(GB 50856—2013)附录D电气设备安装工程的相应项目执行。

7. 由水源地取水点至厂区或市、镇第一个储水点之间距离 10 km 以上的输水管道,按计算规范附录E管网工程相应项目执行。

7.1.5 计算规范与市政工程计价定额之间的关系

1. 工程量清单表格应按照计算规范及江苏省规定设置,按照计算规范附录要求计列项目;计价定额的定额项目用于计算确定清单项目中工程内容的含量和价格。

2. 工程量清单的工程量计算规则应按照计算规范附录的规定执行;而清单项目中工程内容的工程量计算规则应按照计价定额规定执行。

3. 工程量清单的计量单位应按照计算规范附录中的计量单位选用确定;清单项目中工程内容的计量单位应按照计价定额规定的计量单位确定。

4. 工程量清单的综合单价,是由单个或多个工程内容按照计价定额规定计算出来的价格的汇总。

5. 在编制单位工程的清单项目时,一般要同时使用多本专业计算规范,但清单项目应以本专业计算规范附录为主,没有时应按规范规定在相关专业附录之间相互借用。但应使用本专业计价定额相关子目进行组价。

7.2 工程量清单编制要点

1. 编制工程量清单的依据

(1)《市政工程工程量计算规范》(GB 50857—2013)和《建设工程工程量清单计价规范》(GB 50500—2013);

(2) 国家或省级、行业建设主管部门颁发的计价依据和办法;

(3) 建设工程设计文件;

(4) 与建设工程项目有关的标准、规范、技术资料;

(5) 招标文件及其补充通知、答疑纪要;

(6) 施工现场情况、工程特点及常规施工方案;

(7) 其他相关资料。

2. 分部分项工程量清单包括的内容

分部分项工程量清单应包括项目编码、项目名称、项目特征、计量单位、工程内容和工程数量的计算。2013《计价规范》规定,“分部分项工程项目清单必须根据相关工程现行国家计量规范规定的项目编码、项目名称、项目特征、计量单位和工程量计算规则进行编制”。

(1) 项目编码

项目编码是分部分项工程和措施项目工程量清单项目名称的阿拉伯数字标识。《市政工程工程量计算规范》(GB 50857—2013)项目编码应采用十二位阿拉伯数字表示,一至九位应按附录的规定设置,十至十二位应根据拟建工程的工程量清单项目名称设置,同一招标工程的项目编码不得重码。一、二位为专业工程代码(01—房屋建筑与装饰工程;02—仿古建筑工程;03—通用安装工程;04—市政工程;05—园林绿化工程;06—矿山工程;07—构筑物工程;08—城市轨道交通工程;09—爆破工程。以后进入国标的专业工程代码以此类推);三、四位为附录分类顺序码;五、六位为分部工程顺序码;七、八、九位为分项工程项目名称顺序码;十至十二位为清单项目名称顺序码。

当同一标段(或合同段)的一份工程量清单中含有多个单位工程但工程量清单是以单位工程为编制对象时,应特别注意对项目编码十至十二位的设置不得有重号的规定。

(2) 项目名称

2013《计价规范》规定,“分部分项工程量清单的项目名称应按附录的项目名称结合拟建工程项目实际情况综合确定”。

编制工程量清单出现附录中未包括的项目,编制人应作补充,并报省级或行业工程造价管理机构备案,省级或行业工程造价管理机构应汇总报住房和城乡建设部标准定额研究所。

补充项目的编码由专业工程码与B和三位阿拉伯数字组成,并应从×B001起按顺序编制,同一招标工程的项目不得重码。工程量清单中需附有补充项目的名称、项目特征、计量单位、工程量计算规则和工程内容。

(3) 项目特征

项目特征是构成分部分项工程量清单项目、措施项目自身价值的本质特征。分部分项工程量清单项目特征应按附录中规定的项目特征,结合技术规范、标准图集、施工图纸,按照工程结构、使用材质及规格或安装位置等予以详细而准确的表述和说明。凡项目特征中未描述到的其他独有特征,由清单编制人视项目具体情况确定,以准确描述清单项目为准。

在进行项目特征描述时,可掌握以下要点:

① 必须描述的内容

a. 涉及正确计量的内容:如门窗洞口尺寸或框外围尺寸。

b. 涉及结构要求的内容:如混凝土构件的混凝土的强度等级。

c. 涉及材质要求的内容：如油漆的品种、管材的材质等。

d. 涉及安装方式的内容：如管道工程中的钢管的连接方式。

② 可不描述的内容

a. 对计量计价没有实质影响的内容：如对现浇混凝土柱的高度、断面大小等特征可以不描述。

b. 应由投标人根据施工方案确定的内容：如对石方的预裂爆破的单孔深度及装药量的特征规定。

c. 应由投标人根据当地材料和施工要求确定的内容：如对混凝土构件中的混凝土拌合料使用的石子种类及粒径、砂的种类的特征规定。

d. 应由施工措施解决的内容：如对现浇混凝土板、梁的标高的特征规定。

③ 可不详细描述的内容

a. 无法准确描述的内容：如土壤类别，可考虑将土壤类别描述为综合，并注明由投标人根据地勘资料自行确定土壤类别，决定报价。

b. 施工图纸、标准图集标注明确的内容：对这些项目可描述为见××图集××页号及节点大样等。

c. 清单编制人在项目特征描述中应注明由投标人自定的内容：如土方工程中的"取土运距""弃土运距"等。

（4）计量单位

分部分项工程量清单的计量单位应按附录规定的计量单位确定。

计量单位应采用基本单位，除各专业另有特殊规定外，均按以下单位计算：

a. 以质量计算的项目——吨或千克（t 或 kg）

b. 以体积计算的项目——立方米（m^3）

c. 以面积计算的项目——平方米（m^2）

d. 以长度计算的项目——米（m）

e. 以自然计量单位计算的项目——个、套、块、樘、组、台……

f. 没有具体数量的项目——系统、项……

各专业有特殊计量单位的，另外加以说明。当计量单位有两个或两个以上时，应根据所编工程量清单项目的特征要求，选择最适宜表现该项目特征并方便计量的单位。

（5）工程内容

工程内容是指完成该清单项目可能发生的具体工程，可供招标人确定清单项目和投标人投标报价参考。以建筑工程的砖墙为例，可能发生的具体工程有砂浆制作、材料运输、砌砖、勾缝等。

工程内容中未列全的其他具体工程，由投标人按照招标文件或图纸要求编制，以完成清单项目为准，综合考虑到报价中。

（6）工程数量的计算

2013《计价规范》规定，"分部分项工程量清单应根据相关工程现行国家计量规范规定的工程量计算规则计算"。

8 市政工程清单工程量计量与计价

8.1 土石方工程

8.1.1 土石方工程清单说明

1. 土壤、岩石的分类分别按表 6.7、表 6.8 确定。

2. 沟槽、基坑、一般土方、石方的划分：底宽≤7 m 且底长>3 倍底宽为沟槽，底长≤3 倍底宽且底面积≤150 m^2 为基坑。超出上述范围则为一般土方。

3. 土方、石方体积应按挖掘前的天然密实体积计算。

4. 挖沟槽、基坑土方中的挖土深度，一般指原地面标高至槽、坑底的平均高度。

5. 挖沟槽、基坑、一般土方、石方因工作面和放坡增加的工程量，是否并入各土方工程量中，按各省、自治区、直辖市或行业建设主管部门的规定实施。

6. 挖沟槽、基坑、一般土方、石方和暗挖土方清单项目的工作内容中仅包括了土方场内平衡所需的运输费用，如需土方外运时，按 040103002“余方弃置”项目编码列项。

7. 回填方总工程量中若包括场内平衡和缺方内运两部分时，应分别编码列项。

8. 回填方如需缺方内运，且填方材料品种为土方时，是否在综合单价中计入购买土方的费用，由投标人根据工程实际情况自行考虑决定报价。

9. 隧道石方开挖按《市政工程工程量计算规范》(GB 50857—2013)附录 D 隧道工程中相关项目编码列项。

10. 废料及余方弃置清单项目中，如需发生弃置、堆放费用的，投标人应根据当地有关规定计取相应费用，并计入综合单价中。

8.1.2 土石方工程清单计算规则

1. *土方工程*

土方工程工程量清单项目设置、项目特征描述的内容、计量单位及工程量计算规则，按表 8.1 的规定执行。

2. *石方工程*

石方工程工程量清单项目设置、项目特征描述的内容、计量单位及工程量计算规则，按表 8.2 的规定执行。

3. *回填方及土石方运输*

回填方及土石方运输工程量清单项目设置、项目特征描述的内容、计量单位及工程量计算规则，按表 8.3 的规定执行。

表 8.1　土方工程(编号:040101)

项目编码	项目名称	项目特征	计量单位	工程量计算规则	工作内容
040101001	挖一般土方	1. 土壤类别 2. 挖土深度	m^3	按设计图示尺寸以体积计算	1. 排地表水 2. 土方开挖 3. 围护(挡土板)及拆除 4. 基底钎探 5. 场内运输
040101002	挖沟槽土方			按设计图示尺寸以基础垫层底面积乘以挖土深度计算	
040101003	挖基坑土方				
040101004	暗挖土方	1. 土壤类别 2. 平洞、斜洞(坡度) 3. 运距		按设计图示断面乘以长度以体积计算	1. 排地表水 2. 土方开挖 3. 场内运输
040101005	挖淤泥、流砂	1. 挖掘深度 2. 运距		按设计图示位置、界限以体积计算	1. 开挖 2. 运输

表 8.2　石方工程(编号:040102)

项目编码	项目名称	项目特征	计量单位	工程量计算规则	工作内容
040102001	挖一般石方	1. 岩石类别 2. 开凿深度	m^3	按设计图示尺寸以体积计算	1. 排地表水 2. 石方开凿 3. 修整底、边 4. 场内运输
040102002	挖沟槽石方			按设计图示尺寸以基础垫层底面积乘以挖石深度计算	
040102003	挖基坑石方				

表 8.3　回填方及土石方运输(编号:040103)

项目编码	项目名称	项目特征	计量单位	工程量计算规则	工作内容
040103001	回填方	1. 密实度要求 2. 填方材料品种 3. 填方粒径要求 4. 填方来源、运距	m^3	1. 按挖方清单项目工程量加原地面线至设计要求标高间的体积,减基础、构筑物等埋入体积计算 2. 按设计图示尺寸以体积计算	1. 运输 2. 回填 3. 压实
040103002	余方弃置	1. 废弃料品种 2. 运距		按挖方清单项目工程量减利用回填方体积(正数)计算	余方点装料运输至弃置点

注:对于沟、槽坑等开挖后再进行回填方的清单项目,其工程量计算规则按第 1 条确定;场地填方等按第 2 条确定。其中,对工程量计算规则 1,当原地面线高于设计要求标高时,则其体积为负值

8.1.3　例题讲解

【例题 8.1】　某排水工程,采用钢筋混凝土承插管,管径 ϕ 600,外径为 ϕ 720,管道基础(不含垫层)每米混凝土工程量为 0.227 m^3,管道长度 100 m,土方开挖深度平均为 3 m,回填至原地面标高,余土外运。土方类别为三类土,采用人工开挖及回填,回填压实率为 95%,如图 8.1 所示。试计算该管道土方工程的清单工程量并列出工程量清单。

【解】　(1) 列项目 040101002001、040103001001、040103002001。

(2) 计算工程量。

040101002001 挖沟槽土方=沟槽截面积×沟槽长度

=(0.9+0.5×2+0.33×3)×3×100=867.00 (m^3)

040103001001 回填方=挖沟槽土方-余方弃置

=867.00-74.39=792.61 (m^3)

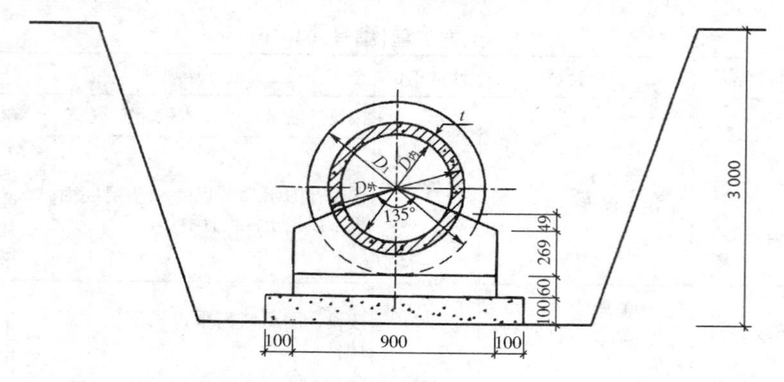

图 8.1　管道沟槽示意图(单位:mm)

040103002001 余方弃置=管道体积+管道基础体积

$$=(1.1\times0.1+0.227+3.14\times0.36\times0.36)\times100=74.39\ (m^3)$$

(3) 工程量清单,见表 8.4 所示:

表 8.4　工程量清单

序号	项目编码	项目名称	项目特征	计量单位	工程数量
1	040101002001	挖沟槽土方	1. 土壤类别:三类土 2. 挖土深度:3m	m^3	867.00
2	040103001001	回填方	1. 密实度要求:95% 2. 填方材料品种:原土回填 3. 填方来源、运距:就地回填	m^3	792.61
3	040103002001	余方弃置	1. 废弃料品种:土方 2. 运距:单位自行考虑	m^3	74.39

【例题 8.2】　根据【例题 6.4】的题意,按计价定额计算土方工程的清单综合单价。

【解】　(1) 列项目 040101002001(1-222、1-9)、040103001001(1-389)、040103002001(1-245、1-270)。

(2) 计算工程量。

挖土工程量:2 857.50 m^3

填土工程量:2 233.50 m^3

余方运土工程量:624.00 m^3

(3) 清单计价,见表 8.5 所示:

表 8.5　计算结果

序号	项目编码	项目名称	单位	工程量	综合单价/元	合价/元
1	040101002001	挖沟槽土方	m^3	2 857.50	13.69	39 108.86
	1-222	反铲挖土机(斗容量 1.0 m^3)不装土,三类土	1 000 m^3	2.572	6 356.58	16 349.12
	[1-9]×1.5	人工挖沟槽土方,三类土,深度在 4 m 以内	100 m^3	2.858	7 963.52	22 759.74
2	040103001001	回填方	m^3	2 233.50	12.986 7	29 005.79
	1-389	填土夯实槽、坑	100 m^3	22.335	1 298.67	29 005.79
3	040103002001	余方弃置	m^3	624.00	21.48	13 405.86
	1-245	装载机装松散土 装载机 1 m^3	1 000 m^3	0.624	2 949.89	1 840.73
	1-270	自卸汽车运土 自卸汽车(6 t 以内)运距 5 km 以内	1 000 m^3	0.624	18 533.87	11 565.13

8.2　道路工程

8.2.1　道路工程清单说明

1. 本工程及其他项目涉及地层情况的均按表 6.7 和表 6.8 的规定，并根据岩土工程勘察报告按单位工程各地层所占比例(包括范围值)进行描述。对无法准确描述的地层情况，可注明由投标人根据岩土工程勘察报告自行决定报价。

2. 地基处理项目桩长应包括桩尖，空桩长度＝孔深－桩长，孔深为自然地面至设计桩底的深度。

3. 如采用碎石、粉煤灰、砂等作为路基处理的填方材料时，应按土石方工程中“回填方”项目编码列项。

4. 排水沟、截水沟清单项目中，当侧墙为混凝土时，还应描述侧墙的混凝土强度等级。

5. 道路工程厚度应以压实后为准。

6. 道路基层设计截面如为梯形时，应按其截面平均宽度计算面积，并在项目特征中对截面参数加以描述。

7. 水泥混凝土路面中传力杆和拉杆的制作、安装应按钢筋工程中相关项目编码列项。

8.2.2　道路工程清单计算规则

1. 路基处理

路基处理工程量清单项目设置、项目特征描述的内容、计量单位及工程量计算规则，按表 8.6 的规定执行。

表 8.6　路基处理(编码:040201)

项目编码	项目名称	项目特征	计量单位	工程量计算规则	工作内容
040201001	预压地基	1. 排水竖井种类、断面尺寸、排列方式、间距、深度 2. 预压方法 3. 预压荷载、时间 4. 砂垫层厚度	m^2	按设计图示尺寸以加固面积计算	1. 设置排水竖井、盲沟、滤水管 2. 铺设砂垫层、密封膜 3. 堆载、卸载或抽气设备安拆、抽真空 4. 材料运输
040201002	强夯地基	1. 夯击能量 2. 夯击遍数 3. 地耐力要求 4. 夯填材料种类			1. 铺设夯填材料 2. 强夯 3. 夯填材料运输
040201003	振冲密实(不填料)	1. 地层情况 2. 振密深度 3. 孔距 4. 振冲器功率			1. 振冲加密 2. 泥浆运输
040201004	掺石灰	含灰量	m^3	按设计图示尺寸以体积计算	1. 掺石灰 2. 夯实
040201005	掺干土	1. 密实度 2. 掺土率			1. 掺干土 2. 夯实
040201006	掺石	1. 材料品种、规格 2. 掺石率			1. 掺石 2. 夯实
040201007	抛石挤淤	材料品种、规格			1. 抛石挤淤 2. 填塞垫平、压实

（续表）

项目编码	项目名称	项目特征	计量单位	工程量计算规则	工作内容
040201008	袋装砂井	1. 直径 2. 填充料品种 3. 深度	m	按设计图示尺寸以长度计算	1. 制作砂袋 2. 定位沉管 3. 下砂袋 4. 拔管
040201009	塑料排水板	材料品种、规格			1. 安装排水板 2. 沉管插板 3. 拔管
040201010	振冲桩（填料）	1. 地层情况 2. 空桩长度、桩长 3. 桩径 4. 填充材料种类	1. m 2. m^3	1. 以米计量，按设计图示尺寸以桩长计算 2. 以立方米计量，按设计桩截面面积乘桩长以体积计算	1. 振冲成孔、填料 2. 振实 3. 材料运输 4. 泥浆运输
040201011	砂石桩	1. 地层情况 2. 空桩长度、桩长 3. 桩径 4. 成孔方法 5. 材料种类、级配		1. 以米计量，按设计图示尺寸以桩长（包括桩尖）计算 2. 以立方米计量，按设计桩截面面积乘桩长（包括桩尖）以体积计算	1. 成孔 2. 填充、振实 3. 材料运输
040201012	水泥粉煤灰碎石桩	1. 地层情况 2. 空桩长度、桩长 3. 桩径 4. 成孔方法 5. 混合料强度等级	m	按设计图示尺寸以桩长（包括桩尖）计算	1. 成孔 2. 混合料制作、灌注、养护 3. 材料运输
040201013	深层水泥搅拌桩	1. 地层情况 2. 空桩长度、桩长 3. 桩截面尺寸 4. 水泥强度等级、掺量		按设计图示尺寸以桩长计算	1. 预搅下钻、水泥浆制作、喷浆搅拌提升成桩 2. 材料运输
040201014	粉喷桩	1. 地层情况 2. 空桩长度、桩长 3. 桩径 4. 粉体种类、掺量 5. 水泥强度等级、石灰粉要求			1. 预搅下钻、喷粉搅拌提升成桩 2. 材料运输
040201015	高压水泥旋喷桩	1. 地层情况 2. 空桩长度、桩长桩截面 3. 旋喷类型、方法 4. 水泥强度等级、掺量			1. 成孔 2. 水泥浆制作、高压旋喷注浆 3. 材料运输

（续表）

项目编码	项目名称	项目特征	计量单位	工程量计算规则	工作内容
040201016	石灰桩	1. 地层情况 2. 空桩长度、桩长 3. 桩径 4. 成孔方法 5. 掺和料种类、配合比	m	按设计图示尺寸以桩长(包括桩尖)计算	1. 成孔 2. 混合料制作、运输、夯填
040201017	灰土(土)挤密桩	1. 地层情况 2. 空桩长度、桩长 3. 桩径 4. 成孔方法 5. 灰土级配		按设计图示尺寸以桩长(包括桩尖)计算	1. 成孔 2. 灰土拌和、运输、填充、夯实
040201018	柱锤冲扩桩	1. 地层情况 2. 空桩长度、桩长 3. 桩径 4. 成孔方法 5. 桩体材料种类、配合比		按设计图示尺寸以桩长计算	1. 安拔套管 2. 冲孔、填料、夯实 3. 桩体材料制作、运输
040201019	地基注浆	1. 地层情况 2. 成孔深度、间距 3. 浆液种类及配合比 4. 注浆方法 5. 水泥强度等级、用量	1. m 2. m^3	1. 以米计量，按设计图示尺寸以深度计算 2. 以立方米计量，按设计图示尺寸以加固体积计算	1. 成孔 2. 注浆导管制作、安装 3. 浆液制作、压浆 4. 材料运输
040201020	褥垫层	1. 厚度 2. 材料品种、规格及比例	1. m^2 2. m^3	1. 以平方米计量，按设计图示尺寸以铺设面积计算 2. 以立方米计量，按设计图示尺寸以铺设体积计算	1. 材料拌和、运输 2. 铺设 3. 压实
040201021	土工合成材料	1. 材料品种、规格 2. 搭接方式	m^2	按设计图示尺寸以面积计算	1. 基层整平 2. 铺设 3. 固定
040201022	排水沟、截水沟	1. 断面尺寸 2. 基础、垫层：材料品种、厚度 3. 砌体材料 4. 砂浆强度等级 5. 伸缩缝填塞 6. 盖板材质、规格	m	按设计图示以长度计算	1. 模板制作、安装、拆除 2. 基础、垫层铺筑 3. 混凝土拌和、运输、浇筑 4. 侧墙浇捣或砌筑 5. 勾缝、抹面 6. 盖板安装
040201023	盲沟	1. 材料品种、规格 2. 断面尺寸			铺筑

2. 道路基层

道路基层工程量清单项目设置、项目特征描述的内容、计量单位及工程量计算规则，按表 8.7 的规定执行。

表 8.7　道路基层(编码:040202)

项目编码	项目名称	项目特征	计量单位	工程量计算规则	工作内容
040202001	路床(槽)整形	1. 部位 2. 范围	m^2	按设计道路底基层图示尺寸以面积计算，不扣除各类井所占面积	1. 放样 2. 整修路拱 3. 碾压成型
040202002	石灰稳定土	1. 含灰量 2. 厚度		按设计图示尺寸以面积计算，不扣除各类井所占面积	1. 拌和 2. 运输 3. 铺筑 4. 找平 5. 碾压 6. 养护
040202003	水泥稳定土	1. 水泥含量 2. 厚度			
040202004	石灰、粉煤灰、土	1. 配合比 2. 厚度			
040202005	石灰、碎石、土	1. 配合比 2. 碎石规格 3. 厚度			
040202006	石灰、粉煤灰、碎(砾)石	1. 配合比 2. 碎（砾）石规格 3. 厚度			
040202007	粉煤灰	厚度			
040202008	矿渣				
040202009	砂砾石	1. 石料规格 2. 厚度			
040202010	卵石				
040202011	碎石				
040202012	块石				
040202013	山皮石				
040202014	粉煤灰三渣	1. 配合比 2. 厚度			
040202015	水泥稳定碎(砾)石	1. 水泥 2. 石料规格 3. 厚度			
040202016	沥青稳定碎石	1. 沥青品种 2. 石料规格 3. 厚度			

3. 道路面层

道路面层工程量清单项目设置、项目特征描述的内容、计量单位及工程量计算规则，按表 8.8 的规定执行。

表 8.8 道路面层(编码:040203)

<table>
<tr><th>项目编码</th><th>项目名称</th><th>项目特征</th><th>计量单位</th><th>工程量计算规则</th><th>工作内容</th></tr>
<tr><td>040203001</td><td>沥青表面处治</td><td>1. 沥青品种
2. 层数</td><td rowspan="9">m²</td><td rowspan="9">接设计图示尺寸以面积计算，不扣除各种井所占面积，带平石的面层应扣除平石所占面积</td><td>1. 喷油、布料
2. 碾压</td></tr>
<tr><td>040203002</td><td>沥青贯入式</td><td>1. 沥青品种
2. 石料规格
3. 厚度</td><td>1. 摊铺碎石
2. 喷油、布料
3. 碾压</td></tr>
<tr><td>040203003</td><td>透层、粘层</td><td>1. 材料品种
2. 喷油量</td><td>1. 清理下承面
2. 喷油、布料</td></tr>
<tr><td>040203004</td><td>封层</td><td>1. 材料品种
2. 喷油量
3. 厚度</td><td>1. 清理下承面
2. 喷油、布料
3. 压实</td></tr>
<tr><td>040203005</td><td>黑色碎石</td><td>1. 材料品种
2. 石料规格
3. 厚度</td><td rowspan="2">1. 清理下承面
2. 拌和、运输
3. 摊铺、整型
4. 压实</td></tr>
<tr><td>040203006</td><td>沥青混凝土</td><td>1. 沥青品种
2. 沥青混凝土种类
3. 石料粒径
4. 掺和料
5. 厚度</td></tr>
<tr><td>040203007</td><td>水泥混凝土</td><td>1. 混凝土强度等级
2. 掺和料
3. 厚度
4. 嵌缝材料</td><td>1. 模板制作、安装、拆除
2. 混凝土拌和、运输、浇筑
3. 拉毛
4. 压痕或刻防滑槽
5. 伸缝
6. 缩缝
7. 锯缝、嵌缝
8. 路面养护</td></tr>
<tr><td>040203008</td><td>块料面层</td><td>1. 块料品种、规格
2. 垫层：材料品种、厚度、强度等级</td><td>1. 铺筑垫层
2. 铺砌块料
3. 嵌缝、勾缝</td></tr>
<tr><td>040203009</td><td>弹性面层</td><td>1. 材料品种
2. 厚度</td><td>1. 配料
2. 铺贴</td></tr>
</table>

4. 人行道及其他

人行道及其他工程量清单项目设置、项目特征描述的内容、计量单位及工程量计算规则，按表 8.9 的规定执行。

表 8.9　人行道及其他(编码:040204)

项目编码	项目名称	项目特征	计量单位	工程量计算规则	工作内容
040204001	人行道整形碾压	1. 部位 2. 范围	m^2	按设计人行道图示尺寸以面积计算，不扣除侧石、树池和各类井所占面积	1. 放样 2. 碾压
040204002	人行道块料铺设	1. 块料品种、规格 2. 基础、垫层：材料品种、厚度 3. 图形		按设计图示尺寸以面积计算，不扣除各类井所占面积，但应扣除侧石、树池所占面积	1. 基础、垫层铺筑 2. 块料铺设
040204003	现浇混凝土人行道及进口坡	1. 混凝土强度等级 2. 厚度 3. 基础、垫层：材料品种、厚度			1. 模板制作、安装、拆除 2. 基础、垫层铺筑 3. 混凝土拌和、运输、浇筑
040204004	安砌侧(平、缘)石	1. 材料品种、规格 2. 基础、垫层:材料品种、厚度	m	按设计图示中心线长度计算	1. 开槽 2. 基础、垫层铺筑 3. 侧(平、缘)石安砌
040204005	现浇侧(平、缘)石	1. 材料品种 2. 尺寸 3. 形状 4. 混凝土强度等级 5. 基础、垫层：材料品种、厚度			1. 模板制作、安装、拆除 2. 开槽 3. 基础、垫层铺筑 4. 混凝土拌和、运输、浇筑
040204006	检查井升降	1. 材料品种 2. 检查井规格 3. 平均升(降)高度	座	按设计图示路面标高与原有的检查井发生正负高差的检查井的数量计算	1. 提升 2. 降低
040204007	树池砌筑	1. 材料品种、规格 2. 树池尺寸 3. 树池盖面材料品种	个	按设计图示数量计算	1. 基础、垫层铺筑 2. 树池砌筑 3. 盖面材料运输、安装
040204008	预制电缆沟铺设	1. 材料品种 2. 规格尺寸 3. 基础、垫层：材料品种、厚度 4. 盖板品种、规格	m	按设计图示中心线长度计算	1. 基础、垫层铺筑 2. 预制电缆沟安装 3. 盖板安装

8.2.3　例题讲解

【例题 8.3】　根据【例题 6.5】的题意，试计算道路清单工程量并列出工程量清单。

【解】　（1）列清单 040202004001、040202009001、040203006001、040203006002、040203005001、040204003001。

(2)计算工程量。

040202004001 石灰、粉煤灰基层面积＝(路面宽度＋路肩宽度)×道路长度

＝300.00×(16.00＋1.50×2)＝5 700.00 (m^2)

040202009001 砂砾石基层面积＝(路面宽度＋路肩宽度)×道路长度

＝(725.00－300.00)×(16.00＋1.50×2)＝8 075.00 (m^2)

040203006001、040203006002 沥青混凝土面层面积＝路面宽度×道路长度

＝300.00×16.00＝4 800.00 (m^2)

040203005001 水泥混凝土面层面积＝路面宽度×道路长度

＝(725.00－300.00)×16.00＝6 800.00 (m^2)

040204004001 路缘石长度＝725.00×2＝1 450.00 (m)

(3) 清单工程量，见表 8.10 所示：

表 8.10　工程量清单

序号	项目编码	项目名称	项目特征描述	计量单位	工程量
1	040202004001	石灰、粉煤灰	20 cm 厚石灰、粉煤灰基层	m^2	5 700.00
2	040202009001	砂砾石	25 cm 厚砂砾石基层	m^2	8 075.00
3	040203006001	沥青混凝土	10 cm 厚粗粒式沥青混凝土，石料最大粒径 40 mm	m^2	4 800.00
4	040203006002	沥青混凝土	3 cm 厚中粒式沥青混凝土，石料最大粒径 20 mm	m^2	4 800.00
5	040203005001	水泥混凝土	22 cm 厚水泥混凝土	m^2	6 800.00
6	040204004001	安砌侧(平、缘)石	C30 混凝土缘石安砌	m	1 450.00

【例题 8.4】　某一级道路 K0＋000～K0＋600 为沥青混凝土结构，结构如图 8.2 所示，路面宽度为 15 m，路肩宽度为 1.5 m，为保证压实，路基两侧各加宽 50 cm，其中 K0＋330～K0＋360 之间为过湿土基，用石灰砂桩进行处理，桩间距为 90 cm，按矩形布置，石灰砂桩示意图如图 8.3 所示，试计算道路工程量。

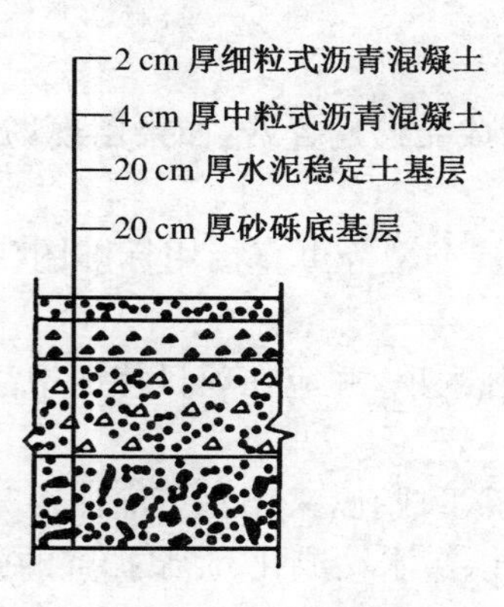

图 8.2　道路结构图

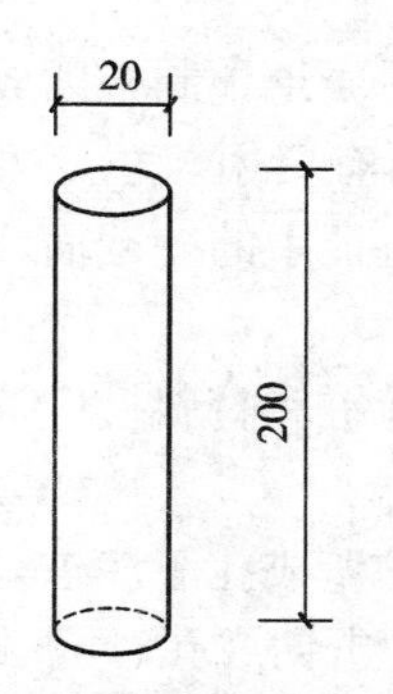

图 8.3　石灰砂桩示意图(单位:cm)

【解】(1) 列清单 040202009001、040202003001、040203006001、040203006002、040201016001。

(2) 计算工程量

040202009001 砂砾底基层面积=(路面宽度+路肩宽度)×道路长度

=(15.00+1.50×2)×600.00=10 800.00 (m^2)

040202003001 水泥稳定土基层面积=(路面宽度+路肩宽度)×道路长度

=(15.00+1.50×2)×600.00=10 800.00 (m^2)

040203006001、040203006002 沥青混凝土面层面积=路面宽度×道路长度

=15.00×600.00=9 000.00 (m^2)

040201016001 石灰砂桩

道路横断面方向布置桩数=15.00÷0.90+1≈18(个)

道路纵断面方向布置桩数=(360.00−330.00)÷0.90+1≈35(个)

所需桩数=18×35=630(个)

总桩长度=630×2.00=1 260.00 (m)

(3) 清单工程量,见表 8.11 所示:

表 8.11　工程量清单

序号	项目编码	项目名称	项目特征描述	计量单位	工程量
1	040202009001	砂砾石	20 cm 厚砂砾底基层	m^2	10 800.00
2	040202003001	水泥稳定土	20 cm 厚水泥稳定土基层	m^2	10 800.00
3	040203006001	沥青混凝土	4 cm 厚中粒式石油沥青混凝土,石料最大粒径 40 mm	m^2	9 000.00
4	040203006002	沥青混凝土	2 cm 厚细粒式石油沥青混凝土,石料最大粒径 20 mm	m^2	9 000.00
5	040201016001	石灰砂桩	桩径为 20 cm,水泥砂石比为 1∶2.4∶4,水灰比 0.6	m	1 260.00

8.3　桥涵工程

8.3.1　桥涵工程清单说明

1. 各类混凝土预制桩以成品桩考虑,应包括成品桩购置费,如果用现场预制,应包括现场预制桩的所有费用。

2. 项目特征中的桩截面、混凝土强度等级、桩类型等可直接用标准图代号或设计桩型进行描述。

3. 打试验桩和打斜桩应按相应项目编码单独列项,并应在项目特征中注明试验桩或斜桩(斜率)。

4. 泥浆护壁成孔灌注桩是指在泥浆护壁条件下成孔,采用水下灌注混凝土的桩。其成孔方法包括冲击钻成孔、冲抓锥成孔、回旋钻成孔、潜水钻成孔、泥浆护壁的旋挖成孔等。

5. 沉管灌注桩的沉管方法包括锤击沉管法、振动沉管法、振动冲击沉管法、内夯沉管法等。

6. 干作业成孔灌注桩是指不用泥浆护壁和套管护壁的情况下，用钻机成孔后，下钢筋笼，灌注混凝土的桩，适用于地下水位以上的土层使用。其成孔方法包括螺旋钻成孔、螺旋钻成孔扩底、干作业的旋挖成孔等。

7. 混凝土灌注桩、地下连续墙和喷射混凝土的钢筋笼制作、安装，按钢筋工程中相关项目编码列项。

8. 混凝土挡土墙、桩顶冠梁、支撑体系按隧道工程中相关项目编码列项。

9. 干砌块料、浆砌块料和砖砌体应根据工程部位不同，分别设置清单编码。

10. 清单项目中“垫层”指碎石、块石等非混凝土类垫层。

11. 除箱涵顶进土方外，顶进工作坑等土方应按土石方工程中相关项目编码列项。

12. 当以体积为计量单位计算混凝土工程量时，不扣除构件内钢筋、螺栓、预埋铁件、张拉孔道和单个面积≤0.3 m^2 的孔洞所占体积，但应扣除型钢混凝土构件中型钢所占体积。

13. 桩基陆上工作平台搭拆工作内容包括在相应的清单项目中，若为水上工作平台搭拆，应按措施项目中相关项目单独编码列项。

8.3.2 桥涵工程清单计算规则

1. 桩基工程

桩基工程量清单项目设置、项目特征描述的内容、计量单位及工程量计算规则，按表 8.12的规定执行。

表 8.12 桩基(编号:040301)

项目编码	项目名称	项目特征	计量单位	工程量计算规则	工作内容
040301001	预制钢筋混凝土方桩	1. 地层情况 2. 送桩深度、桩长 3. 桩截面 4. 桩倾斜度 5. 混凝土强度等级	1. m 2. m^3 3. 根	1. 以米计量，按设计图示尺寸以桩长(包括桩尖)计算 2. 以立方米计量，按设计图示桩长(包括桩尖)乘桩的断面面积计算 3. 以根计量，按设计图示数量计算	1. 工作平台搭拆 2. 桩就位 3. 桩机移位 4. 沉桩 5. 接桩 6. 送桩
040301002	预制钢筋混凝土管桩	1. 地层情况 2. 送桩深度、桩长 3. 桩外径、壁厚 4. 桩倾斜度 5. 桩尖设置及类型 6. 混凝土强度等级 7. 填充材料种类			1. 工作平台搭拆 2. 桩就位 3. 桩机移位 4. 桩尖安装 5. 沉桩 6. 接桩 7. 送桩 8. 桩芯填充
040301003	钢管桩	1. 地层情况 2. 送桩深度、桩长 3. 材质 4. 管径、壁厚 5. 桩倾斜度 6. 填充材料种类 7. 防护材料种类	1. t 2. 根	1. 以吨计量，按设计图示尺寸以质量计算 2. 以根计量，按设计图示数量计算	1. 工作平台搭拆 2. 桩就位 3. 桩机移位 4. 沉桩 5. 接桩 6. 送桩 7. 切割钢管、精割盖帽 8. 管内取土、余土弃置 9. 管内填芯、刷防护材料

（续表）

项目编码	项目名称	项目特征	计量单位	工程量计算规则	工作内容
040301004	泥浆护壁成孔灌注桩	1. 地层情况 2. 空桩长度、桩长 3. 桩径 4. 成孔方法 6. 混凝土种类、强度等级		1. 以米计量，按设计图示尺寸以桩长（包括桩尖）计算 2. 以立方米计量，按不同截面在桩长范围内以体积计算 3. 以根计量，按设计图示数量计算	1. 工作平台搭拆 2. 桩机移位 3. 护筒埋设 4. 成孔、固壁 5. 混凝土制作、运输、灌注、养护 6. 土方、废浆外运 7. 打桩场地硬化及泥浆池、泥浆沟
040301005	沉管灌注桩	1. 地层情况 2. 空桩长度、桩长 3. 复打长度 4. 桩径 5. 沉管方法 6. 桩尖类型 7. 混凝土种类、强度等级	1. m 2. m^3 3. 根	1. 以米计量，按设计图示尺寸以桩长（包括桩尖）计算 2. 以立方米计量，按设计图示桩长（包括桩尖）乘桩的断面面积计算 3. 以根计量，按设计图示数量计算	1. 工作平台搭拆 2. 桩机移位 3. 打（沉）拔钢管 4. 桩尖安装 5. 混凝土制作、运输、灌注、养护
040301006	干作业成孔灌注桩	1. 地层情况 2. 空桩长度、桩长 3. 桩径 4. 扩孔直径、高度 5. 成孔方法 6. 混凝土种类、强度等级			1. 工作平台搭拆 2. 桩机移位 3. 成孔、扩孔 4. 混凝土制作、运输、灌注、振捣、养护
040301007	挖孔桩土（石）方	1. 土（石）类别 2. 挖孔深度 3. 弃土（石）运距	m^3	按设计图示尺寸（含护壁）截面面积乘挖孔深度以立方米计算	1. 排地表水 2. 挖土、凿石 3. 基底钎探 4. 土（石）方外运
040301008	人工挖孔灌注桩	1. 桩芯长度 2. 桩芯直径、扩底直径、扩底高度 3. 护壁厚度、高度 4. 护壁材料种类、强度等级 5. 桩芯混凝土种类、强度等级	1. m^3 2. 根	1. 以立方米计量，按桩芯混凝土体积计算 2. 以根计量，按设计图示数量计算	1. 护壁制作、安装 2. 混凝土制作、运输、灌注、振捣、养护
040301009	钻孔压浆桩	1. 地层情况 2. 桩长 3. 钻孔直径 4. 骨料品种、规格 5. 水泥强度等级	1. m 2. 根	1. 以米计量，按设计图示尺寸以桩长计算 2. 以根计量，按设计图示数量计算	1. 钻孔、下注浆管、投放骨料 2. 浆液制作、运输、压浆

（续表）

项目编码	项目名称	项目特征	计量单位	工程量计算规则	工作内容
040301010	灌注桩后注浆	1. 注浆导管材料、规格 2. 注浆导管长度 3. 单孔注浆量 4. 水泥强度等级	孔	按设计图示以注浆孔数计算	1. 注浆导管制作、安装 2. 浆液制作、运输、压浆
040301011	截桩头	1. 桩类型 2. 桩头截面、高度 3. 混凝土强度等级 4. 有无钢筋	1. m^3 2. 根	1. 以立方米计量，按设计桩截面面积乘桩头长度以体积计算 2. 以根计量，按设计图示数量计算	1. 截桩头 2. 凿平 3. 废料外运
040301012	声测管	1. 材质 2. 规格型号	1. t 2. m	1. 按设计图示尺寸以质量计算 2. 按设计图示尺寸以长度计算	1. 检测管截断、封头 2. 套管制作、焊接 3. 定位、固定

2. 基坑与边坡支护

基坑与边坡支护工程量清单项目设置、项目特征描述的内容、计量单位及工程量计算规则，按表8.13的规定执行。

表8.13　基坑与边坡支护（编码：040302）

项目编码	项目名称	项目特征	计量单位	工程量计算规则	工作内容
040302001	圆木桩	1. 地层情况 2. 桩长 3. 材质 4. 尾径 5. 桩倾斜度	1. m 2. 根	1. 以米计量，按设计图示尺寸以桩长（包括桩尖）计算 2. 以根计量，按设计图示数量计算	1. 工作平台搭拆 2. 桩机移位 3. 桩制作、运输、就位 4. 桩靴安装 5. 沉桩
040302002	预制钢筋混凝土板桩	1. 地层情况 2. 送桩深度、桩长 3. 桩截面 4. 混凝土强度等级	1. m^3 2. 根	1. 以立方米计量，按设计图示桩长（包括桩尖）乘桩的断面面积计算 2. 以根计量，按设计图示数量计算	1. 工作平台搭拆 2. 桩就位 3. 桩机移位 4. 沉桩 5. 接桩 6. 送桩
040302003	地下连续墙	1. 地层情况 2. 导墙类型、截面 3. 墙体厚度 4. 成槽深度 5. 混凝土种类、强度等级 6. 接头形式	m^3	按设计图示墙中心线长乘厚度再乘槽深，以体积计算	1. 导墙挖填、制作、安装、拆除 2. 挖土成槽、固壁、清底置换 3. 混凝土制作、运输、灌注、养护 4. 接头处理 5. 土方、废浆外运 6. 打桩场地硬化及泥浆池、泥浆沟

(续表)

项目编码	项目名称	项目特征	计量单位	工程量计算规则	工作内容
040302004	咬合灌注桩	1. 地层情况 2. 桩长 3. 桩径 4. 混凝土种类、强度等级 5. 部位	1. m 2. 根	1. 以米计量,按设计图示尺寸以桩长计算 2. 以根计量,按设计图示数量计算	1. 桩机移位 2. 成孔、固壁 3. 混凝土制作、运输、灌注、养护 4. 套管压拔 5. 土方、废浆外运 6. 打桩场地硬化及泥浆池、泥浆沟
040302005	型钢水泥土搅拌墙	1. 深度 2. 桩径 3. 水泥掺量 4. 型钢材质、规格是否拔出	m^3	按设计图示尺寸以体积计算	1. 钻机移位 2. 钻进 3. 浆液制作、运输、压浆 4. 搅拌、成桩 5. 型钢插拔 6. 土方、废浆外运
040302006	锚杆(索)	1. 地层情况 2. 锚杆(索)类型、部位 3. 钻孔直径、深度 4. 杆体材料品种、规格、数量 5. 是否预应力 6. 浆液种类、强度等级	1. m 2. 根	1. 以米计量,按设计图示尺寸以钻孔深度计算 2. 以根计量,按设计图示数量计算	1. 钻孔、浆液制作、运输、压浆 2. 锚杆(索)制作、安装 3. 张拉锚固 4. 锚杆(索)施工平台搭设、拆除
040302007	土钉	1. 地层情况 2. 钻孔直径、深度 3. 置入方法 4. 杆体材料品种、规格、数量 5. 浆液种类、强度等级			1. 钻孔、浆液制作、运输、压浆 2. 土钉制作、安装 3. 土钉施工平台搭设、拆除
040302008	喷射混凝土	1. 部位 2. 厚度 3. 材料种类 4. 混凝土类别、强度等级	m^2	按设计图示尺寸以面积计算	1. 修整边坡 2. 混凝土制作、运输、喷射、养护 3. 钻排水孔、安装排水管 4. 喷射施工平台搭设、拆除

3. 现浇混凝土构件

现浇混凝土构件工程量清单项目设置、项目特征描述的内容、计量单位及工程量计算规则，按表8.14的规定执行。

表8.14　现浇混凝土构件(编码:040303)

<table>
<tr><th>项目编码</th><th>项目名称</th><th>项目特征</th><th>计量单位</th><th>工程量计算规则</th><th>工作内容</th></tr>
<tr><td>040303001</td><td>混凝土垫层</td><td>混凝土强度等级</td><td rowspan="16">m^3</td><td rowspan="16">按设计图示尺寸以体积计算</td><td rowspan="14">1. 模板制作、安装、拆除
2. 混凝土拌和、运输、浇筑
3. 养护</td></tr>
<tr><td>040303002</td><td>混凝土基础</td><td>1. 混凝土强度等级
2. 嵌料(毛石)比例</td></tr>
<tr><td>040303003</td><td>混凝土承台</td><td>混凝土强度等级</td></tr>
<tr><td>040303004</td><td>混凝土墩(台)帽</td><td rowspan="4">1. 部位
2. 混凝土强度等级</td></tr>
<tr><td>040303005</td><td>混凝土墩(台)身</td></tr>
<tr><td>040303006</td><td>混凝支撑梁及横梁</td></tr>
<tr><td>040303007</td><td>混凝土墩(台)盖梁</td></tr>
<tr><td>040303008</td><td>混凝土拱桥拱座</td><td rowspan="2">混凝土强度等级</td></tr>
<tr><td>040303009</td><td>混凝土拱桥拱肋</td></tr>
<tr><td>040303010</td><td>混凝土拱上构件</td><td rowspan="2">1. 部位
2. 混凝土强度等级</td></tr>
<tr><td>040303011</td><td>混凝土箱梁</td></tr>
<tr><td>040303012</td><td>混凝土连续板</td><td rowspan="2">1. 部位
2. 结构形式
3. 混凝土强度等级</td></tr>
<tr><td>040303013</td><td>混凝土板梁</td></tr>
<tr><td>040303014</td><td>混凝土板拱</td><td>1. 部位
2. 混凝土强度等级</td></tr>
<tr><td>040303015</td><td>混凝土挡墙墙身</td><td>1. 混凝土强度等级
2. 泄水孔材料品种、规格
3. 滤水层要求
4. 沉降缝要求</td><td rowspan="2">1. 模板制作、安装、拆除
2. 混凝土拌和、运输、浇筑
3. 养护
4. 抹灰
5. 泄水孔制作、安装
6. 滤水层铺筑
7. 沉降缝</td></tr>
<tr><td>040303016</td><td>混凝土挡墙压顶</td><td>1. 混凝土强度等级
2. 沉降缝要求</td></tr>
</table>

（续表）

项目编码	项目名称	项目特征	计量单位	工程量计算规则	工作内容
040303017	混凝土楼梯	1. 结构形式 2. 底板厚度 3. 混凝土强度等级	1. m^2 2. m^3	1. 以平方米计量，按设计图示尺寸以水平投影面积计算 2. 以立方米计量，按设计图示尺寸以体积计算	1. 模板制作、安装、拆除 2. 混凝土拌和、运输、浇筑 3. 养护
040303018	混凝土防撞护栏	1. 断面 2. 混凝土强度等级	m	按设计图示尺寸以长度计算	
040303019	桥面铺装	1. 混凝土强度等级 2. 沥青品种 3. 沥青混凝土种类 4. 厚度 5. 配合比	m^2	按设计图示尺寸以面积计算	1. 模板制作、安装、拆除 2. 混凝土拌和、运输、浇筑 3. 养护 4. 沥青混凝土铺装 5. 碾压
040303020	混凝土桥头搭板	混凝土强度等级	m^3	按设计图示尺寸以体积计算	1. 模板制作、安装、拆除 2. 混凝土拌和、运输、浇筑 3. 养护
040303021	混凝土搭板枕梁				
040303022	混凝土桥塔身	1. 形状 2. 混凝土强度等级			
040303023	混凝土连系梁				
040303024	混凝土其他构件	1. 名称、部位 2. 混凝土强度等级			
040303025	钢管拱混凝土	混凝土强度等级			混凝土拌和、运输、压注

4. 预制混凝土构件

预制混凝土构件工程量清单项目设置、项目特征描述的内容、计量单位及工程量计算规则，按表8.15的规定执行。

表8.15　预制混凝土构件(编码:040304)

项目编码	项目名称	项目特征	计量单位	工程量计算规则	工作内容
040304001	预制混凝土梁	1. 部位 2. 图集、图纸名称 3. 构件代号、名称 4. 混凝土强度等级 5. 砂浆强度等级	m^3	按设计图示尺寸以体积计算	1. 模板制作、安装、拆除 2. 混凝土拌和、运输、浇筑 3. 养护 4. 构件安装 5. 接头灌缝 6. 砂浆制作 7. 运输
040304002	预制混凝土柱				
040304003	预制混凝土板				

（续表）

项目编码	项目名称	项目特征	计量单位	工程量计算规则	工作内容
040304004	预制混凝土挡土墙墙身	1. 图集、图纸名称 2. 构件代号、名称 3. 结构形式 4. 混凝土强度等级 5. 泄水孔材料种类、规格 6. 滤水层要求 7. 砂浆强度等级	m^3	按设计图示尺寸以体积计算	1. 模板制作、安装、拆除 2. 混凝土拌和、运输、浇筑 3. 养护 4. 构件安装 5. 接头灌缝 6. 泄水孔制作、安装 7. 滤水层铺设 8. 砂浆制作 9. 运输
040304005	预制混凝土其他构件	1. 部位 2. 图集、图纸名称 3. 构件代号、名称 4. 混凝土强度等级 5. 砂浆强度等级			1. 模板制作、安装、拆除 2. 混凝土拌和、运输、浇筑 3. 养护 4. 构件安装 5. 接头灌浆 6. 砂浆制作 7. 运输

5. *砌筑*

砌筑工程工程量清单项目设置、项目特征描述的内容、计量单位及工程量计算规则，按表 8.16 的规定执行。

表 8.16　砌筑(编码:040305)

项目编码	项目名称	项目特征	计量单位	工程量计算规则	工作内容
040305001	垫层	1. 材料品种、规格 2. 厚度	m^3	按设计图示尺寸以体积计算	垫层铺筑
040305002	干砌块料	1. 部位 2. 材料品种、规格 3. 泄水孔材料品种、规格 4. 滤水层要求 5. 沉降缝要求			1. 砌筑 2. 砌体勾缝 3. 砌体抹面 4. 泄水孔制作、安装 5. 滤层铺设 6. 沉降缝
040305003	浆砌块料	1. 部位 2. 材料品种、规格 3. 砂浆强度等级 4. 泄水孔材料品种、规格 5. 滤水层要求 6. 沉降缝要求			
040305004	砖砌体				

（续表）

项目编码	项目名称	项目特征	计量单位	工程量计算规则	工作内容
040305005	护坡	1. 材料品种 2. 结构形式 3. 厚度 4. 砂浆强度等级	m^2	按设计图示尺寸以面积计算	1. 修整边坡 2. 砌筑 3. 砌体勾缝 4. 砌体抹面

6. 立交箱涵

立交箱涵工程量清单项目设置、项目特征描述的内容、计量单位及工程量计算规则，按表 8.17 的规定执行。

表 8.17　立交箱涵(编码:040306)

项目编码	项目名称	项目特征	计量单位	工程量计算规则	工作内容
040306001	透水管	1. 材料品种、规格 2. 管道基础形式	m	按设计图示尺寸以长度计算	1. 基础铺筑 2. 管道铺设、安装
040306002	滑板	1. 混凝土强度等级 2. 石蜡层要求 3. 塑料薄膜品种、规格	m^3	按设计图示尺寸以体积计算	1. 模板制作、安装、拆除 2. 混凝土拌和、运输、浇筑 3. 养护 4. 涂石蜡层 5. 铺塑料薄膜
040306003	箱涵底板	1. 混凝土强度等级 2. 混凝土抗渗要求 3. 防水层工艺要求			1. 模板制作、安装、拆除 2. 混凝土拌和、运输、浇筑 3. 养护 4. 防水层铺涂
040306004	箱涵侧墙				1. 模板制作、安装、拆除 2. 混凝土拌和、运输、浇筑 3. 养护 4. 防水砂浆 5. 防水层铺涂
040306005	箱涵顶板				
040306006	箱涵顶进	1. 断面 2. 长度 3. 弃土运距	kt·m	按设计图示尺寸以被顶箱涵的质量，乘箱涵的位移距离分节累计计算	1. 顶进设备安装、拆除 2. 气垫安装、拆除 3. 气垫使用 4. 钢刃角制作、安装、拆除 5. 挖土实顶 6. 土方场内外运输 7. 中继间安装、拆除
040306007	箱涵接缝	1. 材质 2. 工艺要求	m	按设计图示止水带长度计算	接缝

7. 钢结构

钢结构工程量清单项目设置、项目特征描述的内容、计量单位及工程量计算规则，按表 8.18 的规定执行。

表 8.18 钢结构(编码:040307)

项目编码	项目名称	项目特征	计量单位	工程量计算规则	工作内容
040307001	钢箱梁	1. 材料品种、规格 2. 部位 3. 探伤要求 4. 防火要求 5. 补刷油漆品种、色彩、工艺要求	t	按设计图示尺寸以质量计算。不扣除孔眼的质量，焊条、铆钉、螺栓等不另增加质量	1. 拼装 2. 安装 3. 探伤 4. 涂刷防火涂料 5. 补刷油漆
040307002	钢板梁				
040307003	钢桁梁				
040307004	钢拱				
040307005	劲性钢结构				
040307006	钢结构叠合梁				
040307007	其他钢构件				
040307008	悬(斜拉)索	1. 材料品种、规格 2. 直径 3. 抗拉强度 4. 防护方式		按设计图示尺寸以质量计算	1. 拉索安装 2. 张拉、索力调整、锚固 3. 防护壳制作、安装
040307009	钢拉杆				1. 连接、紧锁件安装 2. 钢拉杆安装 3. 钢拉杆防腐 4. 钢拉杆防护壳制作、安装

8. 装饰

装饰工程量清单项目设置、项目特征描述的内容、计量单位及工程量计算规则，按表 8.19的规定执行。

表 8.19 装饰工程(编码:040308)

项目编码	项目名称	项目特征	计量单位	工程量计算规则	工作内容
040308001	水泥砂浆抹面	1. 砂浆配合比 2. 部位 3. 厚度	m^2	按设计图示尺寸以面积计算	1. 基层清理 2. 砂浆抹面
040308002	剁斧石饰面	1. 材料 2. 部位 3. 形式 4. 厚度			1. 基层清理 2. 饰面
040308003	镶贴面层	1. 材料 2. 规格 3. 厚度 4. 部位			1. 基层清理 2. 镶贴面层 3. 勾缝
040308004	涂料	1. 材料品种 2. 部位			1. 基层清理 2. 涂料涂刷
040308005	油漆	1. 材料品种 2. 部位 3. 工艺要求			1. 除锈 2. 刷油漆

9. 其他

其他工程量清单项目设置、项目特征描述的内容、计量单位及工程量计算规则,按表8.20的规定执行。

表 8.20　其他(编码:040309)

项目编码	项目名称	项目特征	计量单位	工程量计算规则	工作内容
040309001	金属栏杆	1. 栏杆材质、规格 2. 油漆品种、工艺要求	1. t 2. m	1. 按设计图示尺寸以质量计算 2. 按设计图示尺寸以延长米计算	1. 制作、运输、安装 2. 除锈、刷油漆
040309002	石质栏杆	材料品种、规格	m	按设计图示尺寸以长度计算	制作、运输、安装
040309003	混凝土栏杆	1. 混凝土强度等级 2. 规格尺寸			
040309004	橡胶支座	1. 材质 2. 规格、型号 3. 形式	个	按设计图示数量计算	支座安装
040309005	钢支座	1. 规格、型号 2. 形式			
040309006	盆式支座	1. 材质 2. 承载力			
040309007	梁伸缩装置	1. 材料品种 2. 规格、型号 3. 混凝土种类 4. 混凝土强度等级	m	以米计量,按设计图示尺寸以延长米计算	1. 制作、安装 2. 混凝土拌和、运输、浇筑
040309008	隔声屏障	1. 材料品种 2. 结构形式 3. 油漆品种、工艺要求	m²	按设计图示尺寸以面积计算	1. 制作、安装 2. 除锈、刷油漆
040309009	桥面排(泄)水管	1. 材料品种 2. 管径	m	按设计图示以长度计算	进水口、排(泄)水管制作、安装
040309010	防水层	1. 部位 2. 材料品种、规格 3. 工艺要求	m²	按设计图示尺寸以面积计算	防水层铺涂

8.3.3　例题讲解

【例题 8.5】　某桥梁重力式桥台,墩身采用 M10 水泥砂浆砌块石,台帽采用 M10 水泥砂浆砌料石,见图 8.4 工程所示,共 2 个台座,长度 12 m。ϕ 100PVC 泄水管安装间距 3 m。50×50 级配碎石反滤层、泄水孔进口二层土工布包裹。试计算桥梁墩身及台帽工程的清单工程量并列出工程量清单(不考虑基础及勾缝等内容)。

【解】　(1) 列项目 040305003001、040305003002。

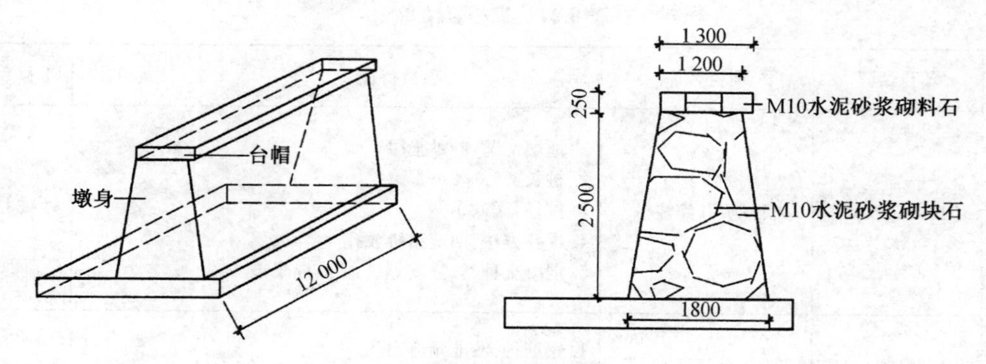

图 8.4　桥台示意图(单位:mm)

(2) 计算工程量。

040305003001 浆砌料石台帽＝宽度×厚度×长度×数量

＝1.30×0.25×12.00×2＝7.80(m^3)

040305003002 浆砌块石台身＝墩身截面积×墩身长度×数量

＝(1.80＋1.20)÷2×2.50×12.00×2＝90.00(m^3)

(3)工程量清单,见表 8.21 所示:

表 8.21　工程量清单

序号	项目编码	项目名称	项目特征	计量单位	工程数量
1	040305003001	浆砌料石台帽	1. 部位:台帽 2. 材料品种、规格:料石 3. 砂浆强度等级:M10 水泥砂浆	m^3	7.80
2	040305003002	浆砌块石台身	1. 部位:台身 2. 材料品种、规格:块石 3. 砂浆强度等级:M10 水泥砂浆 4. 泄水孔材料品种、规格:ϕ100PVC 泄水管 5. 滤水层要求:50×50 级配碎石反滤层、泄水孔进口二层土工布包裹	m^3	90.00

【例题 8.6】 某单跨混凝土简支梁桥,桥宽 50 m,桥台基础采用双排 ϕ 100 钻孔灌注桩基础(C30),土质为砂黏土层。桩基施工方案采用围堰抽水施工法,回旋钻机成孔。桩顶标高为 3.256 m,桩底标高为－12.388 m。已知灌注桩 34 根/台。一个桥台灌注桩基础钢筋用量为 21.146 t(ϕ 20 以内)。试计算该工程桥台钻孔灌注桩基础的清单工程量。

【解】 (1) 列清单 040301004001、040901004001。

(2) 计算工程量。

040301004001 机械成孔灌注桩(3.256＋12.388)×34×2＝1 063.79(m)

040901004001 钢筋笼 21.146×2＝42.29(t)

(3) 工程量清单,见表 8.22 所示:

表 8.22 工程量清单

序号	项目编码	项目名称	项目特征	计量单位	工程数量
1	040301004001	机械成孔灌注桩	1. 地层情况：砂黏土层 2. 桩长：15.644 m 3. 桩径：ϕ 100 4. 成孔方法：回旋钻机成孔 5. 混凝土种类、强度等级：C30 混凝土	m	1 063.79
2	040901004001	钢筋笼	1. 钢筋种类：非预应力 2. 钢筋规格：ϕ 20 以内	t	42.29

【例题 8.7】 根据【例题 6.15】的题意，按计价定额计算该桩基工程的清单综合单价。

【解】 (1) 列项目 040301004001(3-565、3-113、3-136、3-212、3-213、3-216、3-596、1-448)、040901004001(3-252)。

(2) 计算工程量。

040301004001 成孔灌注桩工程量：3.14×0.5×0.5×15×30＝353.25 (m^3)

040901004001 钢筋笼工程量：18.658 t

(3)清单计价，见表 8.23 所示：

表 8.23 计算结果

序号	定额编号	项目名称	单位	工程量	综合单价/元	合价/元
1	040301004001	成孔灌注桩	m^3	353.25	1 408.40	497 518.11
	3-565	搭、拆桩基础支架平台 陆上支架 锤重 1 800 kg	100 m^2	4.608	4 795.53	22 095.40
	3-113	埋设钢护筒 陆上 $\phi \leqslant 1\,000$	10 m	7.50	3 780.54	28 354.05
	3-136	回旋钻机钻孔 $\phi \leqslant 1\,000$ $H \leqslant 40$ m 砂土、黏土	10 m	46.50	2 792.50	129 851.25
	3-212	泥浆制作	10 m^3	109.508	301.96	33 067.04
	3-213	泥浆运输 运距 5 km 以内	10 m^3	36.503	1 527.50	55 758.33
	3-216	C30 灌注桩 混凝土回旋钻孔	10 m^3	38.033	5 935.71	225 752.86
	3-596	凿除桩顶钢筋 混凝土钻孔灌注桩	10 m^3	1.178	1 941.31	2 286.86
	1-448	自卸汽车运石碴 自卸汽车(8 t 以内) 运距 5 km 以内	1 000 m^3	0.012	29 857.19	352.31
2	040901004001	钢筋笼	t	18.658	5 416.08	101 053.22
	3-252	钢筋制作、安装 钻孔桩钢筋笼制作、安装	t	18.658	5 416.08	101 053.22

8.4　隧道工程

8.4.1　隧道工程清单说明

1. 弃碴运距在清单中可以不描述,但应注明由投标人根据施工现场实际情况自行考虑决定报价。

2. 岩石隧道衬砌清单项目未列的砌筑构筑物,应按桥涵工程中相关项目编码列项。

3. 衬砌壁后压浆清单项目在编制工程量清单时,其工程数量可为暂估量,结算时按现场签证数量计算。

4. 盾构基座系指常用的钢结构,如果是钢筋混凝土结构,按沉管隧道中相关项目进行列项。

5. 钢筋混凝土管片按成品编制,购置费用计入综合单价中。

6. 沉井垫层按桥涵工程中相关项目编码列项。

7. 隧道洞内道路路面铺装按道路工程相关清单项目编码列项。

8. 隧道洞内顶部和边墙内衬的装饰按桥涵工程相关清单项目编码列项。

9. 垫层、基础按桥涵工程相关清单项目编码列项。

10. 隧道内衬弓形底板、侧墙、支承墙按混凝土底板、混凝土墙的相关清单项目编码列项,并在项目特征中描述其类别、部位。

8.4.2　隧道工程清单计算规则

1. 隧道岩石开挖

隧道岩石开挖工程量清单项目设置、项目特征描述的内容、计量单位及工程量计算规则,按表 8.24 的规定执行。

表 8.24　隧道岩石开挖(编码:040401)

项目编码	项目名称	项目特征	计量单位	工程量计算规则	工作内容
040401001	平洞开挖	1. 岩石类别 2. 开挖断面 3. 爆破要求 4. 弃碴运距	m^3	按设计图示结构断面面积乘长度以体积计算	1. 爆破或机械开挖 2. 施工面排水 3. 出碴 4. 弃碴场内堆放、运输 5. 弃碴外运
040401002	斜井开挖				
040401003	竖井开挖				
040401004	地沟开挖	1. 断面尺寸 2. 岩石类别 3. 爆破要求 4. 弃碴运距			
040401005	小导管	1. 类型 2. 材料品种 3. 管径、长度	m	按设计图示尺寸以长度计算	1. 制作 2. 布眼 3. 钻孔 4. 安装
040401006	管棚				
040401007	注浆	1. 浆液种类 2. 配合比	m^3	按设计注浆量以体积计算	1. 浆液制作 2. 钻孔注浆 3. 堵孔

2. *岩石隧道衬砌*

岩石隧道衬砌工程量清单项目设置、项目特征描述的内容、计量单位及工程量计算规则，按表8.25的规定执行。

表8.25　岩石隧道衬砌(编码:040402)

项目编码	项目名称	项目特征	计量单位	工程量计算规则	工作内容
040402001	混凝土仰拱衬砌	1. 拱跨径 2. 部位 3. 厚度 4. 混凝土强度等级	m^3	按设计图示尺寸以体积计算	1. 模板制作、安装、拆除 2. 混凝土拌和、运输、浇筑 3. 养护
040402002	混凝土顶拱衬砌				
040402003	混凝土边墙衬砌	1. 部位 2. 厚度 3. 混凝土强度等级			
040402004	混凝土竖井衬砌	1. 厚度 2. 混凝土强度等级			
040402005	混凝土沟道	1. 断面尺寸 2. 混凝土强度等级			
040402006	拱部喷射混凝土	1. 结构形式 2. 厚度 3. 混凝土强度等级 4. 掺加材料品种、用量	m^2	按设计图示尺寸以面积计算	1. 清洗基层 2. 混凝土拌和、运输、浇筑、喷射 3. 收回弹料 4. 喷射施工平台搭设、拆除
040402007	边墙喷射混凝土				
040402008	拱圈砌筑	1. 断面尺寸 2. 材料品种、规格 3. 砂浆强度等级	m^3	按设计图示尺寸以体积计算	1. 砌筑 2. 勾缝 3. 抹灰
040402009	边墙砌筑	1. 厚度 2. 材料品种、规格 3. 砂浆强度等级			
040402010	砌筑沟道	1. 断面尺寸 2. 材料品种、规格 3. 砂浆强度等级			
040402011	洞门砌筑	1. 形状 2. 材料品种、规格 3. 砂浆强度等级			
040402012	锚杆	1. 直径 2. 长度 3. 锚杆类型 4. 砂浆强度等级	t	按设计图示尺寸以质量计算	1. 钻孔 2. 锚杆制作、安装 3. 压浆

（续表）

项目编码	项目名称	项目特征	计量单位	工程量计算规则	工作内容
040402013	充填压浆	1. 部位 2. 浆液成分强度	m^3	按设计图示尺寸以体积计算	1. 打孔、安装 2. 压浆
040402014	仰拱填充	1. 填充材料 2. 规格 3. 强度等级		按设计图示回填尺寸以体积计算	1. 配料 2. 填充
040402015	透水管	1. 材质 2. 规格	m	按设计图示尺寸以长度计算	安装
040402016	沟道盖板	1. 材质 2. 规格尺寸 3. 强度等级			制作、安装
040402017	变形缝	1. 类别 2. 材料品种、规格 3. 工艺要求			
040402018	施工缝				
040402019	柔性防水层	材料品种、规格	m^2	按设计图示尺寸以面积计算	铺设

3. 盾构掘进

盾构掘进工程量清单项目设置、项目特征描述的内容、计量单位及工程量计算规则，按表 8.26 的规定执行。

表 8.26　盾构掘进（编号：040403）

项目编号	项目名称	项目特征	计量单位	工程量计算规则	工作内容
040403001	盾构吊装及吊拆	1. 直径 2. 规格型号 3. 始发方式	台·次	按设计图示数量计算	1. 盾构机安装、拆除 2. 车架安装、拆除 3. 管线连接、调试、拆除
040403002	盾构掘进	1. 直径 2. 规格 3. 形式 4. 掘进施工段类别 5. 密封舱材料品种 6. 弃土（浆）运距	m	按设计图示掘进长度计算	1. 掘进 2. 管片拼装 3. 密封舱添加材料 4. 负环管片拆除 5. 隧道内管线路铺设、拆除 6. 泥浆制作 7. 泥浆处理 8. 土方、废浆外运
040403003	衬砌壁后压浆	1. 浆液品种 2. 配合比	m^3	按管片外径和盾构壳体外径所形成的充填体积计算	1. 制浆 2. 送浆 3. 压浆 4. 封堵 5. 清洗 6. 运输

（续表）

项目编号	项目名称	项目特征	计量单位	工程量计算规则	工作内容
040403004	预制钢筋混凝土管片	1. 直径 2. 厚度 3. 宽度 4. 混凝土强度等级	m^3	按设计图示尺寸以体积计算	1. 运输 2. 试拼装 3. 安装
040403005	管片设置密封条	1. 管片直径、宽度、 2. 厚度 3. 密封条材料 4. 密封条规格	环	按设计图示数量计算	密封条安装
040403006	隧道洞口柔性接缝环	1. 材料 2. 规格 3. 部位 4. 混凝土强度等级	m	按设计图示以隧道管片外径周长计算	1. 制作、安装临时防水环板 2. 制作、安装、拆除临时止水缝 3. 拆除临时钢环板 4. 拆除洞口环管片 5. 安装钢环板 6. 柔性接缝环 7. 洞口钢筋混凝土环圈
040403007	管片嵌缝	1. 直径 2. 材料 3. 规格	环	按设计图示数量计算	1. 管片嵌缝槽表面处理、配料嵌缝 2. 管片手孔封堵
040403008	盾构机调头	1. 直径 2. 规格型号 3. 始发方式	台·次	按设计图示数量计算	1. 钢板、基座铺设 2. 盾构拆卸 3. 盾构调头、平行移运定位 4. 盾构拼装 5. 连接管线、调试
040403009	盾构机转场运输				1. 盾构机安装、拆除 2. 车架安装、拆除 3. 盾构机、车架转场运输
040403010	盾构基座	1. 材质 2. 规格 3. 部位	t	按设计图示尺寸以质量计算	1. 制作 2. 安装 3. 拆除

4. 管节顶升、旁通道

管节顶升、旁通道工程量清单项目设置、项目特征描述的内容、计量单位及工程量计算规则，按表 8.27 的规定执行。

表 8.27 管节顶升、旁通道(编码:040404)

项目编码	项目名称	项目特征	计量单位	工程量计算规则	工作内容
040404001	钢筋混凝土顶升管节	1. 材质 2. 混凝土强度等级	m^3	按设计图示尺寸以体积计算	1. 钢模板制作 2. 混凝土拌和、运输、浇筑 3. 养护 4. 管节试拼装 5. 管节场内外运输
040404002	垂直顶升设备安装、拆除	规格、型号	套	按设计图示数量计算	1. 基座制作和拆除 2. 车架、设备吊装就位 3. 拆除、堆放
040404003	管节垂直顶升	1. 断面 2. 强度 3. 材质	m	按设计图示以顶升长度计算	1. 管节吊运 2. 首节顶升 3. 中间节顶升 4. 尾节顶升
040404004	安装止水框、连系梁	材质	t	按设计图示尺寸以质量计算	制作、安装
040404005	阴极保护装置	1. 型号 2. 规格	组	按设计图示数量计算	1. 恒电位仪安装 2. 阳极安装 3. 阴极安装 4. 参变电极安装 5. 电缆敷设 6. 接线盒安装
040404006	安装取、排水头	1. 部位 2. 尺寸	个		1. 顶升口揭顶盖 2. 取排水头部安装
040404007	隧道内旁通道开挖	1. 土壤类别 2. 土体加固方式	m^3	按设计图示尺寸以体积计算	1. 土体加固 2. 支护 3. 土方暗挖 4. 土方运输
040404008	旁通道结构混凝土	1. 断面 2. 混凝土强度等级			1. 模板制作、安装 2. 混凝土拌和、运输、浇筑 3. 洞门接口防水
040404009	隧道内集水井	1. 部位 2. 材料 3. 形式	座	按设计图示数量计算	1. 拆除管片建集水井 2. 不拆管片建集水井
040404010	防爆门	1. 形式 2. 断面	扇		1. 防爆门制作 2. 防爆门安装
040404011	钢筋混凝土复合管片	1. 图集、图纸名称 2. 构件代号、名称 3. 材质 4. 混凝土强度等级	m^3	按设计图示尺寸以体积计算	1. 构件制作 2. 试拼装 3. 运输、安装
040404012	钢管片	1. 材质 2. 探伤要求	t	按设计图示以质量计算	1. 钢管片制作 2. 试拼装 3. 探伤 4. 运输、安装

5. 隧道沉井

隧道沉井工程量清单项目设置、项目特征描述的内容、计量单位及工程量计算规则，按表 8.28 的规定执行。

表 8.28　隧道沉井(编码:040405)

项目编码	项目名称	项目特征	计量单位	工程量计算规则	工作内容
040405001	沉井井壁混凝土	1. 形状 2. 规格 3. 混凝土强度等级	m^3	按设计尺寸以外围井筒混凝土体积计算	1. 模板制作、安装、拆除 2. 刃脚、框架、井壁混凝土浇筑 3. 养护
040405002	沉井下沉	1. 下沉深度 2. 弃土运距		按设计图示井壁外围面积乘下沉深度以体积计算	1. 垫层凿除 2. 排水挖土下沉 3. 不排水下沉 4. 触变泥浆制作、输送 5. 弃土外运
040405003	沉井混凝土封底	混凝土强度等级		按设计图示尺寸以体积计算	1. 混凝土干封底 2. 混凝土水下封底
040405004	沉井混凝土底板	混凝土强度等级			1. 模板制作、安装、拆除 2. 混凝土拌和、运输、浇筑 3. 养护
040405005	沉井填心	材料品种			1. 排水沉井填心 2. 不排水沉井填心
040405006	沉井混凝土隔墙	混凝土强度等级			1. 模板制作、安装、拆除 2. 混凝土拌和、运输、浇筑 3. 养护
040405007	钢封门	1. 材质 2. 尺寸	t	按设计图示尺寸以质量计算	1. 钢封门安装 2. 钢封门拆除

6. 混凝土结构

混凝土工程量清单项目设置、项目特征描述的内容、计量单位及工程量计算规则，按表 8.29 的规定执行。

表 8.29　混凝土结构(编码:040406)

项目编码	项目名称	项目特征	计量单位	工程量计算规则	工作内容
040406001	混凝土地梁	1. 类别、部位 2. 混凝土强度等级	m^3	按设计图示尺寸以体积计算	1. 模板制作、安装、拆除 2. 混凝土拌和、运输、浇筑 3. 养护
040406002	混凝土底板				
040406003	混凝土柱				
040406004	混凝土墙				
040406005	混凝土梁				
040406006	混凝土平台、顶板				
040406007	圆隧道内架空路面	1. 厚度 2. 混凝土强度等级			
040406008	隧道内其他结构混凝土	1. 部位、名称 2. 混凝土强度等级			

7. 沉管隧道

沉管隧道工程量清单项目设置、项目特征描述的内容、计量单位及工程量计算规则,按表 8.30 的规定执行。

表 8.30　沉管隧道(编码:040407)

项目编码	项目名称	项目特征	计量单位	工程量计算规则	工作内容
040407001	预制沉管底垫层	1. 材料品种、规格 2. 厚度	m^3	按设计图示沉管底面积乘厚度以体积计算	1. 场地平整 2. 垫层铺设
040407002	预制沉管钢底板	1. 材质 2. 厚度	t	按设计图示尺寸以质量计算	钢底板制作、铺设
040407003	预制沉管混凝土底板	混凝土强度等级	m^3	按设计图示尺寸以体积计算	1. 模板制作、安装、拆除 2. 混凝土拌和、运输、浇筑 3. 养护 4. 底板预埋注浆管
040407004	预制沉管混凝土侧墙	混凝土强度等级	m^3	按设计图示尺寸以体积计算	1. 模板制作、安装、拆除 2. 混凝土拌和、运输、浇筑 3. 养护
040407005	预制沉管混凝土顶板				
040407006	沉管外壁防锚层	1. 材质品种 2. 规格	m^2	按设计图示尺寸以面积计算	铺设沉管外壁防锚层

（续表）

项目编码	项目名称	项目特征	计量单位	工程量计算规则	工作内容
040407007	鼻托垂直剪力键	材质	t	按设计图示尺寸以质量计算	1. 钢剪力键制作 2. 剪力键安装
040407008	端头钢壳	1. 材质、规格 2. 强度			1. 端头钢壳制作 2. 端头钢壳安装 3. 混凝土浇筑
040407009	端头钢封门	1. 材质 2. 尺寸			1. 端头钢封门制作 2. 端头钢封门安装 3. 端头钢封门拆除
040407010	沉管管段浮运临时供电系统	规格	套	按设计图示管段数量计算	1. 发电机安装、拆除 2. 配电箱安装、拆除 3. 电缆安装、拆除 4. 灯具安装、拆除
040407011	沉管管段浮运临时供排水系统				1. 泵阀安装、拆除 2. 管路安装、拆除
040407012	沉管管段浮运临时通风系统				1. 进排风机安装、拆除 2. 风管路安装、拆除
040407013	航道疏浚	1. 河床土质 2. 工况等级 3. 疏浚深度	m^3	按河床原断面与管段浮运时设计断面之差以体积计算	1. 挖泥船开收工 2. 航道疏浚挖泥 3. 土方驳运、卸泥
040407014	沉管河床基槽开挖	1. 河床土质 2. 工况等级 3. 挖土深度		按河床原断面与槽设计断面之差以体积计算	1. 挖泥船开收工 2. 沉管基槽挖泥 3. 沉管基槽清淤 4. 土方驳运、卸泥
040407015	钢筋混凝土块沉石	1. 工况等级 2. 沉石深度		按设计图示尺寸以体积计算	1. 预制钢筋混凝土块 2. 装船、驳运、定位沉石 3. 水下铺平石块
040407016	基槽抛铺碎石	1. 工况等级 2. 石料厚度 3. 沉石深度			1. 石料装运 2. 定位抛石、水下铺平石块

(续表)

项目编码	项目名称	项目特征	计量单位	工程量计算规则	工作内容
040407017	沉管管节浮运	1. 单节管段质量 2. 管段浮运距离	kt·m	按设计图示尺寸和要求以沉管管节质量和浮运距离的复合单位计算	1. 干坞放水 2. 管段起浮定位 3. 管段浮运 4. 加载水箱制作、安装、拆除 5. 系缆柱制作、安装、拆除
040407018	管段沉放连接	1. 单节管段质量 2. 管段下沉深度	节	按设计图示数量计算	1. 管段定位 2. 管段压水下沉 3. 管段端面对接 4. 管节拉合
040407019	砂肋软体排覆盖	1. 材料品种 2. 规格	m^2	按设计图示尺寸以沉管顶面积加侧面外表面积计算	水下覆盖软体排
040407020	沉管水下压石		m^3	按设计图示尺寸以顶、侧压石的体积计算	1. 装石船开收工 2. 定位抛石、卸石 3. 水下铺石
040407021	沉管接缝处理	1. 接缝连接形式 2. 接缝长度	条	按设计图示数量计算	1. 接缝拉合 2. 安装止水带 3. 安装止水钢板 4. 混凝土拌和、运输、浇筑
040407022	沉管底部压浆固封充填	1. 压浆材料 2. 压浆要求	m^3	按设计图示尺寸以体积计算	1. 制浆 2. 管底压浆 3. 封孔

8.4.3　例题讲解

【例题 8.8】　根据【例题 6.17】题意试计算隧道 K1＋240～K1＋280 段的隧道开挖和衬砌清单工程量并列出工程量清单。

【解】　(1) 列清单 040401001001、040402001001、040402002001。

(2) 计算工程量

040401001001 平洞开挖工程量＝截面面积×施工长度＝88.87×40＝3 554.80 (m^3)

040402001001 拱部衬砌工程量＝截面面积×施工长度＝20.27×40＝810.80 (m^3)

040402003001 边墙衬砌工程量＝截面面积×施工长度＝4.85×40＝194.00 (m^3)

(3) 工程量清单，见表 8.31 所示：

表 8.31　工程量清单

序号	项目编码	项目名称	项目特征描述	计量单位	工程量
1	040401001001	平洞开挖	普坚石	m^3	3 554.80
2	040402001001	混凝土拱部衬砌	衬砌后半径 6.3 m，衬砌厚 0.8 m	m^3	810.80
3	040402003001	混凝土边墙衬砌	墙高 3.8 m，衬砌厚 0.8 m	m^3	194.00

【例题 8.9】 某市隧道工程采用斜洞开挖中的斜井开挖方式，光面爆破全断面开挖，长度为 30 m，施工段无地下水，岩石类别为普坚石，斜井的平、立面如图 8.5 所示，洞内出渣由人工推斗车运至洞口外 20 m 处，试计算其清单工程量，并列出工程量清单。

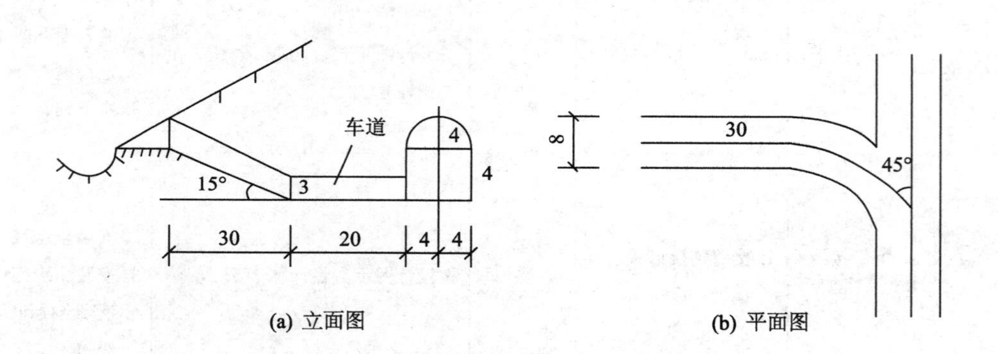

图 8.5　斜井示意图(单位:m)

【解】 (1) 列清单 040401001001、040401002001、040401002002。

(2) 计算工程量

040401001001 平洞工程量＝断面面积 × 隧道长度 $=\left(4^2 \times \frac{1}{2}\pi + 4 \times 8\right) \times 30$

$=1\ 713.60$ (m^3)

040401002001 井底平道工程量＝断面面积×平车道长度＝3×8×20＝480.00 (m^3)

040401002002 井底斜道工程量＝断面面积×斜车道长度 $=3\times8\times\frac{30}{\cos15^\circ}$

$=745.40$ (m^3)

(3) 工程量清单，见表 8.32 所示：

表 8.32　工程量清单

序号	项目编码	项目名称	项目特征描述	计量单位	工程量
1	040401001001	平洞开挖	普坚石，光面爆破全断面开挖	m^3	1 713.60
2	040401002001	斜洞开挖	普坚石，光面爆破	m^3	480.00
3	040401002002	斜洞开挖	普坚石，光面爆破	m^3	745.40

8.5　管网工程

8.5.1　管网工程清单说明

1. 管道架空跨越铺设的支架制作、安装及支架基础、垫层按支架制作及安装相关清单项目编码列项。

2. 管道铺设项目中的做法如为标准设计，可在项目特征中标注标准图集号。

3. 凝水缸项目中的凝水井按管道附属构筑物相关清单项目编码列项。

4. 管道附属构筑物为标准定型附属构筑物时，在项目特征中应标注标准图集编号及页码。

5. 刷油、防腐、保温工程、阴极保护及牺牲阳极按现行国家标准《通用安装工程工程量计算规范》(GB 50856—2013)刷油、防腐蚀、绝热工程中相关项目编码列项。

6. 高压管道及管件、阀门安装，不锈钢管及管件、阀门安装，管道焊缝无损探伤按现行国家标准《通用安装工程工程量计算规范》(GB 50856—2013)工业管道中相关项目编码列项。

7. 管道检验及试验要求按各专业的施工验收规范及设计要求，对已完管道工程进行的管道吹扫、冲洗消毒、强度试验、严密性试验、闭水试验等内容进行描述。

8. 阀门电动机需单独安装，按现行国家标准《通用安装工程工程量计算规范》(GB 50856—2013)给排水、采暖、燃气工程中相关项目编码列项。

9. 雨水口连接管按管道铺设中相关项目编码列项。

8.5.2　管网工程清单计算规则

1. 管道铺设

管道铺设工程量清单项目设置、项目特征描述的内容、计量单位及工程量计算规则，按表 8.33 的规定执行。

表 8.33　管道铺设(编码:040501)

项目编码	项目名称	项目特征	计量单位	工程量计算规则	工作内容
040501001	混凝土管	1. 垫层、基础材质及厚度 2. 管座材质 3. 规格 4. 接口方式 5. 铺设深度 6. 混凝土强度等级 7. 管道检验及试验要求	m	按设计图示中心线长度以延长米计算。不扣除附属构筑物、管件及阀门等所占长度	1. 垫层、基础铺筑及养护 2. 模板制作、安装、拆除 3. 混凝土拌和、运输、浇筑、养护 4. 预制管枕安装 5. 管道铺设 6. 管道接口 7. 管道检验及试验
040501002	钢管	1. 垫层、基础材质及厚度 2. 材质及规格 3. 接口方式 4. 铺设深度 5. 管道检验及试验要求 6. 集中防腐运距			1. 垫层、基础铺筑及养护 2. 模板制作、安装、拆除 3. 混凝土拌和、运输、浇筑、养护 4. 管道铺设 5. 管道检验及试验 6. 集中防腐运输
040501003	铸铁管				
040501004	塑料管	1. 垫层、基础材质及厚度 2. 材质及规格 3. 连接形式 4. 铺设深度 5. 管道检验及试验要求			1. 垫层、基础铺筑及养护 2. 模板制作、安装、拆除 3. 混凝土拌和、运输、浇筑、养护 4. 管道铺设 5. 管道检验及试验
040501005	直埋式预制保温管	1. 垫层材质及厚度 2. 材质及规格 3. 接口方式 4. 铺设深度 5. 管道检验及试验要求			1. 垫层铺筑及养护 2. 管道铺设 3. 接口处保温 4. 管道检验及试验
040501006	管道架空跨越	1. 管道架设高度 2. 管道材质及规格 3. 接口方式 4. 管道检验及试验要求 5. 集中防腐运距	m	按设计图示中心线长度以延长米计算。不扣除管件及阀门等所占长度	1. 管道架设 2. 管道检验及试验 3. 集中防腐运输
040501007	隧道(沟、管)内管道	1. 基础材质及厚度 2. 混凝土强度等级 3. 材质及规格 4. 接口方式 5. 管道检验及试验要求 6. 集中防腐运距		按设计图示中心线长度以延长米计算。不扣除附属构筑物、管件及阀门等所占长度	1. 基础铺筑、养护 2. 模板制作、安装、拆除 3. 混凝土拌和、运输、浇筑、养护 4. 管道铺设 5. 管道检测及试验 6. 集中防腐运输

(续表)

项目编码	项目名称	项目特征	计量单位	工程量计算规则	工作内容
040501008	水平导向钻进	1. 土壤类别 2. 材质及规格 3. 一次成孔长度 4. 接口方式 5. 泥浆要求 6. 管道检验及试验要求 7. 集中防腐运距	m	按设计图示长度以延长米计算。扣除附属构筑物(检查井)所占的长度	1. 设备安装、拆除 2. 定位、成孔 3. 管道接口 4. 拉管 5. 纠偏、监测 6. 泥浆制作、注浆 7. 管道检测及试验 8. 集中防腐运输 9. 泥浆、土方外运
040501009	夯管	1. 土壤类别 2. 材质及规格 3. 一次夯管长度 4. 接口方式 5. 管道检验及试验要求 6. 集中防腐运距			1. 设备安装、拆除 2. 定位、夯管 3. 管道接口 4. 纠偏、监测 5. 管道检测及试验 6. 集中防腐运输 7. 土方外运
040501010	顶(夯)管工作坑	1. 土壤类别 2. 工作坑平面尺寸及深度 3. 支撑、围护方式 4. 垫层、基础材质及厚度 5. 混凝土强度等级 6. 设备、工作台主要技术要求	座	按设计图示数量计算	1. 支撑、围护 2. 模板制作、安装、拆除 3. 混凝土拌和、运输、浇筑、养护 4. 工作坑内设备、工作台安装及拆除
040501011	预制混凝土工作坑	1. 土壤类别 2. 工作坑平面尺寸及深度 3. 垫层、基础材质及厚度 4. 混凝土强度等级 5. 设备、工作台主要技术要求 6. 混凝土构件运距			1. 混凝土工作坑制作 2. 下沉、定位 3. 模板制作、安装、拆除 4. 混凝土拌和、运输、浇筑、养护 5. 工作坑内设备、工作台安装及拆除 6. 混凝土构件运输
040501012	顶管	1. 土壤类别 2. 顶管工作方式 3. 管道材质及规格 4. 中继间规格 5. 工具管材质及规格 6. 触变泥浆要求 7. 管道检验及试验要求 8. 集中防腐运距	m	按设计图示长度以延长米计算。扣除附属构筑物(检查井)所占的长度	1. 管道顶进 2. 管道接口 3. 中继间、工具管及附属设备安装拆除 4. 管内挖、运土及土方提升 5. 机械顶管设备调向 6. 纠偏、监测 7. 触变泥浆制作、注浆 8. 洞口止水 9. 管道检测及试验 10. 集中防腐运输 11. 泥浆、土方外运

（续表）

项目编码	项目名称	项目特征	计量单位	工程量计算规则	工作内容
040501013	土壤加固	1. 土壤类别 2. 加固填充材料 3. 加固方式	1. m 2. m^3	1. 按设计图示加固段长度以延长米计算 2. 按设计图示加固段体积以立方米计算	打孔、调浆、灌注
040501014	新旧管连接	1. 材质及规格 2. 连接方式 3. 带（不带）介质连接	处	按设计图示数量计算	1. 切管 2. 钻孔 3. 连接
040501015	临时放水管线	1. 材质及规格 2. 铺设方式 3. 接口形式	m	按放水管线长度以延长米计算，不扣除管件、阀门所占长度	管线铺设、拆除
040501016	砌筑方沟	1. 断面规格 2. 垫层、基础材质及厚度 3. 砌筑材料品种、规格、强度等级 4. 混凝土强度等级 5. 砂浆强度等级、配合比 6. 勾缝、抹面要求 7. 盖板材质及规格 8. 伸缩缝（沉降缝）要求 9. 防渗、防水要求 10. 混凝土构件运距	m	按设计图示尺寸以延长米计算	1. 模板制作、安装、拆除 2. 混凝土拌和、运输、浇筑、养护 3. 砌筑 4. 勾缝、抹面 5. 盖板安装 6. 防水、止水 7. 混凝土构件运输
040501017	混凝土方沟	1. 断面规格 2. 垫层、基础材质及厚度 3. 混凝土强度等级 4. 伸缩缝（沉降缝）要求 5. 盖板材质、规格 6. 防渗、防水要求 7. 混凝土构件运距	m	按设计图示尺寸以延长米计算	1. 模板制作、安装、拆除 2. 混凝土拌和、运输、浇筑、养护 3. 盖板安装 4. 防水、止水 5. 混凝土构件运输
040501018	砌筑渠道	1. 断面规格 2. 垫层、基础材质及厚度 3. 砌筑材料品种、规格、强度等级 4. 混凝土强度等级 5. 砂浆强度等级、配合比 6. 勾缝、抹面要求 7. 伸缩缝（沉降缝）要求 8. 防渗、防水要求	m	按设计图示尺寸以延长米计算	1. 模板制作、安装、拆除 2. 混凝土拌和、运输、浇筑、养护 3. 渠道砌筑 4. 勾缝、抹面 5. 防水、止水

（续表）

项目编码	项目名称	项目特征	计量单位	工程量计算规则	工作内容
040501019	混凝土渠道	1. 断面规格 2. 垫层、基础材质及厚度 3. 混凝土强度等级 4. 伸缩缝（沉降缝）要求 5. 防渗、防水要求 6. 混凝土构件运距	m	按设计图示尺寸以延长米计算	1. 模板制作、安装、拆除 2. 混凝土拌和、运输、浇筑、养护 3. 防水、止水 4. 混凝土构件运输
040501020	警示（示踪）带铺设	规格		按铺设长度以延长米计算	铺设

2. 管件、阀门及附件安装

管件、阀门及附件安装工程量清单项目设置、项目特征描述的内容、计量单位及工程量计算规则，按表 8.34 的规定执行。

表 8.34　管件、阀门及附件安装（编码：040502）

项目编码	项目名称	项目特征	计量单位	工程量计算规则	工作内容
040502001	铸铁管管件	1. 种类 2. 材质及规格 3. 接口形式	个	按设计图示数量计算	安装
040502002	钢管管件制作、安装				制作、安装
040502003	塑料管管件	1. 种类 2. 材质及规格 3. 连接方式			安装
040502004	转换件	1. 材质及规格 2. 接口形式			
040502005	阀门	1. 种类 2. 材质及规格 3. 连接方式 4. 试验要求			
040502006	法兰	1. 材质、规格、结构形式 2. 连接方式 3. 焊接方式 4. 垫片材质		按设计图示数量计算	安装
040502007	盲堵板制作、安装	1. 材质及规格 2. 连接方式			制作、安装
040502008	套管制作、安装	1. 形式、材质及规格 2. 管内填料材质			
040502009	水表	1. 规格 2. 安装方式			安装

(续表)

项目编码	项目名称	项目特征	计量单位	工程量计算规则	工作内容
040502010	消火栓	1. 规格 2. 安装部位、方式	个	按设计图示数量计算	安装
040502011	补偿器（波纹管）	1. 规格 2. 安装方式	个	按设计图示数量计算	安装
040502012	除污器组成、安装	1. 规格 2. 安装方式	套	按设计图示数量计算	组成、安装
040502013	凝水缸	1. 材料品种 2. 型号及规格 3. 连接方式	组	按设计图示数量计算	1. 制作 2. 安装
040502014	调压器	1. 规格 2. 型号 3. 连接方式	组	按设计图示数量计算	安装
040502015	过滤器	1. 规格 2. 型号 3. 连接方式	组	按设计图示数量计算	安装
040502016	分离器	1. 规格 2. 型号 3. 连接方式	组	按设计图示数量计算	安装
040502017	安全水封	规格	组	按设计图示数量计算	安装
040502018	检漏（水）管	规格	组	按设计图示数量计算	安装

3. 支架制作及安装

支架制作及安装工程量清单项目设置、项目特征描述的内容、计量单位及工程量计算规则，按表 8.35 的规定执行。

表 8.35 支架制作及安装（编码：040503）

项目编码	项目名称	项目特征	计量单位	工程量计算规则	工作内容
040503001	砌筑支墩	1. 垫层材质、厚度 2. 混凝土强度等级 3. 砌筑材料、规格、强度等级 4. 砂浆强度等级、配合比	m^3	按设计图示尺寸以体积计算	1. 模板制作、安装、拆除 2. 混凝土拌和、运输、浇筑、养护 3. 砌筑 4. 勾缝、抹面
040503002	混凝土支墩	1. 垫层材质、厚度 2. 混凝土强度等级 3. 预制混凝土构件运距	m^3	按设计图示尺寸以体积计算	1. 模板制作、安装、拆除 2. 混凝土拌和、运输、浇筑、养护 3. 预制混凝土支墩安装 4. 混凝土构件运输
040503003	金属支架制作、安装	1. 垫层、基础材质及厚度 2. 混凝土强度等级 3. 支架材质 4. 支架形式 5. 预埋件材质及规格	t	按设计图示质量计算	1. 模板制作、安装、拆除 2. 混凝土拌和、运输、浇筑、养护 3. 支架制作、安装
040503004	金属吊架制作、安装	1. 吊架形式 2. 吊架材质 3. 预埋件材质及规格	t	按设计图示质量计算	制作、安装

4. 管道附属构筑物

管道附属构筑物工程量清单项目设置、项目特征描述的内容、计量单位及工程量计算规则，按表 8.36 的规定执行。

表 8.36 管道附属构筑物(编码:040504)

<table>
<tr><th>项目编码</th><th>项目名称</th><th>项目特征</th><th>计量单位</th><th>工程量计算规则</th><th>工作内容</th></tr>
<tr><td>040504001</td><td>砌筑井</td><td>1. 垫层、基础材质及厚度
2. 砌筑材料品种、规格、强度等级
3. 勾缝、抹面要求
4. 砂浆强度等级、配合比
5. 混凝土强度等级
6. 盖板材质、规格
7. 井盖、井圈材质及规格
8. 踏步材质、规格
9. 防渗、防水要求</td><td rowspan="3">座</td><td rowspan="3">按设计图示数量计算</td><td>1. 垫层铺筑
2. 模板制作、安装、拆除
3. 混凝土拌和、运输、浇筑、养护
4. 砌筑、勾缝、抹面
5. 井圈、井盖安装
6. 盖板安装
7. 踏步安装
8. 防水、止水</td></tr>
<tr><td>040504002</td><td>混凝土井</td><td>1. 垫层、基础材质及厚度
2. 混凝土强度等级
3. 盖板材质、规格
4. 井盖、井圈材质及规格
5. 踏步材质、规格
6. 防渗、防水要求</td><td>1. 垫层铺筑
2. 模板制作、安装、拆除
3. 混凝土拌和、运输、浇筑、养护
4. 井圈、井盖安装
5. 盖板安装
6. 踏步安装
7. 防水、止水</td></tr>
<tr><td>040504003</td><td>塑料检查井</td><td>1. 垫层、基础材质及厚度
2. 检查井材质、规格
3. 井筒、井盖、井圈材质及规格</td><td>1. 垫层铺筑
2. 模板制作、安装、拆除
3. 混凝土拌和、运输、浇筑、养护
4. 检查井安装
5. 井筒、井盖、井圈安装</td></tr>
<tr><td>040504004</td><td>砖砌井筒</td><td>1. 井筒规格
2. 砌筑材料品种、规格
3. 砌筑、勾缝、抹面要求
4. 砂浆强度等级、配合比
5. 踏步材质、规格
6. 防渗、防水要求</td><td rowspan="2">m</td><td rowspan="2">按设计图示尺寸以延长米计算</td><td>1. 砌筑、勾缝、抹面
2. 踏步安装</td></tr>
<tr><td>040504005</td><td>预制混凝土井筒</td><td>1. 井筒规格
2. 踏步规格</td><td>1. 运输
2. 安装</td></tr>
</table>

（续表）

项目编码	项目名称	项目特征	计量单位	工程量计算规则	工作内容
040504006	砌体出水口	1. 垫层、基础材质及厚度 2. 砌筑材料品种、规格 3. 砌筑、勾缝、抹面要求 4. 砂浆强度等级及配合比	座	按设计图示数量计算	1. 垫层铺筑 2. 模板制作、安装、拆除 3. 混凝土拌和、运输、浇筑、养护 4. 砌筑、勾缝、抹面
040504007	混凝土出水口	1. 垫层、基础材质及厚度 2. 混凝土强度等级			1. 垫层铺筑 2. 模板制作、安装、拆除 3. 混凝土拌和、运输、浇筑、养护
040504008	整体化粪池	1. 材质 2. 型号、规格			安装
040504009	雨水口	1. 雨水箅子及圈口材质、型号、规格 2. 垫层、基础材质及厚度 3. 混凝土强度等级 4. 砌筑材料品种、规格 5. 砂浆强度等级及配合比			1. 垫层铺筑 2. 模板制作、安装、拆除 3. 混凝土拌和、运输、浇筑、养护 4. 砌筑、勾缝、抹面 5. 雨水箅子安装

8.5.3 例题讲解

【例题 8.10】 某热力外线工程热力小室工艺安装见图 8.6 所示。小室内主要材料：横向型波纹管补偿器 FA50502A、*DN*250、*T*＝150°、PN1.6；横向型波纹管补偿器 FA50501A、*DN*250、*T*＝150°、PN1.6；球阀 *DN*250、PN2.5；机制弯头 90°、*DN*250、*R*＝1.00；柱塞阀 U41S－25C、*DN*100、PN2.5；柱塞阀 U41S－25C、*DN*50、PN2.5；机制三通 *DN*600－250；直埋穿墙套袖 *DN*760（含保温）；直埋穿墙套袖 *DN*400（含保温）。根据以上材料试列出该热力小室工艺安装分部分项工程量清单。

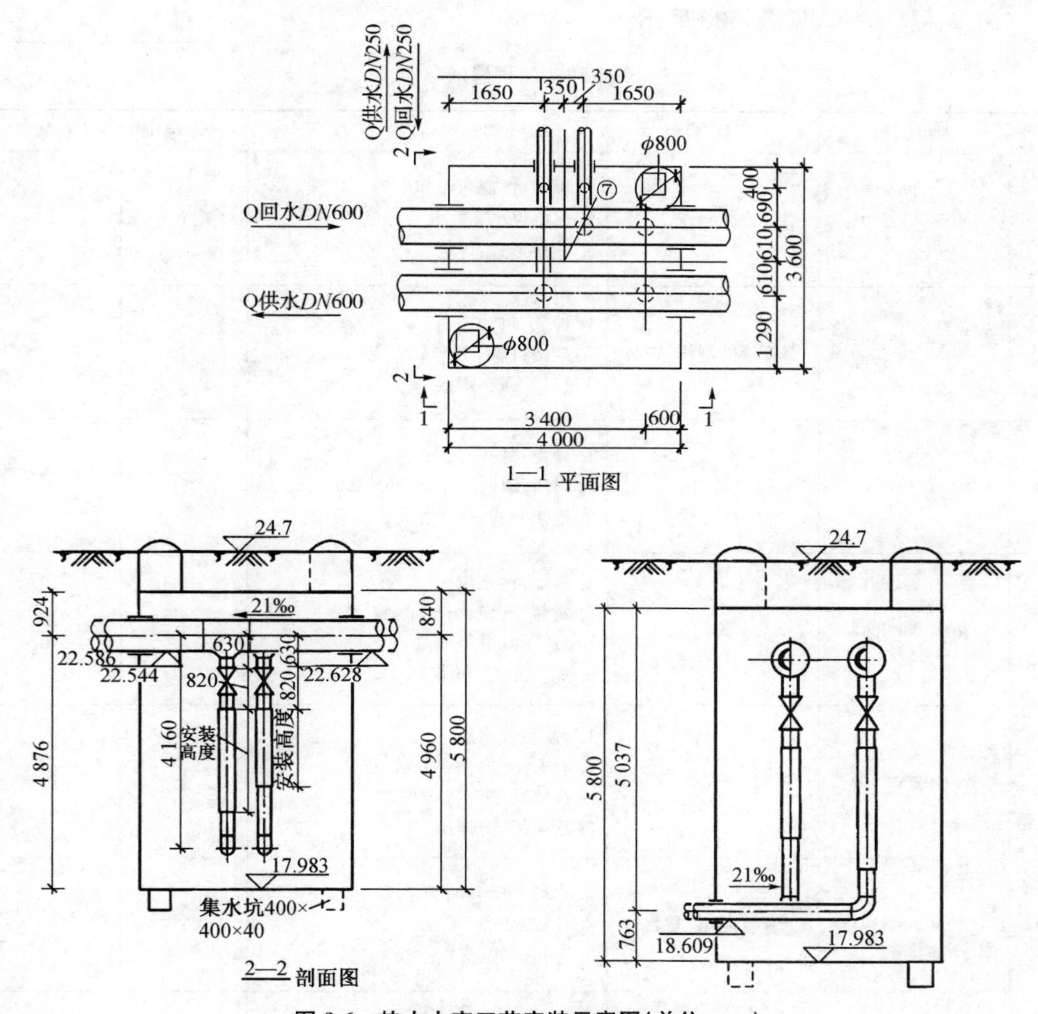

图 8.6 热力小室工艺安装示意图(单位:mm)

【解】 (1)清单工程量计算,见表 8.37 所示:

表 8.37 清单工程量计算表

序号	清单项目编码	清单项目名称	计算式	工程量合计	计量单位
1	040502002001	钢管管件制作、安装(弯头)	设计图示数量	2	个
2	040502002002	钢管管件制作、安装(三通)		2	个
3	040502005001	阀门(球阀)		2	个
4	040502005002	阀门(柱塞阀)		2	个
5	040502005003	阀门(柱塞阀)		2	个
6	040502008001	套管制作、安装(直埋穿墙套袖)		8	个
7	040502008002	套管制作、安装(直埋穿墙套袖)		4	个
8	040502011001	补偿器(波纹管)		1	个
9	040502011002	补偿器(波纹管)		1	个

(2) 工程量清单,见表8.38所示:

表8.38　工程量清单

序号	项目编码	项目名称	项目特征描述	计量单位	工程数量
1	040502002001	钢管管件制作、安装	1. 种类:机制弯头90° 2. 规格:*DN*250,*R*=1.00 3. 连接形式:焊接	个	2
2	040502002002	钢管管件制作、安装	1. 种类:机制三通 2. 规格:*DN*600－*DN*250 3. 连接形式:焊接	个	2
3	040502005001	阀门	1. 种类:球阀 2. 材质及规格:钢制、*DN*250、PN2.5 3. 连接形式:焊接	个	2
4	040502005002	阀门	1. 种类:柱塞阀 2. 材质及规格:钢制、U41S－25C、*DN*100、PN=2.5 3. 连接形式:焊接	个	2
5	040502005003	阀门	1. 种类:柱塞阀 2. 材质及规格:钢制、U41S－25C、*DN*50、PN=2.5 3. 连接形式:焊接	个	2
6	040502008001	套管制作、安装	1. 直埋穿墙套袖 2. *DN*760 3. 连接形式:焊接	个	8
7	040502008002	套管制作、安装	1. 直埋穿墙套袖 2. *DN*400 3. 连接形式:焊接	个	4
8	040502011001	补偿器	1. 种类:横向型波纹管补偿器 2. 材质及规格:FA50502A、*DN*250、*T*=150°、PN1.6 3. 连接形式:焊接	个	1
9	040502011002	补偿器	1. 种类:横向型波纹管补偿器 2. 材质及规格:FA50501A、*DN*250、*T*=150°、PN1.6 3. 连接形式:焊接	个	1

【例题8.11】 在某街道新建排水工程中,其污水管采用钢筋混凝土管,使用180°混凝土基础,计算尺寸如图8.7所示,试计算混凝土管道铺设清单工程量。

【解】 (1)列清单040501001001。

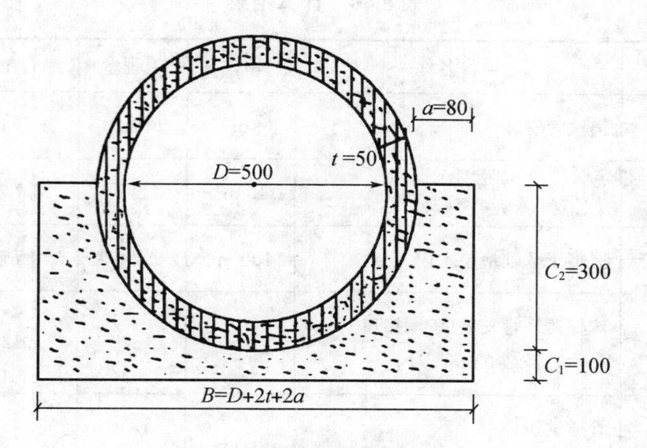

图 8.7　管基断面(单位:mm)

(2)计算工程量。

由图可知:管径 $D=500$ mm,管壁厚 $t=50$ mm,管肩宽 $a=80$ mm,管基厚 $C_1=100$ mm,$C_2=300$ mm,管道防腐为 100 m。

管道防腐为 100 m,水泥砂浆接口(180°,每段 2 m) $\frac{100}{2}-1=49$ 个,则混凝土管道铺设工程量为 100 m。

(3)工程量清单,见表 8.39 所示:

表 8.39　工程量清单

序号	项目编码	项目名称	项目特征描述	计量单位	工程量
1	040501001001	混凝土管道铺设	水泥砂浆接口(180°),D500	m	100

【例题 8.12】 根据【例题 6.20】的题意,按计价定额计算该管网工程的清单综合单价。

【解】 (1) 列清单 040501003001(6-823、6-1519、5-60、5-160、5-178)、040502005001(7-653)、040504001001(5-421)。

(2) 计算工程量。

垫层砂　65.024 m^3

球墨铸铁管安装(胶圈接口)　公称直径 200 mm 以内　800 m

管道试压　公称直径 200 mm 以内　800 m

管道消毒冲洗　公称直径 200 mm 以内　800 m

法兰阀门安装　公称直径 200 mm 以内　9 个

砖砌阀门井　9 座

混凝土基础垫层木模　10.626 m^2

木制井字架　井深 2 m 以内　9 座

(3)清单计价,见表 8.40 所示:

表 8.40 计算结果

序号	定额编号	项目名称	单位	工程量	综合单价/元	合价/元
1	040501003001	铸铁管安装	m	800.00	294.18	235 344.62
	6-823	垫层砂	10 m³	6.502 4	1 749.10	11 373.35
	6-1519	混凝土基础垫层木模	100 m²	0.106 3	4 138.78	439.95
	5-60	球墨铸铁管安装(胶圈接口) 公称直径 200 mm 以内	10 m	80	2 725.48	218 038.40
	5-160	管道试压 公称直径 200 mm 以内	100 m	8	378.50	3 028.00
	5-178	管道消毒冲洗 公称直径 200 mm 以内	100 m	8	307.74	2 461.92
2	040502005001	阀门安装	个	9	2 072.96	18 656.64
	7-653	焊接法兰阀门安装 公称直径 200 mm 以内	个	9	2 072.96	18 656.64
3	040504001001	阀门井砌筑	座	9	2 087.45	18 787.05
	5-421	M7.5 砖砌圆形阀门井(直筒式) 井内径 1.2 m、深 1.5 m	座	9	2 087.45	18 787.05

8.6 路灯工程

8.6.1 路灯工程清单说明

1. 导线架设预留长度见表 6.35 所示。

2. 电缆穿刺线夹按电缆中间头编码列项。

3. 电缆保护管敷设方式清单项目特征描述时应区分直埋保护管、过路保护管。

4. 顶管敷设按管道铺设中相关项目编码列项。

5. 电缆井按管道附属构筑物中相关项目编码列项，如有防盗要求的应在项目特征中描述。

6. 电缆敷设预留量及附加长度见表 6.37 所示。

7. 配管安装不扣除管路中间的接线箱(盒)、灯头盒、开关盒所占长度。

8. 配线进入箱、柜、板的预留长度见表 6.38 所示，母线配置安装的预留长度见表 6.39 所示。

9. 常规照明灯是指安装在高度≤15 m 的灯杆上的照明器具。

10. 中杆照明灯是指安装在高度≤19 m 的灯杆上的照明器具。

11. 高杆照明灯是指安装在高度＞19 m 的灯杆上的照明器具。

12. 如发生土石方开挖及回填、破除混凝土路面等项目时按土石方工程及拆除工程中相关项目编码列项。

13. 如发生除锈、刷漆(补刷漆除外)等项目时按现行国家标准《通用安装工程工程量计算规范》(GB 50856—2013)中相关项目编码列项。

8.6.2 路灯工程清单计算规则

1. 变配电设备工程

变配电设备工程工程量清单项目设置、项目特征描述的内容、计量单位及工程量计算规则,按表 8.41 的规定执行。

表 8.41 变配电设备工程(编码:040801)

项目编码	项目名称	项目特征	计量单位	工程量计算规则	工作内容
040801001	杆上变压器	1. 名称 2. 型号 3. 容量(kV·A) 4. 电压(kV) 5. 支架材质、规格 6. 网门、保护门材质、规格 7. 油过滤要求 8. 干燥要求			1. 支架制作、安装 2. 本体安装 3. 油过滤 4. 干燥 5. 网门、保护门制作、安装 6. 补刷(喷)油漆 7. 接地
040801002	地上变压器	1. 名称 2. 型号 3. 容量(kV·A) 4. 电压(kV) 5. 基础形式、材质、规格 6. 网门、保护门材质、规格 7. 油过滤要求 8. 干燥要求	台	按设计图示数量计算	1. 基础制作、安装 2. 本体安装 3. 油过滤 4. 干燥 5. 网门、保护门制作、安装 6. 补刷(喷)油漆 7. 接地
040801003	组合型成套箱式变电站	1. 名称 2. 型号 3. 容量(kV·A) 4. 电压(kV) 5. 组合形式 6. 基础形式、材质、规格			1. 基础制作、安装 2. 本体安装 3. 进箱母线安装 4. 补刷(喷)油漆 5. 接地

（续表）

项目编码	项目名称	项目特征	计量单位	工程量计算规则	工作内容
040801004	高压成套配电柜	1. 名称 2. 型号 3. 规格 4. 母线配置方式 5. 种类 6. 基础形式、材质、规格	台	按设计图示数量计算	1. 基础制作、安装 2. 本体安装 3. 补刷(喷)油漆 4. 接地
040801005	低压成套控制柜	1. 名称 2. 型号 3. 规格 4. 种类 5. 基础形式、材质、规格 6. 接线端子材质、规格 7. 端子板外部接线材质、规格			1. 基础制作、安装 2. 本体安装 3. 附件安装 4.焊、压接线端子 5. 端子接线 6. 补刷(喷)油漆 7. 接地
040801006	落地式控制箱	1. 名称 2. 型号 3. 规格 4. 基础形式、材质、规格 5. 回路 6. 附件种类、规格 7. 接线端子材质、规格 8. 端子板外部接线材质、规格			
040801007	杆上控制箱	1. 名称 2. 型号 3. 规格 4. 回路 5. 附件种类、规格 6. 支架材质、规格 7. 进出线管管架材质、规格、安装高度 8. 接线端子材质、规格 9. 端子板外部接线材质、规格			1. 支架制作、安装 2. 本体安装 3. 附件安装 4. 焊、压接线端子 5. 端子接线 6. 进出线管管架安装 7. 补刷(喷)油漆 8. 接地

（续表）

项目编码	项目名称	项目特征	计量单位	工程量计算规则	工作内容
040801008	杆上配电箱	1. 名称 2. 型号 3. 规格 4. 安装方式 5. 支架材质、规格 6. 接线端子材质、规格 7. 端子板外部接线材质、规格	台	按设计图示数量计算	1. 支架制作、安装 2. 本体安装 3. 焊、压接线端子 4. 端子接线 5. 补刷（喷）油漆 6. 接地
040801009	悬挂嵌入式配电箱				
040801010	落地式配电箱	1. 名称 2. 型号 3. 规格 4. 基础形式、材质、规格 5. 接线端子材质、规格 6. 端子板外部接线材质、规格			1. 基础制作、安装 2. 本体安装 3. 焊、压接线端子 4. 端子接线 5. 补刷（喷）油漆 6. 接地
040801011	控制屏	1. 名称 2. 型号 3. 规格 4. 种类 5. 基础形式、材质、规格 6. 接线端子材质、规格 7. 端子板外部接线材质、规格 8. 小母线材质、规格 9. 屏边规格			1. 基础制作、安装 2. 本体安装 3. 端子板安装 4. 焊、压接线端子 5. 盘柜配线、端子接线 6. 小母线安装 7. 屏边安装 8. 补刷（喷）油漆 9. 接地
040801012	继电、信号屏				
040801013	低压开关柜（配电屏）				1. 基础制作、安装 2. 本体安装 3. 端子板安装 4. 焊、压接线端子 5. 盘柜配线、端子接线 6. 屏边安装 7. 补刷（喷）油漆 8. 接地

（续表）

<table>
<tr><th>项目编码</th><th>项目名称</th><th>项目特征</th><th>计量单位</th><th>工程量计算规则</th><th>工作内容</th></tr>
<tr><td>040801014</td><td>弱电控制返回屏</td><td>1. 名称
2. 型号
3. 规格
4. 种类
5. 基础形式、材质、规格
6. 接线端子材质、规格
7. 端子板外部接线材质、规格
8. 小母线材质、规格
9. 屏边规格</td><td rowspan="2">台</td><td rowspan="5">按设计图示数量计算</td><td>1. 基础制作、安装
2. 本体安装
3. 端子板安装
4. 焊、压接线端子
5. 盘柜配线、端子接线
6. 小母线安装
7. 屏边安装
8. 补刷（喷）油漆
9. 接地</td></tr>
<tr><td>040801015</td><td>控制台</td><td>1. 名称
2. 型号
3. 规格
4. 种类
5. 基础形式、材质、规格
6. 接线端子材质、规格
7. 端子板外部接线材质、规格
8. 小母线材质、规格</td><td>1. 基础制作、安装
2. 本体安装
3. 端子板安装
4. 焊、压接线端子
5. 盘柜配线、端子接线
6. 小母线安装
7. 补刷（喷）油漆
8. 接地</td></tr>
<tr><td>040801016</td><td>电力电容器</td><td>1. 名称
2. 型号
3. 规格
4. 质量</td><td>个</td><td rowspan="2">1. 本体安装、调试
2. 接线
3. 接地</td></tr>
<tr><td>040801017</td><td>跌落式熔断器</td><td>1. 名称
2. 型号
3. 规格
4. 安装部位</td><td rowspan="2">组</td></tr>
<tr><td>040801018</td><td>避雷器</td><td>1. 名称
2. 型号
3. 规格
4. 电压（kV）
5. 安装部位</td><td>1. 本体安装、调试
2. 接线
3. 补刷（喷）油漆
4. 接地</td></tr>
</table>

（续表）

项目编码	项目名称	项目特征	计量单位	工程量计算规则	工作内容
040801019	低压熔断器	1. 名称 2. 型号 3. 规格 4. 接线端子材质、规格	个	按设计图示数量计算	1. 本体安装 2. 焊、压接线端子 3. 接线
040801020	隔离开关	1. 名称 2. 型号 3. 容量(kV・A) 4. 电压(kV) 5. 安装条件 6. 操作机构名称、型号 7. 接线端子材质、规格	组		1. 本体安装、调试 2. 接线 3. 补刷(喷)油漆 4. 接地
040801021	负荷开关				
040801022	真空断路器		台		
040801023	限位开关	1. 名称 2. 型号 3. 规格 4. 接线端子材质、规格	个		1. 本体安装 2. 焊、压接线端子 3. 接线
040801024	控制器		台		
040801025	接触器				
040801026	磁力启动器				
040801027	分流器	1. 名称 2. 型号 3. 规格 4. 容量(kV・A) 5. 接线端子材质、规格	个		
040801028	小电器	1. 名称 2. 型号 3. 规格 4. 接线端子材质、规格	个(套、台)		
040801029	照明开关	1. 名称 2. 材质 3. 规格 4. 安装方式	个		1. 本体安装 2. 接线
040801030	插座				

(续表)

项目编码	项目名称	项目特征	计量单位	工程量计算规则	工作内容
040801031	线缆断线报警装置	1. 名称 2. 型号 3. 规格 4. 参数	套	按设计图示数量计算	1. 本体安装、调试 2. 接线
040801032	铁构件制作、安装	1. 名称 2. 材质 3. 规格	kg	按设计图示尺寸以质量计算	1. 制作 2. 安装 3. 补刷(喷)油漆
040801033	其他电器	1. 名称 2. 型号 3. 规格 4. 安装方式	个(套、台)	按设计图示数量计算	1. 本体安装 2. 接线

2. 10 kV 以下架空线路工程

10 kV 以下架空线路工程工程量清单项目设置、项目特征描述的内容、计量单位及工程量计算规则,按表 8.42 的规定执行。

表 8.42　10 kV 以下架空线路工程(编码:040802)

项目编码	项目名称	项目特征	计量单位	工程量计算规则	工作内容
040802001	电杆组立	1. 名称 2. 规格 3. 材质 4. 类型 5. 地形 6. 土质 7. 底盘、拉盘、卡盘规格 8. 拉线材质、规格、类型 9. 引下线支架安装高度 10. 垫层、基础:厚度、材料品种、强度等级 11. 电杆防腐要求	根	按设计图示数量计算	1. 工地运输 2. 垫层、基础浇筑 3. 底盘、拉盘、卡盘安装 4. 电杆组立 5. 电杆防腐 6. 拉线制作、安装 7. 引下线支架安装
040802002	横担组装	1. 名称 2. 规格 3. 材质 4. 类型 5. 安装方式 6. 电压(kV) 7. 瓷瓶型号、规格 8. 金具型号、规格	组		1. 横担安装 2. 瓷瓶、金具组装
040802003	导线架设	1. 名称 2. 型号 3. 规格 4. 地形 5. 导线跨越及类型	km	按设计图示尺寸另加预留量以单线长度计算	1. 工地运输 2. 导线架设 3. 导线跨越及进户线架设

3. 电缆工程

电缆工程工程量清单项目设置、项目特征描述的内容、计量单位及工程量计算规则，按表 8.43 的规定执行。

表 8.43 电缆工程(编码:040803)

<table>
<tr><th>项目编码</th><th>项目名称</th><th>项目特征</th><th>计量单位</th><th>工程量计算规则</th><th>工作内容</th></tr>
<tr><td>040803001</td><td>电缆</td><td>1. 名称
2. 型号
3. 规格
4. 材质
5. 敷设方式、部位
6. 电压(kV)
7. 地形</td><td>m</td><td>按设计图示尺寸另加预留及附加量以长度计算</td><td>1. 揭(盖)盖板
2. 电缆敷设</td></tr>
<tr><td>040803002</td><td>电缆保护管</td><td>1. 名称
2. 型号
3. 规格
4. 材质
5. 敷设方式
6. 过路管加固要求</td><td rowspan="3">m</td><td rowspan="3">按设计图示尺寸以长度计算</td><td>1. 保护管敷设
2. 过路管加固</td></tr>
<tr><td>040803003</td><td>电缆排管</td><td>1. 名称
2. 型号
3. 规格
4. 材质
5. 垫层、基础：厚度、材料品种、强度等级
6. 排管排列形式</td><td>1. 垫层、基础浇筑
2. 排管敷设</td></tr>
<tr><td>040803004</td><td>管道包封</td><td>1. 名称
2. 规格
3. 混凝土强度等级</td><td>1. 灌注
2. 养护</td></tr>
<tr><td>040803005</td><td>电缆终端头</td><td>1. 名称
2. 型号
3. 规格
4. 材质、类型
5. 安装部位
6. 电压(kV)</td><td rowspan="2">个</td><td rowspan="2">按设计图示数量计算</td><td rowspan="2">1. 制作
2. 安装
3. 接地</td></tr>
<tr><td>040803006</td><td>电缆中间头</td><td>1. 名称
2. 型号
3. 规格
4. 材质、类型
5. 安装方式
6. 电压(kV)</td></tr>
<tr><td>040803007</td><td>铺砂、盖保护板(砖)</td><td>1. 种类
2. 规格</td><td>m</td><td>按设计图示尺寸以长度计算</td><td>1. 铺砂
2. 盖保护板(砖)</td></tr>
</table>

4. 配管、配线工程

配管、配线工程工程量清单项目设置、项目特征描述的内容、计量单位及工程量计算规则，按表 8.44 的规定执行。

表 8.44　配管、配线工程(编码:040804)

<table>
<tr><th>项目编码</th><th>项目名称</th><th>项目特征</th><th>计量单位</th><th>工程量计算规则</th><th>工作内容</th></tr>
<tr><td>040804001</td><td>配管</td><td>1. 名称
2. 材质
3. 规格
4. 配置形式
5. 钢索材质、规格
6. 接地要求</td><td rowspan="2">m</td><td>按设计图示尺寸以长度计算</td><td>1. 预留沟槽
2. 钢索架设(拉紧装置安装)
3. 电线管路敷设
4. 接地</td></tr>
<tr><td>040804002</td><td>配线</td><td>1. 名称
2. 配线形式
3. 型号
4. 规格
5. 材质
6. 配线部位
7. 配线线制
8. 钢索材质、规格</td><td>按设计图示尺寸另加预留量以单线长度计算</td><td>1. 钢索架设(拉紧装置安装)
2. 支持体(绝缘子等)安装
3. 配线</td></tr>
<tr><td>040804003</td><td>接线箱</td><td rowspan="2">1. 名称
2. 规格
3. 材质
4. 安装形式</td><td rowspan="2">个</td><td rowspan="2">按设计图示数量计算</td><td rowspan="2">本体安装</td></tr>
<tr><td>040804004</td><td>接线盒</td></tr>
<tr><td>040804005</td><td>带形母线</td><td>1. 名称
2. 型号
3. 规格
4. 材质
5. 绝缘子类型、规格
6. 穿通板材质、规格
7. 引下线材质、规格
8. 伸缩节、过渡板材质、规格
9. 分相漆品种</td><td>m</td><td>按设计图示尺寸另加预留量以单相长度计算</td><td>1. 支持绝缘子安装及耐压试验
2. 穿通板制作、安装
3. 母线安装
4. 引下线安装
5. 伸缩节安装
6. 过渡板安装
7. 拉紧装置安装
8. 刷分相漆</td></tr>
</table>

5. 照明器具安装工程

照明器具安装工程工程量清单项目设置、项目特征描述的内容、计量单位及工程量计算规则，按表 8.45 的规定执行。

表 8.45　照明器具安装工程(编码:040805)

项目编码	项目名称	项目特征	计量单位	工程量计算规则	工作内容
040805001	常规照明灯	1. 名称 2. 型号 3. 灯杆材质、高度 4. 灯杆编号 5. 灯架形式及臂长 6. 光源数量 7. 附件配置 8. 垫层、基础：厚度、材料品种、强度等级 9. 杆座形式、材质、规格 10. 接线端子材质、规格 11. 编号要求 12. 接地要求	套	按设计图示数量计算	1. 垫层铺筑 2. 基础制作、安装 3. 立灯杆 4. 杆座制作、安装 5. 灯架制作、安装 6. 灯具附件安装 7. 焊、压接线端子 8. 接线 9. 补刷(喷)油漆 10. 灯杆编号 11. 接地 12. 试灯
040805002	中杆照明灯				
040805003	高杆照明灯				1. 垫层铺筑 2. 基础制作、安装 3. 立灯杆 4. 杆座制作、安装 5. 灯架制作、安装 6. 灯具附件安装 7. 焊、压接线端子 8. 接线 9. 补刷(喷)油漆 10. 灯杆编号 11. 升降机构接线调试 12. 接地 13. 试灯
040805004	景观照明灯	1. 名称 2. 型号 3. 规格 4. 安装形式 5. 接地要求	1. 套 2. m	1. 以套计量，按设计图示数量计算 2. 以米计量，按设计图示尺寸以延长米计算	1. 灯具安装 2. 焊、压接线端子 3. 接线 4. 补刷(喷)油漆 5. 接地 6. 试灯
040805005	桥栏杆照明灯		套	按设计图示数量计算	
040805006	地道涵洞照明灯				

8.6.3　例题讲解

【例题 8.13】　某段市区新建道路的部分路灯工程项目中，需安装 42 根金属灯杆，其灯具为单臂悬挑抱箍式(单抱箍)，臂长 2.5 m，灯杆材质为 ϕ 200 镀锌钢管，杆高 14 m，其基础为 80 cm×80 cm×100 cm 的 C20 钢筋混凝土，每根灯杆旁设一电缆井。试计算该路灯工程的清单工程量并列出工程量清单。

【解】　(1) 列清单 040802001001、010501003001、040805003001、010401011001。

(2) 工程量计算,见表 8.46 所示:

表 8.46　清单工程量计算表

序号	项目名称	计算公式	工程量合计	计量单位
1	ϕ 200 mm 镀锌灯杆高 14 m		42	根
2	单臂悬挑抱箍式灯具		42	套
3	C20 钢筋混凝土基础制作	0.80×0.80×1.00×42	26.88	m^3
4	电缆井		42	座

ϕ 200 mm 镀锌灯杆高 14 m　42 根

单臂悬挑抱箍式灯具　42 套

C20 钢筋混凝土基础制作　0.8×0.80×1.0×42=26.88(m^3)

电缆井　42 座

(3) 工程量清单,见表 8.47 所示:

表 8.47　工程量清单

序号	项目编码	项目名称	项目特征描述	计量单位	工程数量
1	040802001001	电杆组立	立杆 1. 材质:镀锌钢管 2. 规格:ϕ 200 mm	根	42
2	010501003001	独立基础	基础制作 混凝土强度等级:C20	m^3	26.88
3	040805003001	高杆灯安装	单臂悬挑灯、架安装 1. 灯杆材质及高度:金属杆,14 m 高 2. 灯架形式及臂长:单抱箍式,臂长 2.5 m	套	42
4	010401011001	砖窑井、检查井	电缆井设置 1. 材质:砖砌 2. 规格:按规范 3. 砂浆强度等级:M7.5	座	42

【例题 8.14】　有一新建学校,院内需架设 380/220 V 三相四线路,导线使用裸铝绞线 3×120+1×70,电线杆为 8 m 高水泥杆 5 根,杆上铁横担水平安装一根,末根杆上有阀型避雷器三组。试计算横担安装、导线架设和避雷器安装的工程量并列出工程量清单。

【解】　(1) 列清单 040802002001、040802003001、040802003002、040806004001。

(2) 计算工程量

杆距按 50 m 计算,导线留头长度每根 0.5 m,题中 3 为 120 mm^2 导线的数量,1 为 70 mm^2 导线的数量。

5 根杆距 4×50=200(m)

040802002001　横担安装:5×1=5(组)

040802003001　120 mm² 导线：

L＝导线实长＋预留长度＝3×200＋3×0.5＝600＋1.5＝601.5(m)

040802003002　70 mm² 导线：

L＝导线实长＋预留长度＝1×200＋1×0.5＝200＋0.5＝200.5(m)

040806004001　避雷器安装：1×3＝3(组)

(3)工程量清单，见表 8.48 所示：

表 8.48　工程量清单

序号	项目编码	项目名称	项目特征描述	计量单位	工程量
1	040802002001	横担安装	水泥电杆	根	5
2	040802003001	导线架设	120 mm²，裸铝绞线	km	0.6
3	040802003002	导线架设	70 mm²，裸铝绞线	km	0.2
4	040806004001	避雷器、电容器	避雷器安装	组	3

9　工程工程量清单编制实例

工程概况

某道路新建工程全长 200 m，路幅宽度为 12 m，土壤类别为三类土，填方要求密实度达到 95%，余土弃置 5 km。道路结构为 20 cm 二灰土底基层（12∶35∶53，拖拉机拌和），25 cm二灰碎石基层（5∶15∶80，厂拌机铺），20 cm C30 混凝土面层，沥青砂嵌缝，道路两侧设甲型侧石（材料为混凝土预制，规格 12.5 cm×27.5 cm×99 cm，C15 细石混凝土基础 0.019 4 m^3/m）。二灰土底基层每边放宽至路牙外侧 40 cm，二灰碎石基层每边放宽至路牙外侧 20 cm。道路工程土方计算见如下附表，请编制本工程工程量清单及工程量清单计价表。（人、材、机价格按计价表不调整，侧石按 22 元/m 计算）

附表　道路土方工程量计算表

桩号	距离/m	填土			挖土		
		横断面面积/m^2	平均断面面积/m^2	体积/m^3	横断面面积/m^2	平均断面面积/m^2	体积/m^3
K0+000	27	2.45	2.03	54.81	2.14	2.18	58.86
K0+027	8	1.61	0.805	6.44	2.22	6.01	48.08
K0+035	15				9.80	8.96	134.40
K0+050	50		0.41	20.50	8.12	6.065	303.25
K0+100	50	0.82	1.345	67.25	4.01	3.40	170.00
K0+150	50	1.87	1.675	83.75	2.79	2.885	144.25
K0+200		1.48			2.98		
合计				232.75			858.84

根据施工方案考虑，本工程采用 1 m^3 反铲挖土机挖土、人工配合；土方平衡部分场内运输考虑用双轮斗车运土，运距在 50 m 以内；余方弃置按 8 t 自卸汽车运土考虑；混凝土路面需做真空吸水处理。

压路机可自行到施工现场，摊铺机、1 m^3 履带式挖掘机进退场一次。

根据规定，本工程取定三类工程。税金取 3.477%，社会保险费费率取 1.8%，住房公积金 0.31%，工程排污费 0.1%；安全文明施工费中基本费费率取 1.4%，增加费取 0.4%；夜间施工增加费费率取 0.1%，冬雨季施工增加费费率取 0.2%，已完工程及设备保护费费率取 0.01%，临时设施费费率取 1.5%。

解：(1) 清单工程量计算

① 挖一般土方（三类土）　858.84 m^3

② 填方（密实度 95%）　232.75 m^3

土方场内运输　50 m

③ 余方弃置(运距 5 km)＝挖方量－填方量×可松性系数

＝858.84－232.75×1.15＝591.18(m^3)

④ 整理路床面积　S＝道路长度×(路面宽度＋放宽宽度＋侧石宽度)

＝200×(12＋0.4×2＋0.125×2)＝2 610(m^2)

⑤ 20 cm 二灰土(12∶35∶53)底基层(拖拉机拌和)面积

S＝道路长度×(路面宽度＋放宽宽度＋侧石宽度)

＝200×(12＋0.4×2＋0.125×2)＝2 610(m^2)

⑥ 25 cm 二灰碎石基层(厂拌机铺)面积

S＝道路长度×(路面宽度＋放宽宽度＋侧石宽度)

＝200×(12＋0.2×2＋0.125×2)＝2 530(m^2)

⑦ 20 cm C30 混凝土面层面积　S＝道路长度×路面宽度＝200×12＝2 400(m^2)

⑧ 甲型路牙　L＝200×2＝400(m)

(2) 施工工程量计算

① 挖一般土方(三类土)　858.84 m^3

② 填方(密实度 95%)　232.75 m^3

土方场内运输　50 m

③ 余方弃置(运距 5 km)＝挖方量－填方量×可松性系数

＝858.84－232.75×1.15＝591.18(m^3)

④ 整理路床面积　S＝道路长度×(路面宽度＋放宽宽度＋侧石宽度)

＝200×(12＋0.4×2＋0.125×2)＝2 610(m^2)

⑤ 20 cm 二灰土底基层面积　S＝道路长度×(路面宽度＋放宽宽度＋侧石宽度)

＝200×(12＋0.4×2＋0.125×2)＝2 610(m^2)

消解石灰　G＝施工面积×每百平方米用量＝26.10×3.54＝92.394(t)

⑥ 25 cm 二灰碎石基层(厂拌机铺)面积

S＝道路长度×(路面宽度＋放宽宽度＋侧石宽度)

＝200×(12＋0.2×2＋0.125×2)＝2 530(m^2)

顶层多合土养生　S＝道路长度×(路面宽度＋放宽宽度＋侧石宽度)

＝200×(12＋0.2×2＋0.125×2)＝2 530(m^2)

⑦ 20 cm C30 混凝土面层面积　S＝道路长度×路面宽度＝200×12＝2 400(m^2)

水泥混凝土路面养生(草袋)面积　2 400 m^2

锯缝机锯缝(道路每 5 m 一道) $L=\left(\frac{\text{道路长度}}{\text{锯缝间距}}-1\right)\times\text{道路宽度}=\left(\frac{200}{5}-1\right)\times12=468(\text{m})$

纵缝长度　C＝200 m

灌缝(沥青砂)面积　S＝(横缝＋纵缝)×缝宽＝(468＋200)×0.05＝33.40(m^2)

混凝土路面真空吸水　2 400 m^2

混凝土模板面积　S＝(混凝土路面长度×3＋混凝土路面宽度×2)×混凝土路面厚度

＝(200×3＋12×2)×0.2＝124.80(m^2)

⑧甲型路牙　L＝道路总长度×2＝200×2＝400(m)

C15 细石混凝土基础　V＝每米混凝土用量×路牙总长度＝0.019 4×400＝7.76(m^3)

混凝土基础模板　S＝路牙总长度×基础厚度＝400×0.15＝60(m^2)

(3) 措施项目工程量计算

① 摊铺机、1 m^3 反铲挖土机进退场各 1 次；

② 8 t、15 t 压路机进退场各 1 次。

(4) 计价

根据以上考虑，该工程计价如下：

某道路工程 工程

招 标 工 程 量 清 单

招　标　人：某城建控股集团

（单位盖章）

造价咨询人：某工程造价咨询公司

（单位盖章）

2020 年××月××日

某道路工程 工程

招 标 工 程 量 清 单

招　标　人：某城建控股集团　　造价咨询人：某工程造价咨询公司

（单位盖章）　　（单位盖章）

法定代表人　　法定代表人

或其授权人：　　或其授权人：王某某

（签字或盖章）　　（签字或盖章）

编　制　人：张某某　　复　核　人：李某某

（造价员签字盖专用章）　　（造价员签字盖专用章）

编制时间：2020 年××月××日　　复核时间：2020 年××月××日

分部分项工程和单价措施项目清单与计价表

工程名称:某道路工程　　　　第1页共1页

序号	项目编码	项目名称	项目特征描述	计量单位	工程量	金额/元		
						综合单价	合价	其中 暂估价
			0401 土石方工程					
1	040101001001	挖一般土方	1. 土壤类别:三类土 2. 挖土深度:2 m 内	m^3	858.84			
2	040103001001	回填方	1. 密实度要求:95% 2. 填方材料品种:素土 3. 填方来源、运距:场内运输 50 m	m^3	232.75			
3	040103002001	余方弃置	1. 废弃料品种:多余土方 2. 运距:5 km	m^3	591.18			
			分部小计					
			0402 道路工程					
4	040202001001	路床(槽)整形	1. 部位:混合车道 2. 范围:路床	m^2	2 610.00			
5	040202004001	石灰、粉煤灰、土	1. 配合比:12∶35∶53 2. 厚度:20 cm 3. 拌和方式:拖拉机	m^2	2 610.00			
6	040202006001	石灰、粉煤灰、碎(砾)石	1. 配合比:5∶15∶80 2. 厚度:25 cm	m^2	2 530.00			
7	040203007001	水泥混凝土	1. 混凝土强度等级:C30 2. 厚度:20 cm 3. 嵌缝材料:沥青砂	m^2	2 400.00			
8	040204004001	安砌侧(平、缘)石	1. 材料品种、规格:混凝土预制, 12.5 cm×27.5 cm×99 cm 2. 基础、垫层:材料品种、厚度:C15 细石混凝土 3. 名称:侧石	m	400.00			
			分部小计					
			分部分项合计					
1	041106001001	大型机械设备进出场及安拆		项	1			
			单价措施合计					
			本页小计					
			合计					

总价措施项目清单与计价表

工程名称：某道路工程　　　　第1页共1页

序号	项目编码	项目名称	计算基础	费率/%	金额/元	调整费率/%	调整后金额/元	备注
1	041109001001	安全文明施工费						
1.1		基本费	分部分项合计＋单价措施项目合计－设备费	1.400				
1.2		增加费	分部分项合计＋单价措施项目合计－设备费	0.400				
2	041109002001	夜间施工	分部分项合计＋单价措施项目合计－设备费					
3	041109003001	二次搬运	分部分项合计＋单价措施项目合计－设备费					
4	041109004001	冬雨季施工	分部分项合计＋单价措施项目合计－设备费					
5	041109005001	行车、行人干扰	分部分项合计＋单价措施项目合计－设备费					
6	041109006001	地上、地下设施、建筑物的临时保护设施	分部分项合计＋单价措施项目合计－设备费					
7	041109007001	已完工程及设备保护	分部分项合计＋单价措施项目合计－设备费					
8	041109008001	临时设施	分部分项合计＋单价措施项目合计－设备费					
9	041109009001	赶工措施	分部分项合计＋单价措施项目合计－设备费					
10	041109010001	工程按质论价	分部分项合计＋单价措施项目合计－设备费					
11	041109011001	特殊条件下施工增加费	分部分项合计＋单价措施项目合计－设备费					

其他项目清单与计价汇总表

工程名称：某道路工程　　　　第1页共1页

序号	项目名称	金额/元	结算金额/元	备注
1	暂列金额			
2	暂估价			
2.1	材料暂估价			
2.2	专业工程暂估价			
3	计日工			
4	总承包服务费			
	合计			

暂列金额明细表

工程名称:某道路工程　　　　第1页共1页

序号	项目名称	计量单位	暂定金额/元	备注
合计				

规费、税金项目计价表

工程名称:某道路工程　　　　第1页共1页

序号	项目名称	计算基础	计算基数/元	计算费率/%	金额/元
1	规费	工程排污费＋社会保险费＋住房公积金		100.000	
1.1	社会保险费	分部分项工程费＋措施项目费＋其他项目费－工程设备费		1.800	
1.2	住房公积金	分部分项工程费＋措施项目费＋其他项目费－工程设备费		0.310	
1.3	工程排污费	分部分项工程费＋措施项目费＋其他项目费－工程设备费		0.100	
2	税金	分部分项工程费＋措施项目费＋其他项目费＋规费－按规定不计税的工程设备金额		3.477	
合计					

承包人供应主要材料一览表

工程名称:某道路工程　　　　第1页共1页

序号	材料编码	材料名称	规格、型号等要求	单位	数量	单价/元	合价/元	备注

某道路工程 工程

招 标 控 制 价

招　标　人：某城建控股集团

（单位盖章）

造价咨询人：某工程造价咨询公司

（单位盖章）

2020 年××月××日

某道路工程 工程

招 标 控 制 价

招标控制价（小写）：379017.81

（大写）：叁拾柒万玖仟零壹拾柒圆捌角壹分

招　标　人：某城建控股集团

（单位盖章）

造价咨询人：某工程造价咨询公司

（单位盖章）

法定代表人
或其授权人：

（签字或盖章）

法定代表人
或其授权人：王某某

（签字或盖章）

编　制　人：张某某

（造价员签字盖专用章）

复　核　人：李某某

（造价员签字盖专用章）

编制时间：2020 年××月××日　　复核时间：2020 年××月××日

建设项目招标控制价表

工程名称:某道路工程　　第1页共1页

序号	单项工程名称	金额/元	其中:/元		
			暂估价	安全文明施工费	规费
1	某道路工程	379 017.81		6 225.83	7 919.80
合计		379 017.81		6 225.83	7 919.80

单项工程招标控制价表

工程名称:某道路工程　　第1页共1页

序号	单项工程名称	金额/元	其中:/元		
			暂估价	安全文明施工费	规费
1	某道路工程	379 017.81		6 225.83	7 919.80
合计		379 017.81		6 225.83	7 919.80

单位工程招标控制价表

工程名称:某道路工程　　第1页共1页

序号	汇总内容	金额/元	其中:暂估价/元
1	分部分项工程费	336 687.03	
1.1	人工费		
1.2	材料费	323 357.24	
1.3	施工机具使用费	10 290.24	
1.4	企业管理费	1 980.38	
1.5	利润	1 059.17	
2	措施项目费	21 675.35	
2.1	单价措施项目费	9 189.10	
2.2	总价措施项目费	12 486.25	
2.2.1	其中:安全文明施工措施费	6 225.83	
3	其他项目费		
3.1	其中:暂列金额		
3.2	其中:专业工程暂估		
3.3	其中:计日工		
3.4	其中:总承包服务费		
4	规费	7 919.80	
5	税金	12 735.63	
招标控制价合计=1+2+3+4+5		379 017.81	

分部分项工程和单价措施项目清单与计价表

工程名称：某道路工程　　　　第1页共1页

序号	项目编码	项目名称	项目特征描述	计量单位	工程量	金额/元		
						综合单价	合价	其中 暂估价
		0401 土石方工程						
1	040101001001	挖一般土方	1. 土壤类别：三类土 2. 挖土深度：2 m 内	m^3	858.84	2.10	1 803.56	
2	040103001001	回填方	1. 密实度要求：95% 2. 填方材料品种：素土 3. 填方来源、运距：场内运输 50 m	m^3	232.75	1.78	414.30	
3	040103002001	余方弃置	1. 废弃料品种：多余土方 2. 运距：5 km	m^3	591.18	5.65	3 340.17	
		分部小计					5 558.03	
		0402 道路工程						
4	040202001001	路床(槽)整形	1. 部位：混合车道 2. 范围：路床	m^2	2 610.00	0.40	1 044.00	
5	040202004001	石灰、粉煤灰、土	1. 配合比：12∶35∶53 2. 厚度：20 cm 3. 拌和方式：拖拉机	m^2	2 610.00	16.59	43 299.90	
6	040202006001	石灰、粉煤灰、碎(砾)石	1. 配合比：5∶15∶80 2. 厚度：25 cm	m^2	2 530.00	50.87	128 701.10	
7	040203007001	水泥混凝土	1. 混凝土强度等级：C30 2. 厚度：20 cm 3. 嵌缝材料：沥青砂	m^2	2 400.00	61.08	146 592.00	
8	040204004001	安砌侧(平、缘)石	1. 材料品种、规格：混凝土预制，12.5 cm×27.5 cm×99 cm 2. 基础、垫层：材料品种、厚度：C15 细石混凝土 3. 名称：侧石	m	400.00	28.73	11 492.00	
		分部小计					331 129.00	
		分部分项合计					336 687.03	
1	041106001001	大型机械设备进出场及安拆		项	1	9 189.10	9 189.10	
		单价措施合计					9 189.10	
		本页小计					345 876.13	
		合计					345 876.13	

综合单价分析表

工程名称：某道路工程　　　　　　　　　　第 1 页共 9 页

项目编码	040101001001	项目名称	挖一般土方						计量单位	m^3	工程量	858.84	
清单综合单价组成明细													
定额编号	定额项目名称	定额单位	数量	单价/元					合价/元				
				人工费	材料费	机械费	管理费	利润	人工费	材料费	机械费	管理费	利润
1-225	反铲挖土机(斗容量 1.0 m^3)装车三类土	1 000 m^3	0.858 84	359.64		6 693.17	1 340.03	705.28			1.63	0.31	0.16
1-2 备注 3	人工挖土方三类土	100 m^3	0.001										
综合人工工日		小计									1.63	0.31	0.16
0.04 工日		未计价材料费											
清单项目综合单价									2.10				

材料费明细	主要材料名称、规格、型号	单位	数量	单价/元	合价/元	暂估单价/元	暂估合价/元
	其他材料费			—		—	
	材料费小计			—		—	

综合单价分析表

工程名称：某道路工程　　　　第 2 页共 9 页

项目编码	040103001001	项目名称		回填方					计量单位	m³		工程量	232.75
清单综合单价组成明细													
定额编号	定额项目名称	定额单位	数量	单价/元					合价/元				
				人工费	材料费	机械费	管理费	利润	人工费	材料费	机械费	管理费	利润
1-375	路基填筑及处理　填土碾压　内燃压路机 15 t 以内	1 000 m³	0.001		70.50	1 328.39	252.39	132.84		0.07	1.33	0.25	0.13
1-45	人工装运土方　双轮斗车运土　运距 50 m 内	100 m³	0.01										
综合人工工日		小计								0.07	1.33	0.25	0.13
0.16 工日		未计价材料费											
清单项目综合单价									1.78				
材料费明细	主要材料名称、规格、型号					单位		数量	单价/元	合价/元		暂估单价/元	暂估合价/元
	水					m³		0.015	4.7	0.07			
	其他材料费								—			—	
	材料费小计								—	0.07		—	

综合单价分析表

工程名称：某道路工程　　　　　　　　　　　　　　　　　　　　　　　　第3页共9页

项目编码	040103002001	项目名称		余方弃置					计量单位	m^3		工程量	591.18
清单综合单价组成明细													
定额编号	定额项目名称	定额单位	数量	单价/元					合价/元				
				人工费	材料费	机械费	管理费	利润	人工费	材料费	机械费	管理费	利润
1-280	自卸汽车运土　自卸汽车(8 t以内)运距5 km以内	1 000 m^3	0.001		56.40	4 341.63	824.91	434.16		0.06	4.34	0.82	0.43
综合人工工日		小计								0.06	4.34	0.82	0.43
0.00工日		未计价材料费											
清单项目综合单价									5.65				

材料费明细	主要材料名称、规格、型号	单位	数量	单价/元	合价/元	暂估单价/元	暂估合价/元
	水	m^3	0.011 328	4.7	0.05		
	其他材料费			—		—	
	材料费小计			—	0.05	—	

综合单价分析表

工程名称：某道路工程　　　　第 4 页共 9 页

项目编码	040202001001	项目名称		路床(槽)整形					计量单位	m²		工程量	2 610
清单综合单价组成明细													
定额编号	定额项目名称	定额单位	数量	单价/元					合价/元				
				人工费	材料费	机械费	管理费	利润	人工费	材料费	机械费	管理费	利润
2-1	路床(槽)整形 路床碾压检验	100 m²	0.01			30.77	5.85	3.08			0.31	0.06	0.03
综合人工工日		小计									0.31	0.06	0.03
0.00 工日		未计价材料费											
清单项目综合单价									0.40				
材料费明细	主要材料名称、规格、型号					单位	数量		单价/元	合价/元	暂估单价/元	暂估合价/元	
	其他材料费								—		—		
	材料费小计								—		—		

综合单价分析表

工程名称：某道路工程　　　　第 5 页共 9 页

项目编码	040202004001	项目名称	石灰、粉煤灰、土					计量单位	m²		工程量	2 610	
清单综合单价组成明细													
定额编号	定额项目名称	定额单位	数量	单价/元					合价/元				
				人工费	材料费	机械费	管理费	利润	人工费	材料费	机械费	管理费	利润
2-134	拖拉机拌和(带犁耙)石灰、粉煤灰、土基层的比例为 12∶35∶53　20 cm 厚	100 m²	0.01		1 543.87	66.31	12.60	6.63		15.44	0.66	0.13	0.07
2-411	集中消解石灰	t	0.035 4		4.96	2.34	0.44	0.23		0.18	0.08	0.02	0.01
综合人工工日		小计								15.62	0.74	0.15	0.08
0.05 工日		未计价材料费											
清单项目综合单价									16.59				

	主要材料名称、规格、型号	单位	数量	单价/元	合价/元	暂估单价/元	暂估合价/元
材料费明细	水	m³	0.077 27	4.70	0.36		
	黄土	m³	0.116 2				
	粉煤灰	t	0.121 1	30	3.63		
	生石灰	t	0.035 4	326	11.54		
	其他材料费			—	0.09	—	
	材料费小计			—	15.62	—	

综合单价分析表

工程名称:某道路工程　　　　　　　　　　　　　　　　　　　　　　　　第6页共9页

项目编码	040202006001	项目名称		石灰、粉煤灰、碎(砾)石					计量单位	m²		工程量	2 530
清单综合单价组成明细													
定额编号	定额项目名称	定额单位	数量	单价/元					合价/元				
				人工费	材料费	机械费	管理费	利润	人工费	材料费	机械费	管理费	利润
2-169	二灰结石混合料基层　厂拌机铺　厚25 cm	100 m²	0.01		4 975.43	75.71	14.38	7.57		49.75	0.76	0.14	0.08
2-184	顶层多合土养生　洒水车洒水	100 m²	0.01		6.94	4.96	0.94	0.50		0.07	0.05	0.01	0.01
综合人工工日		小计								49.82	0.81	0.15	0.09
0.03 工日		未计价材料费											
清单项目综合单价									50.87				
材料费明细	主要材料名称、规格、型号					单位	数量		单价/元	合价/元	暂估单价/元		暂估合价/元
	二灰结石					t	0.551 6		90.20	49.75			
	水					m³	0.014 7		4.70	0.07			
	其他材料费								—		—		
	材料费小计								—	49.82	—		

综合单价分析表

工程名称:某道路工程　　　　第 7 页共 9 页

项目编码	040203007001	项目名称		水泥混凝土					计量单位	m^2		工程量	2 400
清单综合单价组成明细													
定额编号	定额项目名称	定额单位	数量	单价/元					合价/元				
				人工费	材料费	机械费	管理费	利润	人工费	材料费	机械费	管理费	利润
2-327	C30 水泥混凝土路面厚度 20 cm	100 m^2	0.01		5 555.01	22.44	4.26	2.24		55.55	0.22	0.04	0.02
2-346	水泥混凝土路面养生　草袋养生	100 m^2	0.01		109.34					1.09			
2-341	伸缩缝　锯缝机锯缝	每 10 延长米	0.019 5		27.30	1.22	0.23	0.12		0.53	0.02		
2-335	伸缩缝　伸缝内灌沥青砂	每 10 m^2 缝面	0.001 392		280.33	0.55	0.10	0.06		0.39			
2-350	混凝土真空吸水 20 cm	10 m^2	0.10		16.00	1.92	0.36	0.19		1.60	0.19	0.04	0.02
2-331	混凝土路面模板	m^2	0.068 667		18.28	1.21	0.23	0.12		1.26	0.08	0.02	0.01
综合人工工日		小计								60.42	0.51	0.10	0.05
0.35 工日		未计价材料费											
清单项目综合单价									61.08				

（续表）

项目编码	040203007001	项目名称	水泥混凝土	计量单位	m²	工程量	2 400
材料费明细	主要材料名称、规格、型号	单位	数量	单价/元	合价/元	暂估单价/元	暂估合价/元
	普通成材	m^3	0.000 069	1 600	0.11		
	零星卡具	kg	0.162 741	4.88	0.79		
	圆钉	kg	0.000 893	5.80	0.01		
	组合钢模板	kg	0.045 458	5.00	0.23		
	尼龙帽	个	0.137 334	0.86	0.12		
	沥青砂	t	0.001 154	335.50	0.39		
	木柴	kg	0.002 784	1.10			
	钢锯片	片	0.001 268	420.00	0.53		
	草袋子	只	0.43	1.00	0.43		
	水	m^3	0.416 72	4.70	1.96		
	复合硅酸盐水泥 32.5 级	kg	93.84	0.31	29.09		
	中(粗)砂	t	0.125 868	69.37	8.73		
	碎石 5～40	t	0.260 508	62.00	16.15		
	其他材料费			—	1.88	—	
	材料费小计			—	60.42	—	

综合单价分析表

工程名称:某道路工程　　　　　　　　第 8 页共 9 页

项目编码	040204004001	项目名称		安砌侧(平、缘)石					计量单位	m		工程量	400
清单综合单价组成明细													
定额编号	定额项目名称	定额单位	数量	单价/元					合价/元				
				人工费	材料费	机械费	管理费	利润	人工费	材料费	机械费	管理费	利润
2-384	C15 侧缘石垫层　人工铺装　混凝土垫层	m³	0.019 4		242.40					4.70			
2-390	侧缘石安砌　混凝土侧石(立缘石)　长度 50 cm	100 m	0.01		170.49					1.70			
综合人工工日		小计								6.40			
0.11 工日		未计价材料费							22.33				
清单项目综合单价									28.73				

	主要材料名称、规格、型号	单位	数量	单价/元	合价/元	暂估单价/元	暂估合价/元
材料费明细	混凝土侧石	m	1.015	22.00	22.33		
	石灰砂浆 1∶3	m³	0.008 2	192.27	1.58		
	水泥砂浆 1∶3	m³	0.000 5	239.65	0.12		
	水	m³	0.007 838	4.70	0.04		
	复合硅酸盐水泥 32.5 级	kg	5.778 096	0.31	1.79		
	中(粗)砂	t	0.017 077	69.37	1.18		
	碎石 5～20	t	0.023 805	70.00	1.67		
	其他材料费			—	0.02	—	
	材料费小计			—	28.73	—	

综合单价分析表

工程名称：某道路工程　　　　第 9 页共 9 页

项目编码	041106001001	项目名称	大型机械设备进出场及安拆						计量单位	项		工程量	1
清单综合单价组成明细													
定额编号	定额项目名称	定额单位	数量	单价/元					合价/元				
				人工费	材料费	机械费	管理费	利润	人工费	材料费	机械费	管理费	利润
99130304	光轮压路机(内燃)8 t	台班	1			108.48	20.61	10.85			108.48	20.61	10.85
99130306	光轮压路机(内燃)15 t	台班	1			158.13	30.04	15.81			158.13	30.04	15.81
25-1	履带式挖掘机 1 m^3以内场外运输费用	次	1	984.00	731.15	1 189.60	412.98	217.36	984.00	731.15	1 189.60	412.98	217.36
25-65	沥青摊铺机 12 t 以内(或带自动找平) 场外运输费用	次	1	738.00	596.39	1 632.57	450.41	237.06	738.00	596.39	1 632.57	450.41	237.06
25-66	沥青摊铺机 12 t 以内(或带自动找平)组装拆卸费	次	1	738.00		545.45	243.86	128.35	738.00		545.45	243.86	128.35
综合人工工日		小计							2 460.00	1 327.54	3 634.23	1 157.90	609.43
30.00 工日		未计价材料费											
清单项目综合单价									9 189.10				

材料费明细	主要材料名称、规格、型号	单位	数量	单价/元	合价/元	暂估单价/元	暂估合价/元
	沥青枕木	m^3	0.08	1 377.50	110.20		
	镀锌铁丝 8＃～12＃	kg	5	6.00	30.00		
	草袋子	只	10	1.00	10.00		
	其他材料费			—	1 177.34	—	
	材料费小计			—	1 327.54	—	

总价措施项目清单与计价表

工程名称:某道路工程　　　　第1页共1页

序号	项目编码	项目名称	计算基础	费率/%	金额/元	调整费率/%	调整后金额/元	备注
1	041109001001	安全文明施工费		100.000	6 225.83			
1.1		基本费	分部分项合计＋单价措施项目合计－设备费	1.400	4 842.31			
1.2		增加费	分部分项合计＋单价措施项目合计－设备费	0.400	1 383.52			
2	041109002001	夜间施工	分部分项合计＋单价措施项目合计－设备费	0.100	345.88			
3	041109003001	二次搬运	分部分项合计＋单价措施项目合计－设备费					
4	041109004001	冬雨季施工	分部分项合计＋单价措施项目合计－设备费	0.200	691.76			
5	041109005001	行车、行人干扰	分部分项合计＋单价措施项目合计－设备费					
6	041109006001	地上、地下设施、建筑物的临时保护设施	分部分项合计＋单价措施项目合计－设备费					
7	041109007001	已完工程及设备保护	分部分项合计＋单价措施项目合计－设备费	0.010	34.59			
8	041109008001	临时设施	分部分项合计＋单价措施项目合计－设备费	1.500	5 188.19			
9	041109009001	赶工措施	分部分项合计＋单价措施项目合计－设备费					
10	041109010001	工程按质论价	分部分项合计＋单价措施项目合计－设备费					
11	041109011001	特殊条件下施工增加费	分部分项合计＋单价措施项目合计－设备费					
合计					12 486.25			

其他项目清单与计价汇总表

工程名称:某道路工程　　　　第 1 页共 1 页

序号	项目名称	金额/元	结算金额/元	备注
1	暂列金额			
2	暂估价			
2.1	材料暂估价			
2.2	专业工程暂估价			
3	计日工			
4	总承包服务费			
合计				

暂列金额明细表

工程名称:某道路工程　　　　第 1 页共 1 页

序号	项目名称	计量单位	暂定金额/元	备注
合计				

总承包服务费计价表

工程名称:某道路工程　　　　第 1 页共 1 页

序号	项目名称	项目价值/元	服务内容	计算基础	费率/%	金额/元
1	发包人发包专业工程			项目价值		
2	发包人供应材料			项目价值		
	合计					

规费、税金项目计价表

工程名称：某道路工程　　　　第1页共1页

序号	项目名称	计算基础	计算基数/元	计算费率/%	金额/元
1	规费	工程排污费＋社会保险费＋住房公积金	7 919.80	100.000	7 919.80
1.1	社会保险费	分部分项工程费＋措施项目费＋其他项目费－工程设备费	358 362.38	1.800	6 450.52
1.2	住房公积金	分部分项工程费＋措施项目费＋其他项目费－工程设备费	358 362.38	0.310	1 110.92
1.3	工程排污费	分部分项工程费＋措施项目费＋其他项目费－工程设备费	358 362.38	0.100	358.36
2	税金	分部分项工程费＋措施项目费＋其他项目费＋规费－按规定不计税的工程设备金额	366 282.18	3.477	12 735.63
合计					28 575.23

承包人供应主要材料一览表

工程名称：某道路工程　　　　第1页共1页

序号	材料编码	材料名称	规格、型号等要求	单位	数量	单价/元	合价/元	备注
1	02190111	尼龙帽		个	329.60	0.86	283.46	
2	02330105	草袋子		只	1 042	1.00	1 042.00	
3	03515100	圆钉		kg	2.142	5.80	12.42	
4	03570217	镀锌铁丝	8＃～12＃	kg	5.000	6.00	30.00	
5	03652401	钢锯片		片	3.04	420.00	1 276.80	
6	04010611	复合硅酸盐水泥	32.5级	kg	227 527.238	0.31	70 533.44	
7	04030107	中(粗)砂		t	308.914	69.37	21 429.36	
8	04050204	碎石	5～20	t	9.522	70.00	666.54	
9	04050207	碎石	5～40	t	625.219	62.00	38 763.58	
10	04090100	生石灰		t	92.394	326.00	30 120.44	
11	04090302-1	黄土		m^3	303.28			

（续表）

序号	材料编码	材料名称	规格、型号等要求	单位	数量	单价/元	合价/元	备注
12	04090900	粉煤灰		t	316.071	30.00	9 482.13	
13	05030600	普通成材		m^3	0.16	1 600.00	256.00	
14	05250501	木柴		kg	6.680	1.10	7.35	
15	31150101	水		m^3	1 252.72	4.70	5 887.78	
16	32011111	组合钢模板		kg	109.10	5.00	545.50	
17	32020115	零星卡具		kg	390.58	4.88	1 906.03	
18	33110501	混凝土侧石		m	406.00	22.00	8 932.00	
19	34020931	沥青枕木		m^3	0.08	1 377.50	110.20	
20	80010125	水泥砂浆 1∶3		m^3	0.20	239.65	47.93	
21	80030105	石灰砂浆 1∶3		m^3	3.28	192.27	630.65	
22	80090330	沥青砂		t	2.769	335.50	929.00	
23	80330301	二灰结石		t	1 395.548	90.20	125 878.43	
	合计						318 771.04	

参考文献

[1] 中华人民共和国住房和城乡建设部.建设工程工程量清单计价规范:GB 50500—2013[S]. 北京:中国计划出版社,2013.
[2] 中华人民共和国住房和城乡建设部.市政工程工程量计算规范:GB 50857—2013[S]. 北京:中国计划出版社,2013.
[3] 规范编制组.2013 建设工程计价计量规范辅导[M].2 版.北京:中国计划出版社,2013.
[4] 江苏省住房和城乡建设厅.江苏省市政工程计价定额[M].2014 版.南京:江苏凤凰科技出版社,2014.
[5] 袁建新.市政工程计量与计价[M].2 版.北京:中国建筑工业出版社,2013.
[6] 张国栋.清单详列定额细算之市政工程造价[M].北京:化学工业出版社,2013.
[7] 李泉.市政工程工程量清单计价[M].2 版.南京:东南大学出版社,2016.
[8] 张国栋,陈萍.市政工程[M].天津:天津大学出版社,2012.
[9] 踪万振.从零开始学造价:建筑工程[M].南京:东南大学出版社,2013.
[10] 韩秀君.市政工程造价[M].北京:中国电力出版社,2012.